电力行业

金属材料理化检验

培训教材

华北电力行业理化检验人员资格考核委员会 组编

中国电力出版社
CHINA ELECTRIC POWER PRESS

内 容 提 要

本书由电力行业理化检验人员资格考核委员会组织编写。书中将理化检验基本知识与工程实践紧密结合，以电力行业金属材料理化检验为基础，根据现行标准和技术编写而成。全书共分6章，主要内容包括钢铁中的基本组织、金属材料的宏观及微观组织检验、金属在高温长期运行过程中的变化、电站机组主要部件的失效、电站承压部件的寿命评估，以及超（超）临界机组发展现状与用材分析等。

本书可供从事电力行业金属材料金相检验、力学性能检验和光谱检验的理化技术人员参考使用。

图书在版编目（CIP）数据

电力行业金属材料理化检验培训教材／华北电力行业理化检验人员资格考核委员会组编．—北京：中国电力出版社，2018.12

ISBN 978-7-5198-2745-8

Ⅰ．①电…　Ⅱ．①华…　Ⅲ．①电力工业－金属材料－物理化学性质－检测－教材　Ⅳ．①TG14

中国版本图书馆CIP数据核字（2018）第274880号

出版发行：中国电力出版社
地　　址：北京市东城区北京站西街19号（邮政编码100005）
网　　址：http://www.cepp.sgcc.com.cn
责任编辑：郑艳蓉　曹　慧
责任校对：黄　蓓　太兴华
装帧设计：张俊霞
责任印制：吴　迪

印　　刷：三河市百盛印装有限公司
版　　次：2019年6月第一版
印　　次：2019年6月北京第一次印刷
开　　本：787毫米×1092毫米　16开本
印　　张：13
字　　数：291千字
印　　数：0001—2000册
定　　价：60.00元

编 写 人 员

主　编　蔡文河

副主编　严苏星　赵彦芬　张建国

参　编　（以姓氏笔画为序）

王　静　方安千　田　峰　田旭海

苏德瑞　吴　勇　张　涛　张　浩

张少军　陈韶瑜　欧阳杰　胡青波

姜运建　梁　军

前 言

电力行业金属部件大多在高温、高压、高速转动、氧化腐蚀的环境下运行，还需满足长期、连续、安全、稳定的使用要求。因此，在机组20万h或30年的寿命期内，金属材料的理化性能需保持良好的健康状态，以抵抗蠕变、疲劳、氧化、腐蚀等损伤造成的重要金属部件的失效。

电力行业理化检验工作伴随国家电力工业的发展已开展了60余年，形成了良好的专业基础和规范的科学程序，为电力设备的安全稳定运行和电力工业的茁壮成长作出了重要贡献。随着国家环保政策的提升，超临界、超超临界、高效超超临界、二次再热技术、700℃等级试验平台等压力更高、温度更高的新技术的引进与开发，大大推进了新型金属材料的研发与应用，这也就使得金属材料的理化性能越来越多地受到人们的重视。

另外，伴随发电机组参数的提高，发电设备的结构、制造工艺、安装工艺等发生了根本性的变化，如管径变小、壁厚更厚、结构更加紧凑、受热面管最高温度进一步升高、设备安全裕度逐渐降低等，这使得金属部件的理化性能变化更加趋于复杂。同时，材料的使用性能越来越接近于其性能的极限值或者超过其极限值，造成材料的使用工况更加恶劣，失效更易于发生。

电站金属材料的理化性能与部件结构、运行方式、环境因素、受力条件，以及制造、安装、修补、改造等工艺联系紧密，从而使得对机组的故障判断与原因分析趋于复杂。因此，作为理化检验人员，需要重新审视我们的监督目的。其中很重要的一点，就是要通过对受监部件的检验和判断，及时了解并掌握设备金属部件的质量状况，防止机组设计、制造、安装中出现的与金属材料相关的问题，以及运行中材料老化、性能下降等因素引起的各类事故，从而减少机组非计划停运次数和时间，提高设备安全运行的可靠性，延长设备的使用寿命。

为了使电力行业理化检验工作得到良好的发展，使理化检验人员得到相应的重视和培养，电力行业理化检验人员资格考核委员会的委员们将理化基本知识与工程实际紧密结合，根据十几年的培训经历和专业特点，以电力行业金属材料理化检验为基础，依据现行标准和技术精心编写了本书。作为理化检验人员培训和考核的指导用书，本书具有先进性、实用性、科学性和权威性。

本书由国家电力安全专家、中国大唐集团科学技术研究院首席专家、大唐火力发电技术研究院（大唐华北电力试验研究院）副院长蔡文河担任主编，国网陕西省电力公司电力科学研究院主任严苏星、苏州热工研究院有限公司电站寿命管理技术中心总工程师赵彦芬、国网江苏省电力有限公司电力科学研究院主任张建国担任副主编。华北电力科学研究院有限责任公司吴勇、苏德瑞、王静，神华（国华）电力研究院梁军，内蒙古电力科学研究院张少军，国网河北省电力公司电力科学研究院欧阳杰，国网山西省电力公司电力科学研究院方安千、张浩，内蒙古电力科学研究院田峰、张涛，国网天津市电力公司电力科学研究院胡青波、陈韶瑜，国网河北省电力公司电力科学研究院姜运建，天津市思维奇检测技术有限公司田旭海参加了编写。本书编写过程中，也得到了上述单位的大力支持，杜双明、董树青、张学星、张李峰、陈大兵、刘建军、张路为本书提供了资料，同时参与了本书的审核、校阅工作，在此一并表示感谢。

本书力求基本知识与实际情况紧密结合，但由于编者水平所限，对书中存在的疏漏和谬误之处，恳请广大读者提出宝贵意见。

编　者

2019 年 1 月

目 录

第一章　钢铁中的基本组织

第一节　合金基本知识

一、相关概念

1. 合金

由两种以上的金属元素，或金属与非金属元素组成的具有金属特性的物质称为合金。组成合金的元素，称为组元。

2. 相

在金属组织中，化学成分、晶体结构和物理性能相同的组分称为相。

3. 组织

用肉眼或借助显微镜观察到的材料中具有独特微观形貌特征的部分称为组织。组织反映材料的相组成、相形态、大小和分布状况，因此组织是决定材料最终性能的关键。

二、固态合金、相和组织

多数合金组元液态时都能互相溶解，形成均匀液溶体。固态时由于各组分之间相互作用不同，形成不同的组织。通常固态时合金形成固溶体、金属间化合物和机械混合物三类组织。固溶体、金属间化合物同时也属于相的概念。

1. 固溶体合金

由液态结晶为固态时，一组元的晶格中溶入另一种或多种其他组元而形成的均匀相称为固溶体。保留晶格的组元称为溶剂，溶入晶格的组元称为溶质。根据溶质原子在溶剂中所占位置的不同，固溶体可分为置换固溶体和间隙固溶体。

2. 金属间化合物

合金组元间发生相互作用而形成的一种具有金属特性的物质称为金属间化合物，它的晶格类型和性能完全不同于任一组元，一般可用化学分子式表示，如 Fe_3C。

3. 机械混合物

两种或两种以上的相按一定的质量百分数组合成的物质称为机械混合物。混合物中各组成相仍保持自己的晶格，彼此无交互作用，其性能主要取决于各组成相的性能以及相的分布状态。

三、金属晶体结构

凝固状态下，金属材料一般都是晶体材料。金属的晶体结构是指其内部原子排列的规律。从微观来看，组成晶体的原子在空间呈周期重复排列。想象通过金属原子的中心作出空间直线，由此形成的空间网格称为晶格，金属原子位于晶格的结点处。抽象的晶格又称空间点阵，重复空间排列形成点阵的基本单元，称为晶胞。

按照晶胞的几何特征，可以将晶体结构进行数学分类。常见的金属晶体结构类型包括体心立方、面心立方、密排六方。

自然界中大多数金属结晶后晶格类型都不再变化，但少数金属（如铁、锰、钴等）结晶后随着温度或压力的变化，晶格会有所不同。金属这种在固态下晶格类型随温度（或压力）变化的特性称为同素异构转变。同素异构转变属于固态相变。

第二节 铁 碳 合 金

一、纯铁的同素异构转变

纯铁的同素异构转变可概括如下：

$$(\text{液态})\text{Fe} \xrightleftharpoons{1538℃} \delta\text{-Fe} \xrightleftharpoons{1394℃} \gamma\text{-Fe} \xrightarrow{912℃} \alpha\text{-Fe}$$

α-Fe 和 δ-Fe 都是体心立方晶格，γ-Fe 为面心立方晶格。纯铁具有同素异构转变的特征，是钢铁材料能够通过热处理改善性能的重要依据。纯铁在发生同素异构转变时，由于晶格结构变化，体积也随之改变，这是热加工过程中产生内应力的主要原因。

二、铁碳合金的基本组织

通常说到铁碳合金，不仅包括最简单的铁和碳构成的二元合金（即碳钢），还包括为了功能目的而加入其他合金元素所形成的合金钢。

（一）基本固态相

在碳钢中，由于铁和碳的交互作用，在不同的温度压力环境下，可形成下列几种基本固态相。

1. 铁素体（F）

铁素体是碳溶解在 α-Fe 中形成的间隙固溶体，它仍保持 α-Fe 的体心立方晶格结构。正常情况下，即使是饱和溶解，由于 α-Fe 晶粒的间隙小，溶解碳量极微，其最大溶碳量只有 0.0218%（727℃），所以是几乎不含碳的纯铁。

纯铁素体的微观组织为外形不规则的颗粒形状（晶粒）。

2. 奥氏体（A）

奥氏体是碳溶解在 γ-Fe 中形成的间隙固溶体，它保持了 γ-Fe 的面心立方晶格结构。

因其晶格间隙较大，所以溶碳能力比铁素体强，在727℃时最大（饱和）溶碳量为0.77%，1148℃时最大溶碳量达到2.11%。

由于γ-Fe一般存在于727～1394℃温度范围内，因此，正常情况下奥氏体一般只出现在高温区域。纯奥氏体组织呈现为外形不规则的颗粒状结构。

3. 渗碳体（Fe_3C）

渗碳体是铁与碳形成的具有复杂斜方结构的间隙化合物，含碳量为6.69%。

在铁碳合金的微观组织中，渗碳体主要作为强化相存在，呈现条形、球形、颗粒状等。一般不能得到纯渗碳体组织。

渗碳体在一定条件下可以分解出石墨。

（二）基本相形成的组织

上述各基本相，在不同的成分、温度、压力等条件下，经历相变反应，会呈现不同的组合形态，自身也会出现一些形貌特征变化，从而构成了碳钢乃至合金钢多种多样的微观组织形式。常见的组织有以下几种。

1. 珠光体（P）

珠光体是铁素体和渗碳体组成的共析产物（机械混合物）。碳钢的珠光体平均含碳量为0.77%，在727℃以下温度范围内存在。珠光体微观形貌呈片层状，共析钢珠光体组织表面具有珍珠光泽，因此得名。

2. 莱氏体（Ld）

含碳量高的铸铁中，常见的组织是莱氏体，它是由奥氏体和渗碳体组成的共晶体。铁碳合金中含碳量为4.3%的液体冷却到1148℃时发生共晶转变，生成高温莱氏体（Ld）。合金继续冷却到727℃时，其中的奥氏体转变为珠光体，故室温时组织由珠光体和渗碳体组成，称为低温（或变态）莱氏体（L′d），统称莱氏体。

3. 马氏体（M）

马氏体由奥氏体急速冷却（淬火）形成，基体由面心立方结构转变为体心立方结构。由于溶解于奥氏体中的碳原子来不及扩散，从而形成的过饱和α-Fe间隙固溶体。微观组织上，由于含碳量或合金含量不同，马氏体呈现板条状或针状。

4. 贝氏体（B）

奥氏体的中温（即珠光体转变温度和马氏体转变温度之间）转变产物，是α-Fe和Fe_3C的复相组织、非片层状的机械混合物。在贝氏体转变温度偏高区域的转变产物称上贝氏体，其外观形貌似羽毛状，也称羽毛状贝氏体。在贝氏体转变温度下端偏低温度区域的转变产物称下贝氏体。

第三节　铁碳合金相图

铁碳合金相图是表示在缓慢冷却的条件下，表明铁碳合金成分、温度、组织变化规律的简明图解，是选择材料和制订有关热处理工艺时的重要依据。实用中只研究含碳量（w_C）小于6.69%的部分，w_C=6.69%对应的正好全部是渗碳体。简化后的Fe-Fe_3C相图如图 1-1 所示。

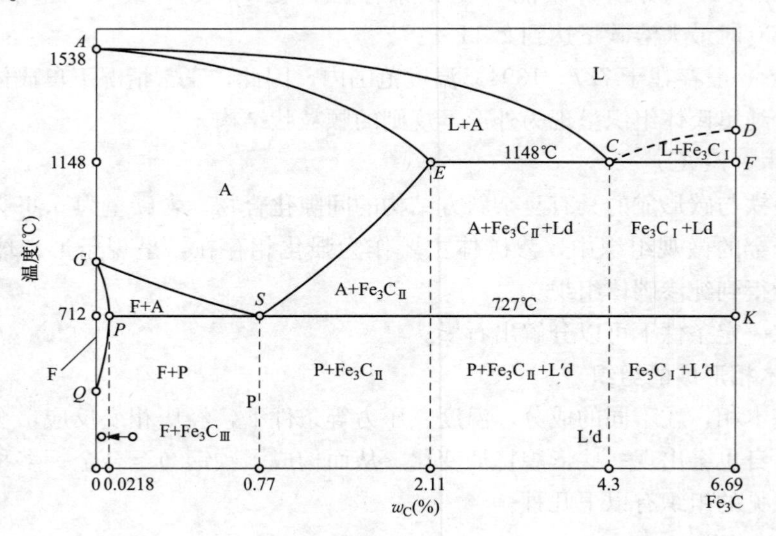

图 1-1 简化后的 Fe-Fe_3C 相图

一、相图分析

简化后的 Fe-Fe_3C 相图纵坐标为温度，横坐标为碳的质量百分数，其中包括共晶和共析两种典型反应。

1. Fe-Fe_3C 相图中的特性点及其含义（见表 1-1）

表 1-1 Fe-Fe_3C 相图中的特性点及其含义

符号	温度（℃）	含碳量（%）	说明
A	1538	0	纯铁的熔点
C	1148	4.3	共晶点，$L_C \rightarrow A + Fe_3C$
D	1227	6.69	渗碳体的熔点
E	1148	2.11	碳在 γ-Fe 中的最大溶解度
G	912	0	纯铁的同素异构转变点，α-Fe→γ-Fe
P	727	0.0218	碳在 α-Fe 中的最大溶解度
S	727	0.77	共析点，$A_S \rightarrow F + Fe_3C$

2. Fe-Fe_3C 相图中的特性线及其含义（见表 1-2）

表 1-2 Fe-Fe_3C 相图中的特性线及其含义

特性线	含义
ACD	液相线
AECF	固相线
GS	A_3 线，冷却时不同含量的 A 中结晶 F 的开始线
ES	A_{cm}线，碳在 A 中的固溶线
ECF	共晶线，$L_C \rightarrow A + Fe_3C$
PSK	共析线，A_1 线。$A_S \rightarrow F + Fe_3C$

3. $Fe\text{-}Fe_3C$ 相图相区分析

依据特性点和特性线的分析，简化的 $Fe\text{-}Fe_3C$ 相图主要有 4 个单相区（L、A、F、Fe_3C）和 5 个双相区（L+A、A+F、L+Fe_3C、A+Fe_3C、F+Fe_3C）。

二、典型铁碳合金冷却过程分析

在接近平衡反应的条件下，依据成分垂线与相线的相交情况，可以比较直观地看出几种典型铁碳合金冷却过程中的组织转变规律。

1. 共析钢的结晶过程分析

$$L_S \xrightarrow{AC} L+A \xrightarrow{AE} A_S \xrightarrow[\text{共析}]{PSK} P(F+Fe_3C)$$

2. 亚共析钢的结晶过程分析

$$L \xrightarrow{AC} L+A \xrightarrow{AE} A \xrightarrow{GS} A+F \xrightarrow{PSK} A_S+F \xrightarrow[\text{共析}]{PSK} P+F$$

三、铁碳相图的应用

从简单的铁碳相图中，可以直观地分析出给定成分的合金在不同温度下对应的相，可以作为分析钢的加热和冷却过程中转变产物或组织状态的依据。

由于实际工作中加热和冷却并不能做到相图那样的平衡状态（等温反应），而且启动相变需要一定的动力学条件（过热度和过冷度），因此相变开始的温度必然会偏离相图上的平衡临界温度，加热时偏向高温，而冷却时偏向低温，称为“滞后”，加热（冷却）速度越快，奥氏体形成温度偏离平衡点越远。通常，加热时的临界温度用脚标 c 表示，如 A_{c1}、A_{c3}、A_{ccm}；冷却时的临界温度用脚标 r 表示，如 A_{r1}、A_{r3}、A_{rcm}。

铁碳相图是制订材料热加工、热处理工艺的基础依据。

第四节 钢的热处理基础

一、热处理的概念

热处理是将钢在固态下加热到预定的温度，保温一定时间，然后以预定的方式冷却到室温的一种热加工工艺。它利用钢的固态组织转变，实现其使用性能。

二、热处理的作用

热处理能够改善材料的工艺性能和使用性能，充分挖掘材料的潜力，延长零件的使用寿命，提高产品质量，节约材料和能源。此外，还可以消除材料经铸造、锻造、焊接等热加工工艺造成的各种缺陷，以达到细化晶粒、消除偏析、降低内应力的目的，使组织和性能更加均匀。

在生产过程中，工件经切削加工等成型工艺而得到最终形状和尺寸后，再进行的赋予工件所需使用性能的热处理，称为最终热处理。

热加工后，为随后的冷拔、冷冲压和切削加工或最终热处理做好组织准备的热处理，称为预备热处理。

钢的热处理种类很多，其中除淬火后的回火、消除应力的退火等少数热处理外，均需加热到钢的临界温度以上，使钢部分或全部转变为奥氏体，然后再以适当的冷却速度冷却，使奥氏体转变为一定的组织，以此获得所需的性能。

三、钢在加热时的转变

钢在加热过程中，由加热前的组织转变为奥氏体的过程，称为钢的加热转变或奥氏体化过程。由加热转变所得到的奥氏体组织状态，其中包括奥氏体晶粒的大小、形状、空间取向、亚结构、成分及其均匀性等，均将直接影响在随后的冷却过程中所发生的转变及转变所得到的产物及其性能。

为简化问题，一般以共析钢作为研究对象，了解等温转变奥氏体化的规律。其他钢类似。

共析钢中，珠光体向奥氏体的转变包括铁原子的点阵改组、碳原子的扩散和渗碳体的溶解。实验证明，珠光体向奥氏体的转变符合一般的相变规律，是一个晶核的形成和晶核长大过程。共析珠光体向奥氏体的转变包括奥氏体晶核的形成、晶核的长大、残余渗碳体溶解和奥氏体成分均匀化四个阶段，如图 1-2 所示。

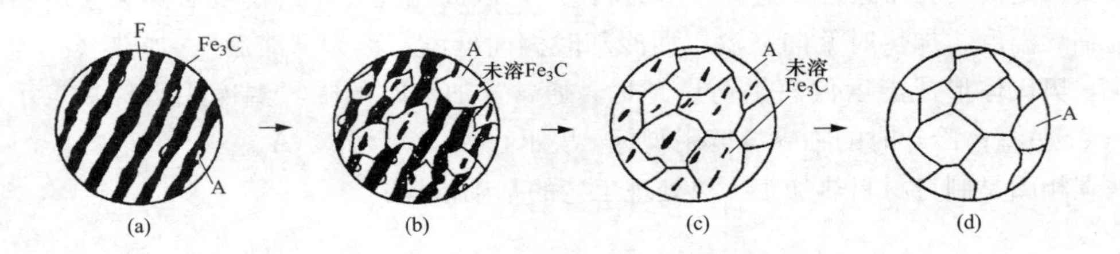

图 1-2　奥氏体转变过程示意图

(a) 奥氏体晶核形成；(b) 奥氏体晶核长大；(c) 残余 Fe_3C 溶解；(d) 奥氏体成分均匀化

连续加热时奥氏体形成的基本过程与等温转变相似，也均由这几个阶段组成。但在相变动力学及相变机理上常会出现若干等温转变所没有的特点。

对于亚共析钢与过共析钢，若加热温度没有超过 A_{c3} 或 A_{ccm}，而在稍高于 A_{c1} 停留，只能使原始组织中的珠光体转变为奥氏体，而共析铁素体或二次渗碳体仍将保留。只有进一步加热至 A_{c3} 或 A_{ccm} 以上并保温足够时间，才能得到含碳量不同的单相奥氏体组织。

四、钢在冷却时的转变

由于钢铁材料通常只在环境温度下交付和使用，因此，需要研究钢在冷却时的组织转变。

$Fe\text{-}Fe_3C$ 相图只适用于缓慢冷却（平衡状态下的等温转变，在每一个温度都充分转变），而实际热处理则是以一定的冷却速度来进行的，因此会得到一些与缓慢冷却时不同的组织。

热处理冷却方式通常有两种，即等温冷却和连续冷却。

仍然以共析钢作为研究对象，了解等温冷却组织转变的规律。其他钢类似。

相变温度 A_1 以下，未发生转变而处于不稳定状态的奥氏体（A′）称为过冷奥氏体。在不同的过冷度下，反映过冷奥氏体转变产物与时间关系的曲线称为过冷奥氏体等温转变的曲线。由于曲线形状像字母 C，故又称为 C 曲线，如图 1-3 所示。

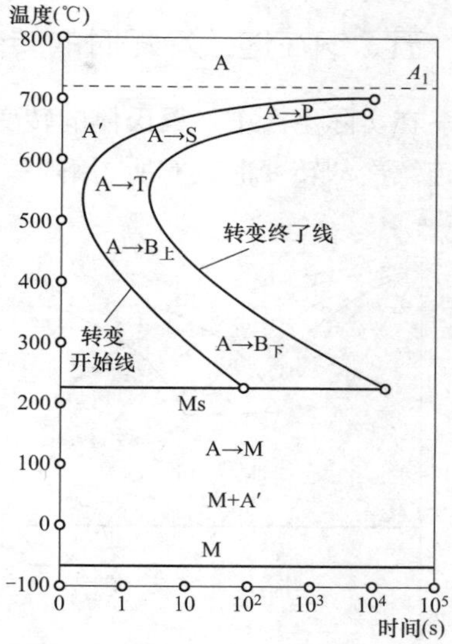

图 1-3　过冷奥氏体等温转变曲线示意图

共析钢过冷奥氏体在 A_{r1} 线以下不同温度会发生三种不同的转变，即珠光体转变、贝氏体转变和马氏体转变。亚共析钢和过共析钢过冷奥氏体的等温转变曲线与共析钢的奥氏体等温转变曲线相比，它们的 C 曲线分别多出一条先共析铁素体析出线或先共析渗碳体析出线。

1. 珠光体转变

共析成分的奥氏体过冷到 A_{r1}～550℃高温区等温停留时，将发生共析转变，转变产物为珠光体型组织，都是由铁素体和渗碳体的层片组成的机械混合物。由于过冷奥氏体向珠光体转变温度不同，珠光体中铁素体和渗碳体片厚度也不同。

2. 贝氏体转变

共析成分的奥氏体过冷到 550℃～M_s 的中温区停留时，将发生过冷奥氏体向贝氏体的转变，形成贝氏体（B）。由于过冷度较大，转变温度较低，贝氏体转变时只发生碳原子的扩散而不发生铁原子的扩散。因而，贝氏体是由含过饱和碳的铁素体和碳化物组成的两相混合物。

在 550～350℃温度范围内形成的是上贝氏体。在 350℃～M_s 点温度范围内形成的是下贝氏体。

3. 马氏体转变

与前两种转变不同的是，马氏体转变不是等温转变，而是在一定温度范围内（M_s～M_f）快速连续冷却完成的转变。随温度降低，马氏体量不断增加。过冷奥氏体在马氏体开始形成温度 M_s 以下转变为马氏体，这个转变持续至马氏体形成终了温度 M_f。在 M_f 以下，过冷奥氏体停止转变。

低碳钢中，当马氏体（原奥氏体）中 w_C 低于 0.2%时，可获得呈一束束尺寸大体相同的平行条状马氏体，称为板条状马氏体。当马氏体中 w_C 大于 0.6%时，得到针片状马氏体。当 w_C 在 0.2%～0.6%之间时，低温转变得到板条状马氏体与针状马氏体混合组织。随着含碳量的增加，板条状马氏体量减少而针片状马氏体量增加。

五、钢在连续冷却时的转变

在实际生产中，奥氏体的转变大多是在连续冷却过程中进行，故有必要对过冷奥氏体的连续冷却转变曲线有所了解。

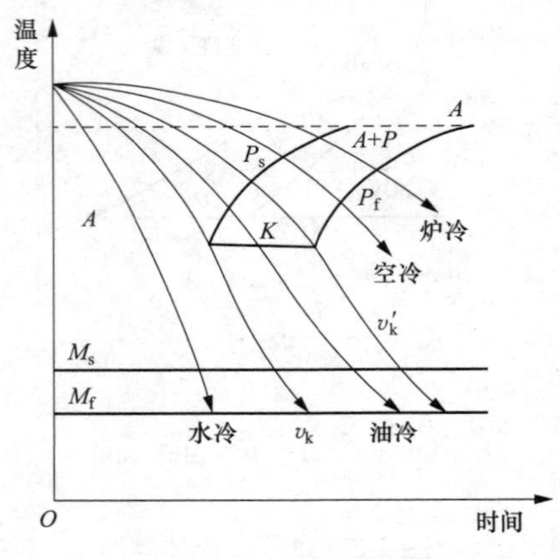

图 1-4　共析钢连续冷却转变曲线

连续冷却转变曲线又称 CCT 图，如图 1-4 所示。图中 P_s 和 P_f 表示 $A \rightarrow P$ 的开始线和终了线，K 线表示 $A \rightarrow P$ 的终止线，若冷却曲线碰到 K 线，这时 $A \rightarrow P$ 转变停止，继续冷却时奥氏体一直保持到 M_s 点温度以下转变为马氏体。

v_k 称为临界冷却速度，也称上临界冷却速度，它是获得全部马氏体组织的最小冷却速度。v_k 越小，钢在淬火时越容易获得马氏体组织，即钢接受淬火的能力越大。

$v_{k'}$ 为下临界冷却速度，是保证奥氏体全部转变为珠光体的最大冷却速度。$v_{k'}$ 越小，则退火速度要求越慢，所需时间越长。

六、钢的普通热处理

普通热处理是对工件整体进行加热、保温和冷却，以使其获得均匀的组织和性能的一种操作。它包括退火、正火、淬火和回火，适用于钢的最终热处理和预处理。

1. 退火

退火是将工件加热到临界点以上或在临界点以下某一温度保温一定时间后，以十分缓慢的冷却速度（炉冷、坑冷、灰冷）进行冷却的一种操作。根据钢的成分、组织状态和退火目的不同，退火工艺可分为完全退火、等温退火、球化退火、去应力退火等。

2. 正火

将工件加热到 A_{c3} 或 A_{ccm} 以上 30～50℃，保温后从炉中取出，在空气中冷却的热处理工艺称为正火。正火与退火的区别是冷速快，组织细，强度和硬度有所提高。当钢件尺寸较小时，正火后组织为 S，而退火后组织为 P。

正火的应用：电厂使用的普通结构零件（如钢结构原料板）以正火作为最终热处理，达到细化晶粒、提高机械性能的目的。

3. 淬火

淬火就是将钢件加热到 A_{c3} 或 A_{c1} 以上 30～50℃，保温一定时间，然后快速冷却（一般为油冷或水冷），从而得马氏体的一种操作。

淬火的目的就是获得马氏体。但淬火必须和回火相配合，否则淬火后得到了高硬度、高强度，但韧性、塑性低，不能得到优良的综合机械性能。

淬火是一种复杂的热处理工艺，又是决定产品质量的关键工序之一。淬火后要得到细小的马氏体组织又不至于产生严重的变形和开裂，就必须根据钢的成分、零件的大小、形状等因素，结合 C 曲线合理地确定淬火加热和冷却方法。

4. 回火

回火是将淬火钢重新加热到 A_1 点以下的某一温度，保温一定时间后冷却到室温的一种操作。

淬火钢硬度高、脆性大，存在淬火内应力，且淬火后的组织（马氏体和残余奥氏体）都处于非平衡状态，是一种不稳定的组织，在一定条件下，经过一定的时间后，组织会向平衡组织转变，导致工件的尺寸及形状发生改变，性能发生变化，为克服淬火组织的这些弱点，通常采取回火处理，以降低淬火钢的脆性，减少或消除内应力，使组织趋于稳定并获得所需要的性能。

回火过程中的组织变化：共析钢在淬火后得到的马氏体和残余奥氏体组织是不稳定的，存在向稳定组织转变的自发倾向。回火加热可加速这种自发转变过程。

根据转变发生的过程和形成的组织，对于低碳钢、低合金钢，回火可分为以下四个阶段：

（1）第一阶段（200℃以下）：马氏体分解。

（2）第二阶段（200～300℃）：残余奥氏体分解。

（3）第三阶段（250～400℃）：碳化物的转变，形成渗碳体。

（4）第四阶段（400℃以上）：渗碳体的聚集长大与 α 相的再结晶。

回火组织及其特点见表 1-3。

表 1-3　　回火组织及其特点

回火组织	形成温度（℃）	组织特征	性能特征
回火马氏体	150～350	极细的 ε 碳化物分布在马氏体基体上	强度、硬度高、耐磨性好。硬度一般为 HRC58～HRC64
回火屈氏体	350～500	细粒状渗碳体分布在针状铁素体基本上	弹性极限、屈服极限高，具有一定的韧性。硬度一般为 HRC35～HRC45
回火索氏体	500～650	粒状渗碳体分布在多边形铁素体基体上	综合机械性能好，强度、塑性和韧性好。硬度一般为 HRC25～HRC35

一般以过冷奥氏体在一定温度下等温转变时形成的主要组织加上“回火”二字，命名该温度下淬火后回火得到的组织。

通常，在生产上将淬火与高温回火相结合的热处理称为调质处理。由于工件回火后的硬度主要与回火温度和回火时间有关，而与回火后的冷却速度关系不大，因此实际生产中回火件出炉后通常采用空冷。

第五节　合金元素对钢的影响

一、合金元素在钢中的存在形式与分布

合金元素是指为了保证获得特定的组织结构、物理-化学和机械性能，特别添加到钢

中的化学元素。钢中常见的合金元素有 Al、Si、Ti、V、Cr、Mn、Co、Ni、Cu、Nb、Mo、W、B；微合金化元素 Zr，稀土元素 Ta，P、S、N 等元素有时也起合金元素的作用。

合金元素在钢中的存在形式及分布情况如下：

（1）溶解于铁素体（或奥氏体）中，以固溶体形式存在于钢中，不与碳形成任何化合物。

（2）部分固溶于铁素体，另一部分与碳形成碳化物（如 Ti、Zr、V、Nb、Ta、Cr、Mo、W、Mn 等）。

按合金元素在钢中与碳相互作用的情况，又可将其分为两大类：

1）不形成碳化物的元素（称为非碳化物形成元素），包括 Ni、Si、Al、Co、Cu 等。由于这些元素与碳的结合力比铁小，因此在钢中它们不能与碳化合，它们对钢中碳化物的结构也无明显的影响。

2）形成碳化物的元素（称为碳化物形成元素），根据其与碳结合力的强弱，可把碳化物形成元素分成三类：①弱碳化物形成元素：Mn。Mn 对碳的结合力仅略强于铁。Mn 加入钢中，一般不形成特殊碳化物（结构与 Fe_3C 不同的碳化物称为特殊碳化物），而是溶入渗碳体中。②中强碳化物形成元素：Cr、Mo、W。③强碳化物形成元素：V、Nb、Ti。该碳化物有极高的稳定性，例如 TiC 在淬火加热时要到 1000℃ 以上才开始缓慢溶解，这些碳化物有极高的硬度，例如在高速钢中加入 V，形成 VC，使之有更高的耐磨性。

（3）与钢中的 O、N、S 形成简单的或复合的非金属夹杂物［如 Al_2O_3、AlN、$SiO_2 \cdot M_xO_y$、MnS、Cr_xO_y、V_xO_y、TaN、NbN、（Mn，Fe）S 等］。

（4）一些元素相互作用形成金属间化合物（如 Fe_xAl、FeB、Ni_3Ti、FeCr、Fe_2W、Fe_2Ti 等）。

（5）以游离状态存在（如 Cu、Pb 等），既不溶于铁，也不溶于化合物。

二、合金元素对钢的影响

（一）合金元素对铁碳相图的影响

合金元素对碳钢中的相平衡关系有很大影响，加入合金元素后 Fe-Fe_3C 相图会发生变化（改变 α-Fe 与 γ-Fe 区位置，改变共析温度和共析体的含碳量）。按照对 α-Fe 或 γ-Fe 的作用，可将合金元素分为两大类。

1. 扩大奥氏体区的元素

扩大奥氏体区域的元素有 Ni、Mn、Cu、N 等，这些元素使 A_1 和 A_3 温度降低，使 S 点、E 点向左下方移动，从而使奥氏体区域扩大。其中，与 γ-Fe 无限互溶的元素 Ni 或 Mn 的含量较多时，可使钢在室温下以奥氏体单相存在而成为一种奥氏体钢。如 Ni 含量大于 9%的不锈钢和 Mn 含量大于 13%的 ZGMn13 耐磨钢均属奥氏体钢。由于 A_1 和 A_3 温度降低，会直接地影响热处理加热的温度，因此锰钢、镍钢的淬火温度低于碳钢，图 1-5 所示为锰对奥氏体区的影响。同时，由于 S 点的左移，使共析成分降低，与同样含碳量的亚共析钢相比，组织中的珠光体数量增加，而使钢得到强化，例如钢中加入 13%Cr 后，其共析点的含碳量将移至0.3%左右，这样一来，含碳量为0.4%的4Cr13便属于过共析钢了。由于E点的左移，又会使发生共晶转变的含碳量降低，当含碳量较低时，使钢具有莱氏体组织。例如，在高速钢中，虽然含碳量只有0.7%～0.8%，但由于E点的左移，在铸态下会得到莱氏体组织，成为莱氏体钢。

2. 缩小奥氏体区的元素

缩小奥氏体区的元素有Cr、Mo、Si、W等，使A_1和A_3温度升高，使S点、E点向左上方移动，从而使奥氏体区域缩小。由于A_1和A_3温度升高了，这类钢的淬火温度也相应地提高了。图1-6所示为铬对奥氏体区域位置的影响。当加入的元素超过一定含量后，则奥氏体可能完全消失，此时，钢在包括室温在内的广大温度范围内获得单相铁素体，通常称之为铁素体钢。例如，含17%～28%Cr的Cr17、Cr25、Cr28不锈钢就是铁素体不锈钢。每个缩小奥氏体区的铁素体形成元素都有使单相奥氏体区消失的临界成分，如钨为12%、硅为8.5%、钒为4.5%、钛为1%。铬和钨、钼有所不同，当含铬量低于7.5%时，它使$Fe\text{-}Fe_3C$相图中A_3点下降，而当铬含量高于7.5%时，则使A_3点上升。但随铬量增加，A_1温度却一直是升高的。

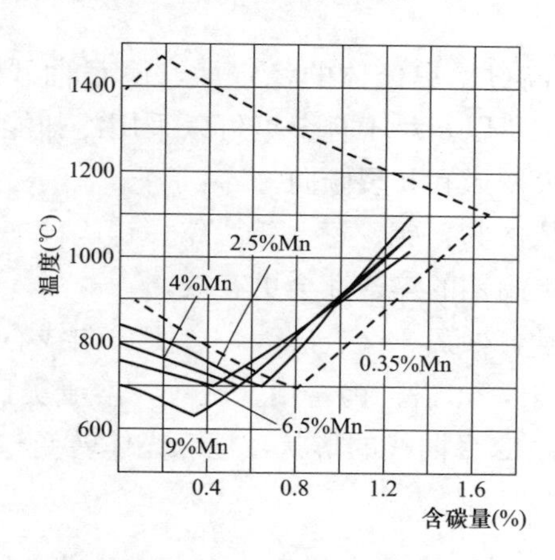

图1-5 锰（Mn）对奥氏体区的影响

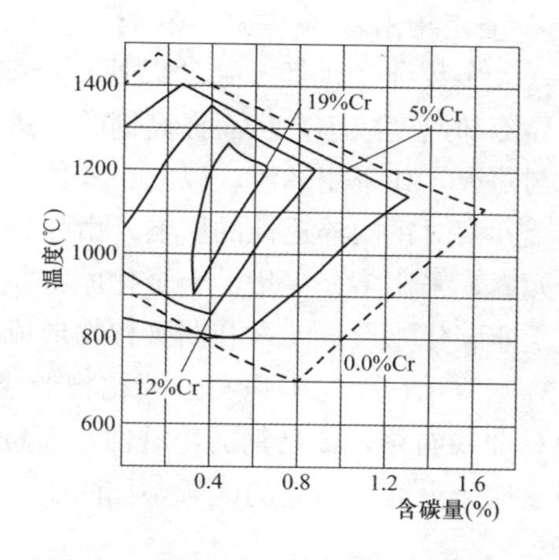

图1-6 铬（Cr）对奥氏体区的影响

（二）合金元素对热处理的影响

合金钢一般都是经过热处理后使用的，合金元素的作用主要是通过改变钢在热处理过程中的组织转变来体现的。合金元素对钢的热处理的影响主要表现在对加热（奥氏体化）、冷却（奥氏体分解转变）和淬火钢回火转变等方面。

1. 合金元素对加热转变的影响

钢在加热时，转变过程包括晶核的形成和长大、碳化物的分解和溶解、奥氏体成分的均匀化，以及在高温停留时奥氏体晶粒的长大粗化等过程。整个过程的进行，与碳、合金元素的扩散以及碳化物的稳定程度有关。合金元素对奥氏体化过程的影响体现在以下三个方面：

（1）大多数合金元素（除镍、钴以外）都会减缓钢的奥氏体化过程。含有碳化物形成元素的钢，由于碳化物不易分解，使奥氏体化过程大大减缓。一般来说，合金元素形成碳化物的倾向越强，其碳化物也越难溶解。因此，合金钢在热处理时，要相应地提高加热温度或延长保温时间，才能保证奥氏体化过程的充分进行。

（2）合金元素在奥氏体中的均匀化也需要较长时间，因为合金元素的扩散速度均远低于碳的扩散速度。

（3）几乎所有的合金元素（除锰以外）都能阻止奥氏体晶粒的长大，细化晶粒。尤其是强碳化物形成元素钛、矾、钼、钨、铌、锆等，在元素周期表中，这些元素都位于铁的左侧，越远离铁，越易形成比铁的碳化物更稳定的碳化物，如 TiC、VC、MoC 等。这些碳化物在加热时很难溶解，能强烈地阻碍奥氏体晶粒的长大。此外，一些晶粒细化剂（如 AlN 等）在钢中可形成弥散质点分布于奥氏体晶界上，阻止奥氏体晶粒的长大，细化晶粒。所以，与相应的碳钢相比，在同样的加热条件下，合金钢的组织较细，机械性能更高。

各合金元素对奥氏体晶粒粗化过程的影响，一般可归纳如下：

1）强烈阻止晶粒粗化的元素：钛、铌、钒、铝等，其中钛的作用最强。

2）钨、钼、铬等中强碳化物形成元素，也能显著地阻碍奥氏体晶粒粗化过程。

3）一般认为硅和镍也能阻碍奥氏体晶粒的粗化，但作用不明显。

4）锰和磷是促使奥氏体晶粒粗化的元素。

2. 合金元素对冷却转变的影响

（1）大多数合金元素（除钴以外）都能提高过冷奥氏体的稳定性，使 C 曲线位置右移、临界冷却速度减小，从而提高钢的淬透性。所以，对于合金钢可以采用冷却能力较低的淬火剂淬火，如采用油淬，以减小零件的淬火变形和开裂倾向。

合金元素对钢的淬透性的影响，由强到弱依次为：钼、锰、钨、铬、镍、硅、矾。通过复合元素，采用多元少量的合金化原则，对提高钢的淬透性会更有效。

对于非碳化物形成元素和弱碳化物形成元素，如镍、锰、硅等，会使 C 曲线右移，如图 1-7（a）所示。而对中强和强碳化物形成元素，如铬、钨、钼、矾等，溶于奥氏体后，不仅使 C 曲线右移，提高钢的淬透性，而且能改变 C 曲线的形状，把珠光体转变与贝氏体转变明显地分为两个独立的区域，如图 1-7（b）所示。

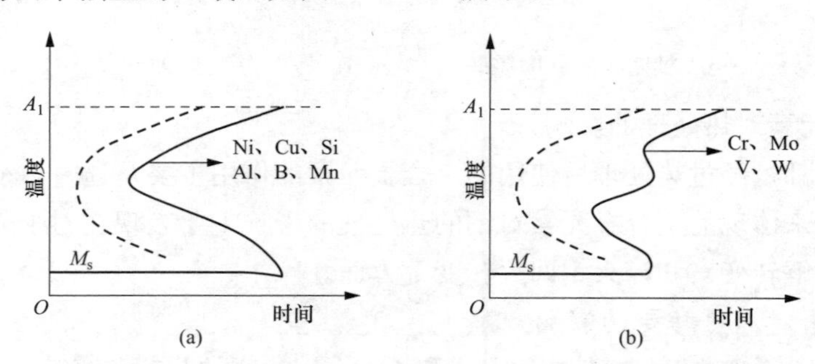

图 1-7　合金元素对 C 曲线的影响

（a）非碳化物形成元素及弱碳化物形成元素；（b）强碳化物形成元素

---- 碳钢 —— 合金钢

（2）除钴、铝外，多数合金元素溶入奥氏体后，使马氏体转变温度 M_s 和 M_f 点下降，钢的 M_s 点越低，M_s 点至室温的温度间隔就越小，在相同冷却条件下转变成马氏体的量越少。因此，凡是降低 M_s 点的元素都使淬火后钢中残余奥氏体含量增加，而钢的残余奥氏

体量的多少，对钢的硬度、尺寸稳定性、淬火变形均有较大影响。

3. 合金元素对淬火钢回火转变的影响

(1) 对淬火钢回火稳定性的影响。淬火钢在回火过程中抵抗硬度下降的能力称为回火稳定性。由于合金元素推迟了马氏体分解和残余奥氏体的转变，提高了铁素体的再结晶温度，使碳化物难以聚集长大而保持较大的弥散度，提高了钢对回火软化的抗力，使回火的硬度降低过程变缓，从而提高了钢的回火稳定性。由于合金钢的回火稳定性比碳钢高，若要求得到同样的回火硬度，则合金钢的回火温度就比同样含碳量的碳钢高，回火的时间也长，内应力消除得好，钢的塑性和韧性指标就高，因此，当回火温度相同时，合金钢的强度、硬度比碳钢高。

(2) 一些碳化物形成元素（如铬、钨、钼、钒等）加入钢中，在回火时，钢的硬度并不是随回火温度的升高一直降低，而是在达到某一温度后，硬度开始增加，并随着回火温度的提高，硬度也进一步增大，直至达到峰值。这种现象称为回火过程的二次硬化。回火二次硬化现象与合金钢回火时析出物的性质有关。当回火温度低于约450℃时，钢中析出渗碳体，在450℃以上渗碳体溶解，钢中开始沉淀析出弥散稳定的难熔碳化物Mo_2C、VC等，使钢的硬度开始升高，而在550～600℃左右沉淀析出过程完成，钢的硬度达到峰值。

例如，高速钢在560℃回火时，又析出了新的更细的特殊碳化物，发挥了第二相的弥散强化作用，使硬度又进一步提高。这种二次硬化现象在合金工具钢中是很有价值的。

(3) 含铬、镍、锰、硅等元素的合金结构钢，在450～600℃范围内长期保温或回火后缓冷均出现高温回火脆性（第二类回火脆性）。这是因为合金元素促进了锑、锡、磷等杂质元素在原奥氏体晶界上的偏聚和析出，削弱了晶界联系，降低了晶界强度而造成的。这是一种可逆回火脆性，回火后快冷（通常用油冷）可防止其发生。钢中加入适当Mo或W（0.5%Mo、1%W）也可基本上消除这类脆性。

（三）合金元素对性能的影响

这里主要讨论合金元素对钢的机械性能和工艺性能的影响。

加入合金元素的目的是使钢具有更优异的性能，所以合金元素对性能的影响是我们最关心的问题。合金元素主要通过对组织的影响而对性能起作用，因此必须根据合金元素对相平衡和相变影响的规律来掌握其对机械性能的影响。

1. 合金元素对强度的影响

强度是金属材料最重要的性能指标之一，使金属材料的强度提高的过程称为强化。强化是研制结构材料的主要目的。金属的强度一般是指金属对塑性变形的抗力。金属强化一般有以下几种方式：

(1) 固溶强化。通过合金化（加入合金元素）组成固溶体，使金属材料得到强化称为固溶强化。溶质原子由于与基体原子的大小不同，因而使基体晶格发生畸变，造成一个弹性应力场。此应力场增加了位错运动的阻力，产生强化。固溶强化的强化量与溶质的浓度有关，在达到极限溶解度之前，溶质浓度越大，强化效果越好。

一般而言，间隙固溶强化效果比置换固溶强化的效果要强烈得多，其强化作用甚至可差1～2个数量级。但是，固溶强化是以牺牲塑性和韧性为代价的，固溶强化效果越好，塑性和韧性下降越多。

(2) 结晶强化。结晶强化就是通过控制结晶条件，在凝固结晶以后获得良好的宏观组织和显微组织，从而提高金属材料的性能。它包括：

1) 细化晶粒。细化晶粒可以使金属组织中包含较多的晶界，由于晶界具有阻碍滑移变形作用，因而可使金属材料得到强化。晶界或其他界面可以有效地阻止位错通过，因而可以使金属强化。晶界强化的强化量与晶界的数量，即晶粒的大小有密切的关系。晶粒越细，单位体积内的晶界面积越大，则强化量越大。

许多碳化物形成元素（如钒、钛、铌）由于其容易与碳形成熔点非常高的碳化物，可以阻碍晶粒的长大，因此具有细化晶粒的作用。

晶粒细化是一种非常有效的强化手段，当晶粒细化达到超细晶粒，这时纯铁或软钢的屈服强度可以达到400～600MPa，接近于中强钢的屈服强度。晶粒细化不仅可以提高强度，而且可以改善钢的韧性，这是其他强化方式难以达到的。因此，细晶化，特别是超细晶化，是目前正在大力发展的重要强化手段。

2) 提纯强化。在浇注过程中，把液态金属充分地提纯，尽量减少夹杂物，能显著提高固态金属的性能。夹杂物对金属材料的性能有很大的影响。在损坏的构件中，常可发现有大量的夹杂物。采用真空冶炼等方法，可以获得高纯度的金属材料。

3) 弥散强化（相变强化）。合金元素加入金属中，在一定的条件下会沉淀析出第二相粒子（合金化合物），弥散地分布在组织中，而这些第二相粒子可以有效地阻止位错运动。当运动位错碰到位于滑移面上的第二相粒子时，必须通过它滑移变形才能继续进行。这一过程需要消耗额外的能量，或者需要提高外加应力，这就造成了强化。通常析出的合金化合物为碳化物相。

必须指出，只有当粒子很小时，第二相粒子才能起到明显的强化作用，如果粒子太大，则强化效应将微不足道。因此，第二相粒子应该细小而分散，即要求有高的弥散度。粒子越细小，弥散度越高，则强化效果越好。

在低合金钢（低合金结构钢和低合金热强钢）中，沉淀相主要是各种碳化物，大致可分为三类：一是立方晶系，如TiC、V_4C_3、NbC等；二是六方晶系，如Mo_2C、W_2C、WC等；三是正菱形，如Fe_3C。对低合金热强钢高温强化最有效的是体心立方晶系的碳化物。

4) 晶界强化。晶界部位的自由能较高，而且存在大量的缺陷和空穴，在低温时，晶界阻碍了位错的运动，因而晶界强度高于晶粒本身；但在高温时，沿晶界的扩散速度比晶内扩散速度大得多，晶界强度显著降低。因此，强化晶界对提高钢的热强性是很有效的。

硼对晶界的强化作用，是由于硼偏聚于晶界上，使晶界区域的晶格缺位和空穴减少，晶界自由能降低；硼还减缓了合金元素沿晶界的扩散过程；硼能使沿晶界的析出物降低，改善了晶界状态，加入微量硼、锆或硼+锆能延迟晶界上的裂纹形成过程；此外，它们还有利于碳化物相的稳定。

2. 合金元素对正火（或退火）状态钢机械性能的影响

正火状态下钢为铁素体＋珠光体组织，强化方式为固溶强化、结晶强化、沉淀强化。合金元素不仅影响钢材的强度，同时也影响其韧性。

3. 合金元素对调质钢机械性能的影响

合金元素对调质钢机械性能的影响，主要是通过它们对淬透性和回火性的影响而起作用的，主要表现在下列几个方面：

（1）由于合金元素增加了钢的淬透性，使截面较大的零件也可淬透，在调质状态下可获得综合机械性能优良的回火组织。

（2）许多合金元素可使回火转变过程缓慢，因而在高温回火后，碳化物保持较细小的颗粒，使调质处理的合金钢能够得到较好的强度与韧性的配合。

（3）高温回火后，钢的组织是由铁素体和碳化物组成，合金元素对铁素体的固溶强化作用可提高调质钢的强度。

4. 合金元素对塑性和韧性的影响

除了极少数几个置换式合金元素外，所有的合金元素都会降低钢材的塑性和韧性，使钢脆化。一般而言，除了细晶强化能同时提高强度和塑韧性外，所有的强化方式都会降低塑性和韧性。在这些强化方式中，危害最大的是间隙固溶强化，因此，间隙固溶强化尽管能显著提高强度，也不能作为一种实用的基本强化机制。而淬火马氏体必须回火，也是为了减轻间隙固溶强化对塑性和韧性的影响。冷变形强化也会降低塑性和韧性，所以，对于大多数钢来说，冷变形强化只能作为一种辅助的强化方式。相对而言，析出强化（即第二相强化）的脆化作用最小，因此它是应用最广泛的强化方法之一。

5. 合金元素对钢的工艺性能的影响

合金元素对钢的工艺性能的影响同样是一个重要问题。材料没有良好的工艺性能，在实际中很难获得广泛的应用。

合金元素对钢的工艺性能的影响主要体现在以下几个方面：

（1）合金元素对铸造性能的影响。铸造性能主要由铸造时金属的流动性、收缩特点、偏析倾向等来综合评定，与钢的固相线与液相线温度的高低和它们之间的温度差（结晶区间）有关。固、液相线温度越低，结晶温度区间越窄，则铸造性能越好。因此，合金元素对铸造性能的影响，主要体现在其对相图的影响。一般共晶成分合金的铸造性能最好，由于钢的成分离共晶点很远，所以铸造性能不好。加入高熔点的合金元素后，液态金属黏度增大，铸造性能下降，如铬、钼、钒、钛、铝等，在钢中形成高熔点碳化物或氧化物质点，增大了钢液的黏度，降低其流动性，使铸造性能恶化。

（2）合金元素对塑性加工性能的影响。钢的塑性加工分为热加工和冷加工两种。热加工工艺性能通常由热加工时钢的塑性和变形抗力、可加工温度范围、抗氧化能力、对锻造加热和锻后冷却的要求等来评价。合金元素溶入固溶体中，或在钢中形成碳化物，都能使钢的热变形抗力提高和塑性明显降低，容易发生锻裂现象。但有些元素（如钒＋铌、钛等），其碳化物在钢中呈弥散状分布时，对钢的塑性影响不大。另外，合金元素一般都会降低钢的导热性和提高钢的淬透性，因此为了防止开裂，合金钢锻造时的加热和冷却速度必须缓慢。所以，与普通碳钢相比，合金钢的锻造性能明显下降。

冷加工工艺性能主要包括钢的冷态变形能力和钢件的表面质量两方面。

溶解在固溶体中的合金元素，一般将提高钢的冷加工硬化程度，使钢承受塑性变形后很快地变硬变脆，这对钢的冷加工是很不利的。因此，对于那些需要经受大量塑性变形加工的钢材，在冶炼时应限制其中各种残存合金元素的量，特别要严格控制硫、磷等的含量。另一方面，碳、硅、磷、硫、镍、铬、钒、铜等元素还会使钢材的冷态压延性能恶化。

（3）合金元素对焊接性能的影响。钢的焊接性能主要取决于它的淬透性、回火性和碳的质量分数，最重要的是钢的焊后开裂的敏感性和焊接区的硬度。合金元素对钢材焊接性能的影响，可用焊接碳当量来估算。对钢而言，含碳量是影响其焊接性能的最重要的因素，含碳量越低，焊接性能越好。在相同的含碳量下，合金元素的含量越高，则焊接性能越差。

我国目前所广泛应用的普通低合金钢，其焊接碳当量可按下述经验公式计算，即

$$C_d = C + 1/6Mn + 1/5Cr + 1/15Ni + 1/4Mo + 1/5V + 1/24Si + 1/2P + 1/13Cu \tag{1-1}$$

式中 C_d——焊接碳当量。

近年来，对厚度为15、50mm的200个钢种（从碳钢到强度等级为1000MPa级的高强度合金钢），以低氢焊条进行常温下的Y形坡口拘束焊接裂纹试验。在试验的基础上，提出了一个用以估计钢材出现焊接裂纹可能性的指标，称为钢材焊接裂纹敏感性指数，其计算公式为

$$P_c = C + 1/30Si + 1/20Mn + 1/20Cu + 1/60Ni + 1/20Cr + 1/15Mo + 1/10V + 5B + 1/600t + 1/60H \tag{1-2}$$

式中 P_c——钢材焊接裂纹敏感性指数；

t——钢材厚度；

H——钢材含氢量，%。

与碳当量公式相比，增加了板厚和含氢量。

（4）合金元素对切削性能的影响。金属的切削性能是指金属被切削的难易程度和加工表面的质量。由于许多合金钢含有大量硬而脆的碳化物，因此其切削加工性能比普通碳钢差。而有些合金钢的加工硬化能力很强，其切削加工性能也是很差的。

为了提高钢的切削加工性能，可以在钢中加入一些改善切削性能的合金元素，得到所谓的易切削钢。最常用的合金元素是硫，其次是铅和磷，由于硫在钢中与锰形成球状或点状硫化锰夹杂，破坏了金属基体的连续性，使切削抗力降低，切屑易于碎断，在易切削钢中，硫含量可高达0.08%～0.30%。铅在钢中完全不溶，以极细质点均匀分布于钢中，使切屑易断，同时起润滑作用，改善了钢的切削性能。在易切削钢中，铅含量控制在0.10%～0.30%。少量的磷溶入铁素体中，可提高其硬度和脆性，有利于获得良好的加工表面质量。

易切削钢不但使工具寿命延长、动力消耗减少、表面光洁度提高，而且断屑性好，因此广泛运用于自动车床上的高速切削，这对于大批生产的一般零件是很有利的。

第六节 合金元素在钢中的作用

一、非金属元素在钢中的作用

硫（S）在钢中是有害元素，对钢的力学性能、焊接性能、耐腐蚀性能均有不利影响。硫在钢中以FeS的形式存在，使钢变脆，尤其是FeS和Fe能形成低熔点（985℃）的共晶体（FeS+Fe），当钢在1000～1200℃进行轧制时，分布在奥氏体晶界上的共晶体（FeS+Fe）处于熔化状态而使钢材被轧裂，这种现象称为钢的“热脆性”。但硫有时也有有利的一面。例如MnS对断屑有利，而且起润滑作用，降低刀具磨损，所以在自动切削车床上用的易切削钢，其硫含量高达0.15%，用以改善钢的切削加工性，提高加工光洁度。

磷（P）在钢中是有害元素，磷使钢脆化，会降低钢的塑性和韧性，产生“冷脆性”，使钢的冷加工性能和焊接性能变坏。磷不仅降低了钢的塑性，同时还提高了钢的脆性转化温度，给钢材在低温下使用造成了潜在的威胁。磷有利的一面是，炮弹钢中含磷量高，能提高钢的脆性，增加弹片的碎化程度，提高炮弹的杀伤力。

氮（N）在钢中的溶入量过多时，会使钢的强度、硬度提高，而塑性、韧性指标下降，产生“时效脆化”。氮能溶入铁素体，起固溶强化作用。氮在钢中不形成碳化物，但能与其他合金元素形成氮化物，如TiN、A1N，产生细化晶粒的效果。低合金高强度钢的强度级别受氮含量的影响。典型的氮含量（约0.003%～0.012%，取决于炼钢工艺）对强度有明显的作用，而且当氮含量改变时，例如改变炼钢工艺，可能需要调整成分以达到规定的强度级别。普通碳素钢中加入氮（最大不超过0.02%）是非常经济的获得低合金高强度钢的方法。当钢中含有强氮化物形成元素和对钢进行适当热处理时，一般没有有害的影响。然而，对含钒的低合金高强度钢中加入氮应特别注意，因为加入氮增强了沉淀硬化的过程。沉淀硬化往往伴随有缺口韧性降低，这可用较低的含碳量及采用能得到较细铁素体晶粒的生产工艺来克服。在低含碳量的情况下，用钒—氮强化以达到规定的强度级别可使焊接性能得到改善。

氧（O）会使钢的强度、塑性降低，热脆现象加重，疲劳强度下降。而在炼钢过程中形成的FeO、Al_2O_3、SiO_2、MnO等，在钢中成为非金属夹杂物，使钢的性能变坏。

氢（H）会引起钢的氢脆，产生白点等严重缺陷。氢常以原子态或分子态存于钢中，由于钢在液态下吸收大量的氢，冷却后又来不及析出，就聚集在晶体的缺陷处，造成很大的应力，并与钢发生组织转变时产生的局部内应力相结合，致使钢材的韧性下降，产生“氢脆”。

二、金属元素在钢中的作用

添加合金元素是提高低合金钢强度和综合性能的基本方法，通常添加的合金元素有锰(Mn)、硅（Si)、铬（Cr)、镍（Ni)、钼（Mo)、钨（W)、钒（V)、铌（Nb)、钛(Ti)、氮（N)、硼（B)、铝（Al）和稀土元素等。

锰在钢中有增加强度、细化组织、提高韧性、提高钢的淬透性、提高钢的高温瞬时强度的作用，锰还可以与硫化合成硫化锰，从而减少硫对钢的危害性。在含量很低时，锰对钢的抗氧化性和耐蚀性影响不显著。锰的主要缺点是，含锰较高时，有较明显的回火脆性现象；锰有促进晶粒长大的作用，因此对过热较敏感的钢在热处理工艺上必须注意，可采用加入细化晶粒元素（如钼、钒、钛等）来克服；当锰的质量分数超过1%时，会使钢的焊接性能变坏；锰会使钢的耐锈蚀性能降低。

硅能提高钢中固溶体的强度和冷加工硬化程度，使钢的韧性和塑性降低；能显著地提高钢的弹性极限、屈服极限和屈强比；具有耐腐蚀性，硅的质量分数为15%～20%的高硅铸铁是很好的耐酸材料。含有硅的钢在氧化气氛中加热时，表面将形成一层 SiO_2 薄膜，从而提高钢在高温时的抗氧化性。硅的缺点是使钢的焊接性能恶化。

硅和锰是低合金钢中最常用的强化元素。每加1%Mn或1%Si，可使铁素体屈服点分别增高33MPa或85MPa。但是，通过加入锰或硅使钢的屈服点每增加10MPa，则使伸长率分别下降0.6%或0.65%，所以低合金钢中锰和硅的含量要加以适当限制，一般锰含量和硅含量分别不超过2.2%和0.8%。

铬可提高钢的强度和硬度、高温机械性能，使钢具有良好的抗腐蚀性和抗氧化性，改善冲击韧性和降低冷脆转变温度，提高淬透性。铬部分溶于铁素体中，部分存在于渗碳体中，可提高渗碳体的稳定性，降低珠光体球化倾向，防止钢的石墨化。铬的缺点是能显著提高钢的脆性转变温度，促进钢的回火脆性。

镍可提高钢的强度而不显著降低其韧性、增加钢的耐大气腐蚀能力，改善冲击韧性和降低冷脆转变温度即可提高钢的低温韧性、改善钢的加工性和可焊性、提高钢的抗腐蚀能力，不仅能耐酸，而且能抗碱和大气的腐蚀。镍几乎全部溶于铁素体中，不形成碳化物。镍与铜和（或）磷共同存在时，还可提高海水潮湿条件下的耐腐蚀性能。含铜钢中加入镍可以克服热脆现象。

钼在铁素体中的最大溶解度可达4%，有明显的固溶强化作用，同时钼又是强碳化物形成元素。当钼含量较低时，形成含钼的复合渗碳体；钼含量较高时，则形成特殊碳化物，有利于提高钢的高温强度。钼能防止钢的回火脆性，在钢中加入0.5%的钼即可抑制回火脆性。钼还能推迟过冷奥氏体向珠光体的转变，从而对钢的组织产生显著影响。钼还具有抗氢侵蚀及提高钢的淬透性的作用。钼的主要不良影响是促进钢的石墨化。此外，对正常热轧或正火的低合金高强度钢厚板和结构型钢，加入钼是受到限制的，因为其对淬透性的强烈影响可导致一些低温相变产物（贝氏体或马氏体）形成，该相变产物使钢的韧性变低。对某些含钼钢，这些低温相变产物的有害影响可通过淬火和回火，或采用特殊的控制轧制工艺予以消除。

钨能提高钢的强度、高温强度及抗氢性能，使钢具有热硬性，因此钨是高速工具钢中的主要合金元素，其缺点是对钢的抗氧化性不利。

钒在钢中通过碳化物沉淀和晶粒细化来起强化作用，能提高钢的热强性，能显著地改善普通低碳低合金钢的焊接性能，但含量最高不应超过0.12%，否则有可能影响焊接性能和降低缺口韧性。钒对碳、氮都有很强的亲和力，能形成极稳定的碳化物和氮化物，以细小颗粒呈弥散分布，阻止晶粒长大，提高晶粒粗化温度，从而降低钢的过热敏感性。钒钢中锰含量约 1.0%或更高时，能很好地促进沉淀硬化和晶粒细化；氮含量约 0.010%或更高时，对促进氮化钒沉淀有很大作用。因此，钒是大多数轧制型钢和厚板的低合金高强度钢的基本组成元素。同时，钒还能增强钢的抗氢腐蚀能力，并且显著地提高钢的常温和高温强度及韧性。

铌是非常强的碳化物形成元素，和碳、氮、氧都有极强的结合力，当其含量大于含碳量的 8 倍时，几乎可以固定钢中所有的碳。铌通过沉淀硬化和晶粒细化来强化钢。碳化铌具有稳定、弥散的特点，可以细化晶粒，提高钢的强度和韧性，降低钢的过热敏感性和回火脆性，提高钢的热强性，使钢具有良好的抗氢性能。加入少量的铌即可有效地提高钢的屈服点和抗拉强度。例如，加入 0.02%的铌可以使含碳量 0.20%的热轧钢材的屈服点提高 70～105MPa。1957 年前后，当可以很经济地得到铌时，用铌作为低合金高强度钢的强化元素成为非常重要的手段。然而，除非使用特殊的轧制工艺，否则铌使钢的强度提高的同时会伴随缺口韧性显著降低。

钛的作用与钒和铌相似。钛能改善钢的热强性，提高钢的抗蠕变性能及高温持久强度，但由于其脱氧特性较强，因此仅用于镇静钢。钛是最强的碳化物形成元素，能提高钢在高温高压氢气氛中的稳定性，使钢在高压下对氢的稳定性高达 600℃以上。钛与碳形成的化合物碳化钛（TiC）极为稳定，可阻止钼钢在高温下的石墨化现象。因此，钛能细化晶粒，提高钢的强度和韧性，是锅炉高温元件所用的热强钢中的重要合金元素之一。

硼在钢中的用量一般很小，微量硼能提高钢的淬透性。硼能改善钢的高温强度，具有强化晶界的作用。

铝用作炼钢时的脱氧定氮剂，可细化晶粒，抑制低碳钢的时效，改善钢在低温时的韧性，特别是降低了钢的脆性转变温度，提高了钢的抗氧化性能。曾对铁铝合金的抗氧化性进行了较多的研究，4%的 Al 即可改变氧化皮的结构，加入 6%的 Al 可使钢在 980℃以下具有抗氧化性。当铝和铬配合并用时，其抗氧化性能有更大的提高。例如，含铁 50%～55%、铬 30%～35%、铝 10%～15%的合金，在 1400℃高温时仍具有相当好的抗氧化性。由于铝的这一作用，近年来常把铝作为合金元素加入耐热钢中。此外，铝还能提高对硫化氢的抗腐蚀性；缺点是脱氧时如用铝量过多，将促进钢的石墨化倾向，当含铝较高时，其高温强度和韧性较低。

稀土元素在我国储量极为丰富。炼钢时常加入适量混合稀土元素，其主要成分是镧、铈、镨和钕。稀土元素能净化晶界上的杂质，提高钢的高温强度。低合金高强度镇静钢中加入锆和稀土可改善夹杂物的特性，主要是使硫化物成为圆形，从而提高横向弯曲性能或成型性能，成型细化钢的晶粒，改善铸态组织。

第七节 钢中常见组织及其性能特点

一、铁素体

碳和其他合金元素溶入 α-Fe 中所形成的间隙固溶体称为铁素体，以 α 或 F 表示。碳溶于δ-Fe中而形成的固溶体为δ固溶体，以δ表示，也是铁素体。铁素体为体心立方晶格。由于晶格中最大间隙半径比碳原子半径小许多，α-Fe几乎不能溶碳。但由于有晶格缺陷存在，α-Fe中仍能溶入微量碳，室温下溶碳量约为0.008%，727℃时的溶碳量最高仅为0.0218%。

由于铁素体含碳量极微，其性能与纯铁相似，塑性、韧性很好，其屈服强度为180～280MPa，硬度为80～100HB，延伸率为20%～50%，断口收缩率为70%～80%。铁素体在770℃以下具有铁磁性。

铁素体是低、中碳钢和低合金钢的主要显微组织。在金相组织中具有典型纯金属的多面体金相特征。在光学显微镜下，用4%硝酸酒精腐蚀的铁素体呈白亮色。铁素体的形态与钢中所含合金元素、加热温度、冷却速度及热加工方法等有关，一般呈块状形式存在，在某些情况下可呈等轴状、片状（针状）、条状或网状形态存在。一般随钢中铁素体含量的增加，钢的塑性和韧性提高、强度下降。

钢中加入缩小γ区的合金元素（如Si、Ti和Cr等），可得到室温和高温下都是铁素体组织的铁素体钢。含铬量为12%～30%，其组织为铁素体的铁基合金为铁素体不锈钢，这种钢的抗腐蚀性能良好。

二、渗碳体

渗碳体是铁和碳组成的金属化合物，在碳素钢中用分子式Fe_3C表示，在合金钢中为合金渗碳体，用C表示。渗碳体具有复杂的斜方晶格结构。由于碳在α-Fe中的溶解度很小，因此常温下碳在铁碳合金中主要以渗碳体形式存在。渗碳体中含碳量为6.69%，渗碳体的熔点为1227℃。渗碳体的性质硬而脆，硬度大于820HB，抗拉强度为3087MPa，塑性、韧性几乎为零，脆性很大。渗碳体在固态下不发生同素异形转变，但在多元合金中可能与其他元素形成固溶体，其中的铁原子可为其他金属原子（如Mn、Cr）所取代，称为合金渗碳体。渗碳体在钢和铸铁中一般呈片状、球状和网状存在，其数量、形态和分布对钢的性能有很大影响，是铁碳合金的重要强化相。

根据铁—碳平衡图可知，渗碳体分为：

（1）一次渗碳体，是沿*CD*线由液体中结晶析出的，多呈柱状。

（2）二次渗碳体，是从r-固溶体中沿*ES*线析出的，多以白色网状出现。

（3）三次渗碳体，是从α-固溶体中沿*PQ*线析出的，多以白色网状出现。

渗碳体在低温下有弱磁性，高于217℃时磁性消失。

三、珠光体

珠光体是奥氏体发生共析转变所形成的铁素体与渗碳体的共析体，是机械混合物，其含碳量为0.77%。珠光体的形态通常为铁素体薄层和渗碳体薄层交替重叠的层状复相物，片层间距和片层厚度主要取决于奥氏体分解时的过冷度。过冷度越大，形成的珠光体片间距越小，强度越高。按片层间距的大小，又可将珠光体分为粗珠光体、细珠光体和极细珠光体三类。

在A_1～650℃区间形成的珠光体为粗珠光体，片层间距为150～450nm，可在低倍显微镜（500倍以下）下分辨清楚，简称珠光体，用P表示。在600～650℃形成的细珠光体称为索氏体，用S表示，片层间距为80～150nm，放大1000倍可分清片层特征。在550～600℃形成的极细珠光体称为屈氏体，用T表示，片层间距约为80nm以下，只有在电子显微镜下放大10000倍才能观察到片层特征。

珠光体在金相组织中多为铁素体和渗碳体相间排列的层片状组织，片层一般稍弯曲。在一定热处理条件下（球化退火或高温回火），渗碳体以颗粒状分布于铁素体基底之上，即球化组织，亦称粒状珠光体。

珠光体的力学性能介于铁素体与渗碳体之间，并取决于珠光体片层间距（即一层铁素体与一层渗碳体厚度和的平均值），片层越薄，其硬度和强度越高。珠光体的硬度为190～230HB，抗拉强度约为735MPa，冲击韧性为29.4～39.2J/cm^2，延伸率为20%～25%。索氏体的硬度为250～320HB，屈氏体的硬度为330～400HB。珠光体的强度比铁素体高，韧性比铁素体低，但不脆。

钢在高温长期应力作用下，珠光体组织中的片状渗碳体将逐步转变为球状珠光体，并缓慢地聚集长大，即发生珠光体球化现象，从而对钢的热强性能造成不利的影响。

四、奥氏体

奥氏体是碳或其他合金元素溶解在γ-Fe中的间隙固溶体，常用符号A或γ表示。奥氏体仍保持γ-Fe的面心立方晶格，在金相组织中呈现为规则的多边形，是白色块状组织。其溶碳能力较大，在727℃时可溶碳0.77%，1148℃时可溶碳2.11%。奥氏体是在高于727℃的高温条件下才能稳定存在的组织。铁一碳合金中的奥氏体在室温下是不稳定的，常温下它将转变为α-Fe并析出碳化物。把奥氏体过冷到不同的温度时，可以发生珠光体转变、贝氏体转变及马氏体转变。奥氏体晶粒的大小对上述转变的组织和性能影响很大。

合金钢中加入扩大γ相区的合金元素，如Ni、Mn等可使奥氏体在室温，甚至在低温时成为稳定相。这种以奥氏体组织状态使用的钢称为奥氏体钢。奥氏体塑性很高，具有韧性、耐磨性及加工硬化能力。奥氏体的硬度和强度都不高，抗拉强度约为392MPa，硬度为160～200HB。碳的溶入也不能有效地提高奥氏体的硬度和强度。面心立方晶格的滑移系多，故奥氏体塑性好，延伸率可达40%～50%。面心立方晶格为密排晶体结构，故奥氏体的体积小，其中铁原子的自扩散激活能大、扩散系数小、热强性能好，是绝大多数钢种在高温下进行压力加工时所要求的组织。奥氏体具有顺磁性，可认为没有磁性。奥氏体的导热性能差、线膨胀系数高，故奥氏体钢可用作热膨胀灵敏的仪表元件。

五、马氏体和残余奥氏体

马氏体是碳在α-Fe中的过饱和固溶体。当钢被高温奥氏体化之后，若快速冷却至马氏体点以下，由于γ-Fe在低温下结构不稳定，便转变为α-Fe。但因冷却速度快，钢中碳原子来不及扩散，便保留了高温时母相奥氏体的成分，因此马氏体是钢在奥氏体化后快速冷却到马氏体点之下发生无扩散性相变的产物。

马氏体处于亚稳定状态，由于碳在 α-Fe 中过饱和，使 α-Fe 的体心立方晶格发生了畸变，形成了体心正方晶格。马氏体具有很高的硬度（640～760HB），很脆，冲击韧性低，断面收缩率和延伸率几乎等于零。由于过饱和的碳使晶格发生畸变，因此马氏体的比体积较奥氏体大，钢中马氏体形成时会产生很大的相变应力。

在正常淬火工艺下，形成的马氏体呈针状或隐针状，并相互呈现一定的角度。

按含碳量可将马氏体分为高碳马氏体和低碳马氏体。低碳马氏体亦称板条状马氏体，或称位错马氏体、大块马氏体、定向马氏体和高温马氏体；高碳马氏体亦称片状（针状）马氏体，或称孪晶马氏体、棱镜状马氏体和低温马氏体。

低碳和低碳合金钢强烈淬火后，一般得到板条状马氏体；高碳和高碳合金钢淬火后获得片状块马氏体；中碳和中碳合金钢淬火后往往得到前述两种马氏体的混合组织。

当钢的组织为板条状马氏体时，具有较高的硬度和强度、较好的塑性和韧性。片状马氏体具有很高的硬度，但塑性和韧性很差，脆性大。

经冷却后未转变的奥氏体保留在钢中，称为残余奥氏体。在 M_s 与 M_f 温度之间，过冷奥氏体与马氏体共存。在 M_s 温度以下，到达的转变温度越低，残余奥氏体量越少。而实际进行马氏体转变的淬火处理时，冷却只进行到室温，这时奥氏体不能全部转变为马氏体，还有少量的奥氏体未发生转变而残余下来，成为残余奥氏体。过多的残余奥氏体会降低钢的强度、硬度和耐磨性，而且因残余奥氏体为不稳定组织，在钢件使用过程中易发生转变而导致工件产生内应力，引起变形、尺寸变化，从而降低工件精度。因此，生产中常对硬度或精度要求高的工件，淬火后迅速将其置于接近 M_f 的温度下（通常为 0℃以下），促使残余奥氏体进一步转变成马氏体，这一工艺过程称为冷处理。

淬火＋低温回火热处理后钢的组织为回火马氏体，其强化的主要因素是碳在马氏体中过饱和固溶所形成的固溶强化作用，以及在低温回火时析出的细小碳化物的弥散作用。

淬火＋高温回火热处理（调质处理）后钢的组织为回火索氏体，这种组织具有较高的强度和较好的韧性。

六、贝氏体

贝氏体是过饱和的铁素体和渗碳体两相的混合物，是过冷奥氏体的中温（250～450℃）转变产物，用 B 表示。贝氏体转变既有珠光体转变，又有马氏体转变的某些特征。钢中贝氏体的形态随钢的化学成分和形成温度而异，常见的贝氏体形态有三种，即上贝氏体、下贝氏体和粒状贝氏体。在较高温度区域内（接近珠光体形成温度）形成的贝氏体为上贝氏体。上贝氏体呈羽毛状，由平行的条状铁素体和分布在条间的片状或短杆状的渗碳体组成。其特征为由晶粒边界开始向晶内同一方向平行排列的 α-Fe 片，素片间夹着渗碳体颗粒，在金相组织中呈羽毛可对称或不对称。由于铁素体内位错密度高，故强度高、韧性差，是生产上不希望得到的组织。在低温范围（即靠近马氏体转变温度，约 300℃附近）内形成的贝氏体为下贝氏体。下贝氏体中铁素体的形态与马氏体有些相似，并且与奥氏体中碳的含量有关，含碳量低时呈板条状，含碳量高时呈透镜片状，含碳量中等则两种形态兼有；在金相组织中呈黑针状。下贝氏体中过饱和铁素体具有高密度位错亚结构，铁素体内均匀分布着弥散的碳化物，由于碳化物极细，在光学显微镜下无法分辨，看到的是与回火马氏体极为相似的黑色针状组织，在电子显微镜下可清晰看到碳化物呈短杆状，沿着与铁素体长轴呈55°～60°的方向整齐排列。下贝氏体强度高，塑性适中，韧性和耐磨性好。当低、中碳钢（含碳0.05%～0.40%）及合金钢连续冷却时，有时会出现粒状贝氏体，其特征是在块状铁素体中含有碳化物及一些不规则的细小岛状组织，岛状组织的组成物为残余奥氏体和马氏体。粒状贝氏体的强度、韧性与回火索氏体相近。

上、下贝氏体只是形状和碳化物分布不同，没有质的区别。上贝氏体的强度小于同一温度形成的细片状珠光体，脆性也较大。下贝氏体与相同温度的回火马氏体强度相近，下贝氏体的性能优于上贝氏体，有时甚至优于回火马氏体。

七、莱氏体

莱氏体是液态铁碳合金发生共晶转变时形成的奥氏体和渗碳体所组成的共晶体，其含碳量为4.3%。当温度高于727℃时，莱氏体由奥氏体和渗碳体组成，用符号Ld表示。温度低于727℃时，莱氏体是由珠光体和渗碳体组成，用符号Ld′表示，称为变态莱氏体。莱氏体存在于铸铁、高碳合金钢中，含碳量为4.3%的铁碳合金可完全转变成为莱氏体。莱氏体的组织形态一般呈树枝状或鱼骨状的共晶奥氏体，分布在共晶碳化物的基体上，组织粗大。

因莱氏体的基体是硬而脆的渗碳体，所以硬度高，塑性很差。例如高速钢的莱氏体，其硬度约为66HRC。这种组织缺陷不能用热处理矫正，必须借助于反复热加工（锻、轧），将粗大的共晶碳化物和二次碳化物破碎，并使其均匀分布在基体内。

八、魏氏组织

魏氏组织是指针状铁素体或渗碳体呈方向性地分布于珠光体上的显微组织。亚共析钢因为过热而形成的粗晶奥氏体，在较快的冷却速度下，除了在原来奥氏体晶粒边界上析出块状α-Fe外，还有从晶界向晶粒内部生长的片状α-Fe。这些在晶粒中出现的互成一定角度或彼此平行的片状α-Fe，即为亚共析钢的魏氏组织。过热的中碳钢或低碳钢在较快的冷却速度下容易产生这种缺陷组织。

魏氏组织的产生与奥氏体晶粒大小（取决于过热程度）、钢的含碳量、冷却速度等因素有关。

魏氏组织严重时，钢的冲击韧性、断面收缩率下降，使钢变脆，可采用完全退火消除。

在生产中需对钢中出现的魏氏组织加以评级，评级的方法是将放大100倍的显微组织与有关标准评级图（GB/T 13299—1991《钢的显微组织评定方法》）相比较，并应选择各视场中最大级别处进行评定。

九、石墨

石墨是碳以六方柱状形式存在的结晶状态。石墨在钢中的形态常有三种，即球状、团絮状和链状。石墨多以球状开始析出，然后逐渐长大，再聚集成链状或团絮状，其中链状对金属的危害最大。

钢在高温、应力长期作用下，珠光体内渗碳体自行分解出石墨的现象，称为石墨化或析墨现象。渗碳体在长期高温作用下自行分解：$Fe_3C \longrightarrow 3Fe+C$（石墨）。开始时，石墨以微细的点状出现在金属内部，以后逐渐聚成越来越粗的颗粒。时间越长，石墨化越严重。石墨的强度很低，这样相当于在金属内部形成了空穴，从而出现应力集中，使金属发生脆化，强度、塑性、冲击韧性降低。

石墨化发生于较高温度下，对于碳素钢约为450℃以上，对于0.5Mo钢约在480℃以上。石墨化与珠光体球化相关，珠光体球化到一定程度时，就会出现石墨化现象。焊缝的热影响区最易发生石墨化，往往沿着热影响区的外缘析出石墨。钢的脱氧方法严重影响钢的石墨化倾向，不用铝脱氧或脱氧用铝量小于0.25kg/t的钢实际上不出现石墨化。脱氧用铝量为0.6～1kg/t的钢有不同程度的石墨化倾向。硅和镍具有与铝相似的促进钢石墨化的作用，凡能形成高稳定性碳化物的元素，如铬、铌、钛等都能阻止石墨化。

根据钢材中石墨化的程度，通常将石墨化分为四级：1级——不明显的石墨化；2级——明显的石墨化；3级——严重的石墨化；4级——非常严重的石墨化，此时碳化物分解成石墨的量已增加到钢材总含碳量的60%左右。

十、碳化物

碳化物是碳和其他元素（主要是与过渡族元素）所形成的一类化合物，是合金特别是一般钢铁中的重要组成相之一。在钢铁中，一般将Ti、Zr、V和Nb等列为强碳化物形成元素，而将Cr、Mn及Fe等列为弱碳化物形成元素，W、Mo属中碳化物形成元素。碳化物按其晶格结构特点属于间隙相，可分为两类：一类具有较简单的结构，如TiC、VC和ZrC等；另一类具有较复杂的结构，如Fe_3C、Cr_7C_3、$Cr_{23}C_6$等。前一类较稳定，具有很高的熔点和硬度，除用作钢的强化相外，还可作为硬质合金、高温金属陶瓷材料的主要组成部分；后一类稳定性较差，熔点和硬度稍低，是一般钢铁中的强化相，并常以复合的形式存在，如$(Fe、Mn)_3C$、$(Fe、Cr)_3C$、$(Fe、Cr)_7C$、$(Fe、W)_6C$、$(Fe、Mo)_6C$等。

十一、非金属夹杂物

钢中非金属夹杂物的来源有两种：一是外来的非金属夹杂物，是在冶炼、浇注过程中炉渣及耐火材料浸蚀剥落后加入钢液形成的；二是内在的非金属夹杂物，是冶炼、浇注过程中物理化学反应生成的。下面介绍几种常见的内在非金属夹杂物。

1. 氧化物

常见的是Al_2O_3，这是用铝脱氧时产生的细小难熔、高硬度的脆性夹杂物。它在热加工过程中不变形而沿加工变形方向呈短线颗粒带状分布，有时数条并列。过多的Al_2O_3会使钢的疲劳强度和其他机械性能下降。

2. 硫化物

包括FeS、MnS等。高温下MnS具有较高的塑性，会沿热加工变形方向延伸。

3. 硫酸盐

硫酸盐为钢中常见的复杂夹杂物，包括硫酸亚铁（$2FeO \cdot SiO_2$）、硫酸亚锰（$2MnO \cdot SiO_2$）、铁锰硅酸盐（$m FeO \cdot n MnO \cdot p SiO_2$）等。热加工后沿变形方向延伸，一般外形较粗，呈纺锤状。

4. 氮化物

TiN、ZrN 等都是钢中可能出现的氮化物。氮化物具有很高的熔点和硬度，在热加工过程中不变形，在显微镜下观察时多呈方形等规则的几何外形，容易辨认。

5. 点状不变形夹杂物

铬轴承钢中存在这种夹杂物，它主要由镁尖晶石和含钙的铝酸盐所构成，此外还有含铝、钙、锰的硅酸盐。钢中点状夹杂物经热加工后仍保持较规则的圆形。

第二章　金属材料的宏观及微观组织检验

对物体分辨的发展历程为肉眼→放大镜→光学显微镜→紫外显微镜→电子显微镜→场离子显微镜→隧道显微镜，分辨率由 0.15mm 发展至 2×10^{-4}mm，各类仪器的分辨率及有效放大倍数如图 2-1 所示。

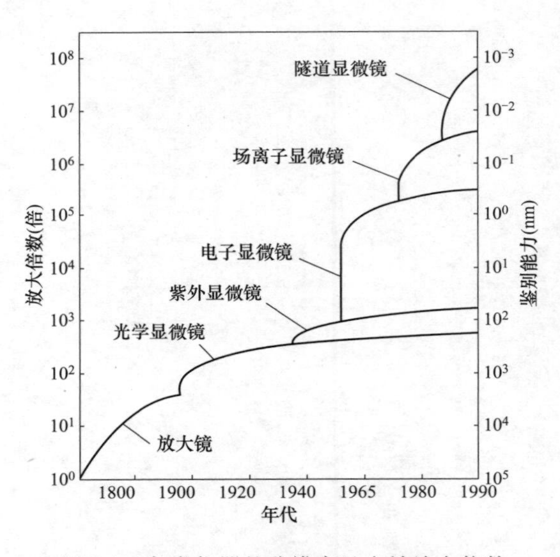

图 2-1　各类仪器的分辨率及有效放大倍数

虽然，非可见光显微镜有着更高的分辨率和放大倍数，但设备比较昂贵，而且操作烦琐、保养复杂，而光学显微镜实用性强、应用广泛，至今仍是分析微观组织最常用的一种设备。

在利用金相显微镜分析研究金属及其合金过程中，除科学合理使用显微镜以及准确判定分析以外，要特别注意到研究和评价材料微观组织形貌、结构的对象和依据是金相试样。合格的显微分析样品制作是成功进行光学显微分析的前提。用于进行光学显微分析的样品应满足如下要求：样品能代表所研究的对象，样品的检测表面应保证平整、光滑，能显示所要研究的内部组织结构。样品的制作一般要经过取样、镶嵌、磨光、抛光和浸蚀等步骤，每个操作步骤都包括许多技巧和经验，都必须严格、到位。任何步骤的失误都可能导致制样的失败。

第一节 金相试样的制备

金相试样的制备流程如图 2-2 所示。

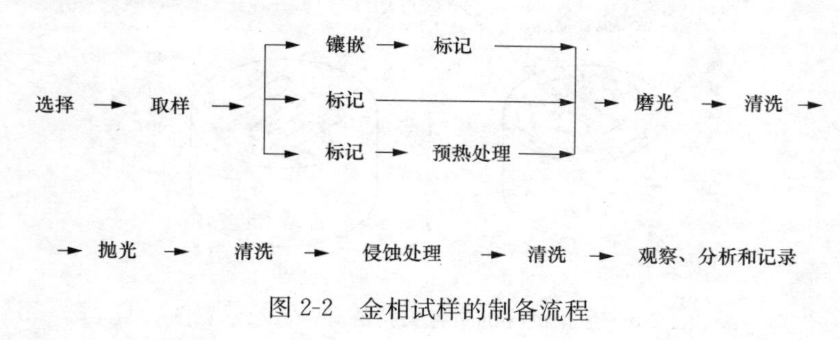

图 2-2 金相试样的制备流程

一、金相试样的选取

金相试样的选取部位应具有代表性，应包含所要研究的对象并满足研究的特定要求。试样选取的方向、部位和数量，应根据检验目的而定。既要有代表性，又要能表征材料的特征。截取的样品应有规则的外形、合适的大小，以便于握持、加工及保存。

取样应考虑的问题是：取样部位、切取方法、检验面的选择以及样品是否要装夹或嵌镶。

取样必须根据检验目的，选择有代表性的部位。一般对锻、轧钢材和铸件的常规检验取样部位，有关技术标准中都有明确规定。对事故分析，应在零件的破损部位取样，同时也在完好部位取样，以便对比。焊接接头的取样一般要包括焊缝、热影响区和母材。

切取样品可用锯、车、刨、砂轮切割等方式，视材料的性质不同而异，软的金属可用手据或锯床切割，硬而脆的材料（如白口铸铁），则可用锤击打下，对极硬的材料（如淬火钢），则可采用砂轮片切割或电脉冲加工。对于部分回火马氏体钢则需要采取等离子切割。但不论用何种方法，都要避免检验部位过热或变形而使试样组织发生变化。采用气割方法截取的试样，必须把全部的热影响区清除。

二、金相试样的镶嵌

对于一些特殊或尺寸细小而不易握持的样品，或为防止发生倒角，需进行样品夹持和镶嵌。常用的方法有机械夹持法、塑料镶嵌法和低熔点镶嵌法。镶嵌法是将试样镶嵌在镶嵌材料中，如图 2-3 所示。塑料镶嵌法包括热镶法和冷镶法两种。热镶法常用酚醛树脂（热固性塑料）或聚氯乙烯（热塑性塑料）等做镶嵌材料，如用酚醛树脂镶嵌，质地较硬、试样不易倒角，但要加热到 200℃才能成型，因而可能引起试样某些组织的变化。冷镶法一般使用环氧树脂作为镶嵌材料。环氧树脂可在室温凝固，但易因受热而软化。此外还可将试样放在金属圈内，然后注入低熔点物质，如硫黄、低熔点合金等。

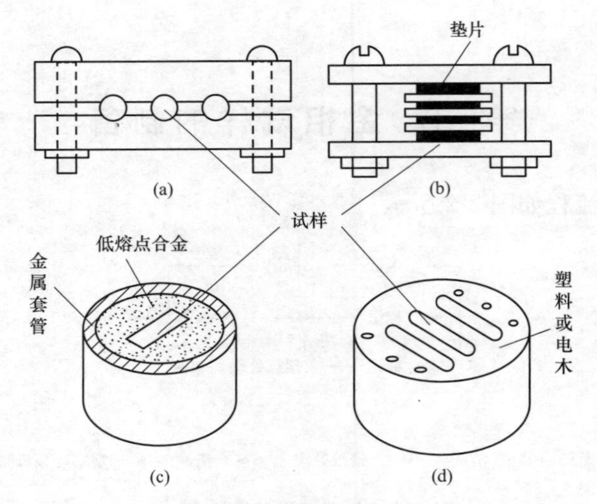

图 2-3　金相试样的机械夹持法和镶嵌法示意图

(a)、(b) 机械夹持法；(c) 低熔点合金镶嵌法；(d) 塑料镶嵌法

三、金相试样的磨制（平）

磨平分为粗磨和细磨。样品可以先在砂轮机上粗磨，把样品修成需要的形状，并把检测面磨平，然后利用砂纸由粗至细进行细磨。砂轮粗磨时，试样要充分冷却，以避免过热引起组织变化。磨制时，每个磨粒均可看成是一把具有一定迎角的单面刨刀，其中迎角大于临界角的磨粒起切削作用，迎角小于临界角的磨粒只能压出磨痕，使样品表层产生塑性变形，形成样品表面的变形层。变形层如图 2-4 所示，在换下一道工序时必须去除上一道工序造成的损伤层，并不断减小损伤层的深度。因此，细磨时砂纸由粗到细依次更换，换砂纸时将试样上的磨屑和砂粒清除干净，并转动 90°，即与上一道磨痕方向垂直的方向进行磨制（平）。

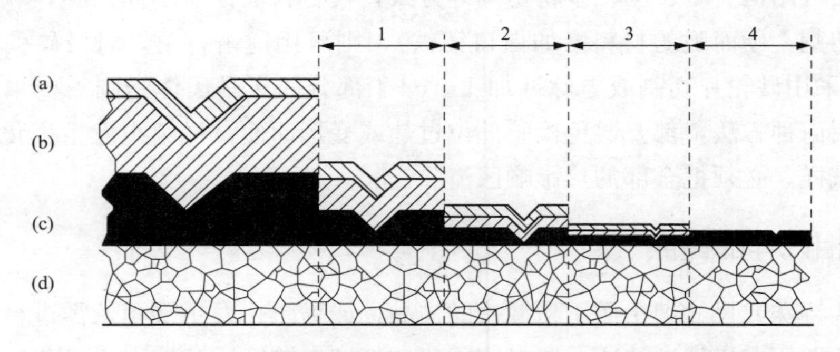

图 2-4　试样由粗到细磨制过程中变形层变化示意图

(a)、(c) 严重变形层；(b) 变形大的层；(d) 无变形原始组织

1—第一步磨光后试样表面的变形层；2—第二步磨光后试样表面的变形层；

3—第三步磨光后试样表面的变形层；4—第四步磨光后试样表面的变形层

金相砂纸所用的磨料有碳化硅和天然刚玉两种。常用的国产金相砂纸编号及磨粒尺寸见表 2-1，水砂纸编号及磨粒尺寸见表 2-2。

表 2-1　　金相砂纸编号与磨粒尺寸的关系

编号	粒度标号	磨粒尺寸（μm）	备注
—	280	50～40	一般钢铁材料用 280、W40、W28、W20 四个粒度标号干砂纸磨光
0	W40	40～28	
01	W28	28～20	
02	W20	20～14	
03	W14	14～10	
04	W10	10～7	
05	W7	7～5	
06	W5	5～3.5	
—	W3.5	3.5～2.5	

表 2-2　　水砂纸编号与磨粒尺寸的关系

编号	粒度标号	磨粒尺寸（μm）	备注
—	—	—	一般钢铁材料用 240、320、400、600 四个粒度标号水砂纸磨光
320	220	—	
360	240	63～50	
380	280	50～40	
400	320	40～28	
500	360	—	
600	400	28～20	
700	500	—	
800	600	20～14	
900	700		
1000	800		

四、金相试样的抛光

抛光的目的是去除细磨痕以获得平整无疵的镜面，并去除变形层，得以观察样品的显微组织。常用的抛光方法包括机械抛光、化学抛光和电解抛光等。

机械抛光的使用最为广泛，它是用附着有抛光粉（粒度很小的磨料）的抛光织物在样品的表面进行高速运动，达到抛光的目的。机械抛光在专用的抛光机上进行，抛光粉嵌在抛光盘织物纤维上，通过抛光盘的高速转动将样品表面上磨光时产生的磨痕和变形层去除，使其成为光滑镜面。金相试样的抛光分为粗抛光和细抛光两道工序，粗抛光除去磨光时产生的变形层，细抛光则除去粗抛光时产生的变形层，进一步减少变层对原始组织观察的干扰。

磨制（平）和抛光时，表面变形深度与磨料粒度的关系见图 2-5，由图可知，变形深度只从粒度 400 号起才有明显降低。

常用的抛光磨料性能与适用范围见表 2-3，金刚石研磨膏（3～0.5μm）是良好的抛光磨料之一，切削锋利，速度快，变形层浅，能保留夹杂物，但价格较高。细粒度的氧化镁特别适于对铝、铜、纯铁等软性材料进行最后精抛。

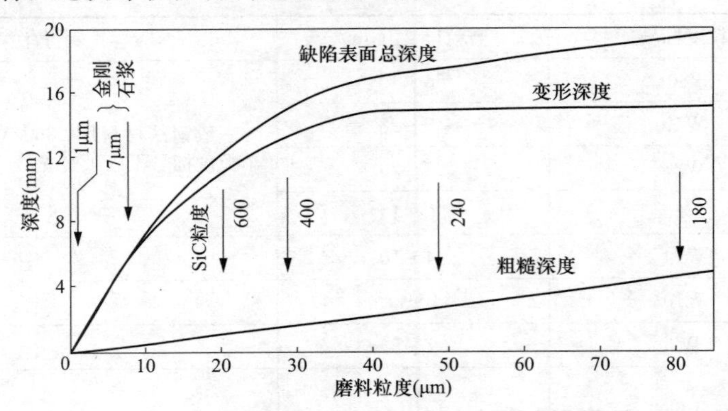

图 2-5 表面变形深度与磨料粒度的关系

表 2-3 抛光磨料性能与适用范围

磨料	莫氏硬度	性能	适用范围
氧化铝（刚玉、人造刚玉）	9	白色透明，α 氧化铝粒子，平均尺寸 0.3μm，外形呈多角形。γ 氧化铝粒子，平均尺寸 0.01μm，外形呈薄片状，压碎成更细小的立方体	粗抛光和精抛光
氧化镁	8	白色，粒度极细且均匀，外形锐利呈八面体	适用于铝、镁及其合金和钢中非金属夹杂物的抛光
氧化铬	9	绿色，具有很高硬度，比氧化铝抛光能力差	适用于淬火钢、合金钢、钛合金的抛光
氧化铁	8.5	红色，颗粒圆细无尖角，引起变形层较厚	抛光光学零件
碳化硅（金刚砂）	9.5～9.75	绿色，颗粒较粗	用于磨光和粗抛光
金刚石粉（包括人造金刚石粉）	10	颗粒尖锐、锋利，磨削作用极佳，寿命长，变形层浅	适用于各种材料的粗抛光和精抛光，是理想的磨料

对于抛光织物的选用，钢一般用细帆布和丝绒；灰口铸铁为防止石墨脱落或曳尾可用没有绒毛的织物；铝、镁、铜等有色金属可用细丝绒。对于磨料的选用，一般情况下钢、铸铁可采用氧化铝、氧化铬及金刚石研磨膏，有色金属等软材料可采用细粒度的氧化镁。在实际使用中，应根据织物的性能及被抛光试样的特点灵活选用。

操作时将试样磨面均匀地压在旋转的抛光盘上，并沿盘的边缘到中心不断作径向往复运动，同时，试样自身略加转动，以便试样各部分抛光程度一致及避免曳尾现象出现。抛光过程中，抛光液的滴注量以试样离开抛光盘后，试样表面的水膜可在数秒内自行挥发为宜。抛光时间一般为 3～5min。抛光时应用力轻匀，干湿适当，不时移动，保持清洁。抛光后的试样，其磨面应光亮无痕，且石墨或夹杂物等不应抛掉或有曳尾现象。抛光后的试样应用清水冲洗干净，然后用酒精冲去残留水滴，再用吹风机热风吹干。

化学抛光和电解抛光则是一个化学的溶解过程，它们没有机械力的作用，不会产生表面变形层，不影响金相组织显示的真实性。化学抛光和电解抛光时，粗糙样品表面的凸起处和凹陷处附近存在细小的曲率半径，导致该处的化学势和电势较高，在化学和电解抛光液的作用下优先溶解而达到表面平滑。电解抛光液包括一些稀酸、碱、乙醇等，而常用的化学抛光液通常是一些强氧化剂，如硝酸、硫酸、铬酸和过氧化氢等。

电解抛光的原理可以认为是试样表面凸起部分选择溶解的结果。首先，由于金属和电解液的相互作用，在试样粗糙不平的表面上形成一层电阻较大的黏性薄膜，如图 2-6 所示。在试样表面凸起处液膜较薄之处电流密度较大，使得试样凸起部分（图 2-6 中 *A* 处）的溶解比凹陷处（图 2-6 中 *C* 处）为快，如此逐次进行便形成平整的抛光表面。

电解抛光的优点是：①无变形层，特别适于铝、铜和奥氏体钢等。②抛光速度快，规范一经确定，效果稳定。③表面光整，无磨痕。④使用同一电解设备，适当降低电压，可以随时进行浸湿。它的缺点是：①对不同材料要摸索可行的具体规范；②对多相合金或有显微偏析时、容易发生某些相的选择浸蚀或金属基体与夹杂物界面处的剧烈浸蚀，达不到抛光效果。③溶液成分多样复杂，并应注意安全操作。

电解抛光装置如图 2-7 所示。试样接阳极，不锈钢等作阴极，接通电源后，阳极发生溶解，金属离子进入溶液，在一定电解条件下，阳极表面由粗糙变得平坦光滑。电解抛光质量的好坏，除取决于抛光材料、电解液外，主要与电解时的电流密度、电压规范有关。实验发现，不同金属有两类特性曲线，如图 2-8 所示。

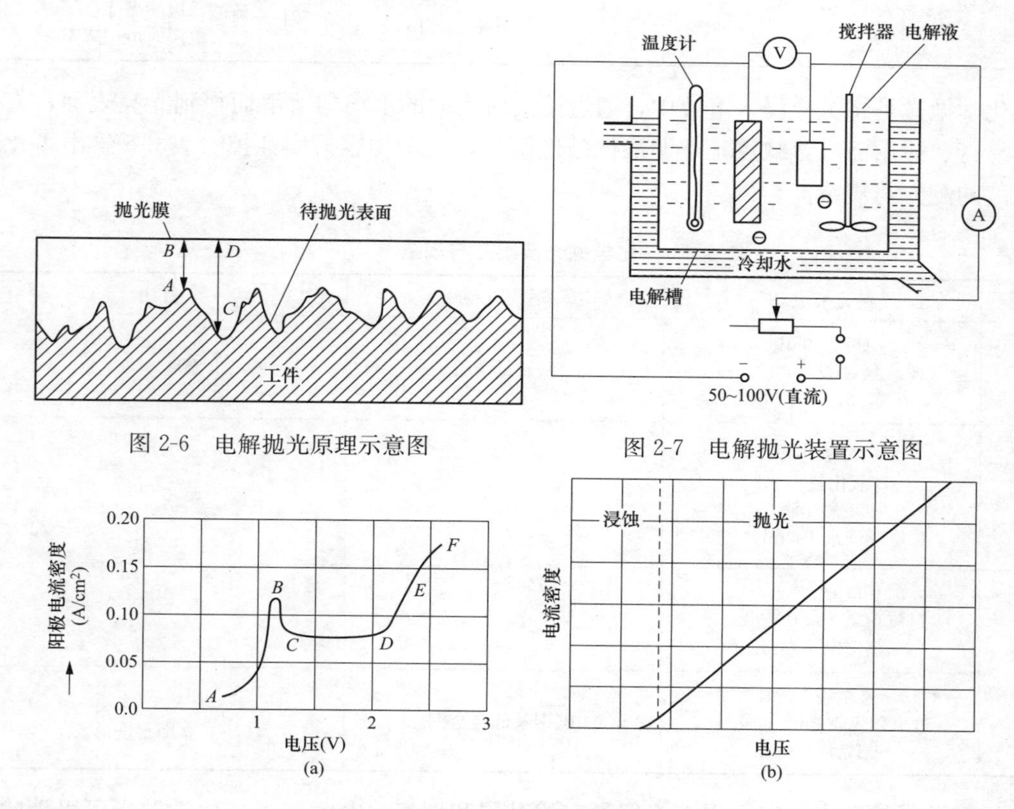

图 2-6　电解抛光原理示意图

图 2-7　电解抛光装置示意图

图 2-8　不同金属的两类特性曲线

（a）第一类电压-电流关系曲线；（b）第二类电压-电流关系曲线

第一类曲线：*AB* 段电流随电压的增加而上升，因电压过低，不起抛光作用，仅有浸蚀现象。*BC* 段是不稳定段，*CD* 段中，抛光电压增加时，电流不变，保持一稳定值，这段就是电解抛光的工作范围，最佳条件近于 *D* 点处。过 *D* 点后，电压升高，电流剧增，抛光作用随之破坏，将产生深点浸蚀。

第二类曲线：无明显的四段，可通过试验找出正常的抛光范围。

常用电解抛光液配方及电解抛光规范见表 2-4。

表 2-4　电解抛光液配方与规范

序号	电解液配方	规范			适用范围	注意事项
		空载电压（V）	电流密度（A/mm^2）	时间（s）		
1	高氯酸 20mL 酒精 80mL	20～50	0.5～3	5～15	钢铁、铝及铝合金、锌合金及铅等	（1）温度应低于 40℃； （2）新配试剂效果好
2	磷酸 90mL 酒精 10mL	10～20	0.3～1	20～60	钢及钢合金	用低电流可进行电解浸蚀
3	高氯酸 10mL 冰醋酸 100mL	60		15～20	钢、镍基高温合金等	
4	硫酸（1.84）10mL 甲醇 90mL	10			耐热合金、如 Inconel718 等	（1）先倒甲醇，然后缓慢加入硫酸，以防爆炸； （2）电浸时电压降至 3V

化学抛光是将试样浸入溶液中，通过溶液对表面的不均匀溶解而得到光亮表面，方法简便易行、适用面广，缺点是掌握最佳条件困难，夹杂物容易腐蚀掉。表 2-5 给出了化学抛光液的配方与规范。

表 2-5　化学抛光液配方与规范

序号	抛光液成分	适用材料	备注
1	硝酸 30mL 氢氟酸 70mL 蒸馏水 300mL	铁及低碳钢	温度 60℃
2	草酸 250g 过氧化氢 10mL 硫酸 1 滴 蒸馏水 100mL	碳钢	抛光 6min
3	草酸 250g 过氧化氢 10mL（30%） 蒸馏水 100mL	低、中、高碳钢	
4	氢氟酸 14mL 过氧化氢 100mL（30%） 蒸馏水 100mL	碳钢及低合金钢	抛光 8～30s 立即水洗

机械抛光的特点是表面平滑，但易有扰乱层和划痕，电解抛光与化学抛光可以消除表面机械损伤，但不够平整。为了取长补短，发展了若干综合抛光方法，如腐蚀抛光、电

解—振动抛光、电解—机械抛光等。

五、现场金相试样制备

1. *确定检验部位*

了解被检验部位材料的牌号、热处理及加工工艺、使用状况、明确检验目的。

检验部位应根据试验的目的确定。例如，检查长期运行后的主蒸汽管道蠕变损伤程度时，应选在弯管外弧中线两侧至22.5°范围的表面易生成蠕变孔洞处；为检查发电机护环有无应力腐蚀裂纹，拆卸前应选护环外表面通风孔附近及端面，拆卸后应选紧力面、R角变截面等容易发生应力腐蚀的部位等。也就是根据检验目的、检验方案选择现场金相复型部位。

2. *清洁*

对选定的检验部位，先用锉刀或手提砂轮机进行打磨，将金属表面氧化皮去除，直至露出金属光泽为止；对于焊接接头，则须除去加强高，然后进行打磨。一般情况下磨去表面约0.5mm深度，对于经长期高温运行的部位，应使其脱碳层完全除去为止。

3. *研磨抛光*

（1）磨光：手工磨制与机械磨制均可。依次使用100（120）、200（240）、400、600号水砂纸进行磨制。

（2）抛光：宜采用机械抛光方法进行，依次使用10、5μm的金刚石研磨膏在装有尼龙绸、真丝、天鹅绒或其他纤维均细织物的抛光盘进行抛光，一般抛光到试样的磨痕完全去除、表面基本呈镜面为止，并对该表面进行清洗。根据实际情况或现场条件，也可采用化学抛光或电解抛光。

第二节 金相组织的浸蚀

为进行显微镜检验，须对抛光好的金属试样进行浸蚀，以显示其真实、清晰的组织结构。

显示组织的常规方法包括化学浸蚀和电解浸蚀两种。化学浸蚀就是化学试剂与试样表面起化学溶解或电化学溶解的过程，以显示金属的显微组织；电解浸蚀就是试样作为电路的阳极，浸入合适的电解浸蚀液中，通入较小电流进行浸蚀，以显示金属的显微组织，浸蚀条件由电压、电流、温度、时间来确定。

为了真实、清晰地显示金属组织结构，在进行浸蚀操作时须遵循的原则包括：浸蚀试样时应采用新抛光的表面；浸蚀时和缓地搅动试样或溶液能获得较均匀的浸蚀；浸蚀时间视金属的性质、浸蚀液的浓度、检验目的及显微检验的放大倍数而定。以能在显微镜下清晰显示金属组织为宜；浸蚀完毕立即取出洗净吹干；可采用多种溶液进行多重浸蚀，以充分显示金属显微组织。若浸蚀程度不足时，可继续浸蚀或重新抛光后再浸蚀。若浸蚀过度时则重新磨制抛光后再浸蚀。浸蚀后的试样表面有扰乱现象过于严重，不能全部消除时，试样须重新磨制。

常见的浸蚀方法有化学浸蚀法和电解浸蚀法两种，此外还发展了若干显示组织的特殊方法。

一、化学浸蚀法

将抛光好的试样磨面在化学试剂中浸润或揩擦一定时间，便可显示组织。试样浸蚀后所以能显示出各种组织，是由于金属材料各处的化学成分和组织不同，它们的电极电位不同，腐蚀性能也就不同，因此浸蚀时各处浸蚀速度不一样。例如，浸蚀一块多晶体的纯铁试样，由于晶体上原子排列较乱，缺陷及杂质较多，易被浸蚀而成凹陷，在金相显微镜下观察时，光线照在晶界处被散射，不能进入物镜，因此显示出一条条黑色的晶界和一颗颗白亮色的晶粒，这样金属的组织便显示出来，如图 2-9 所示。

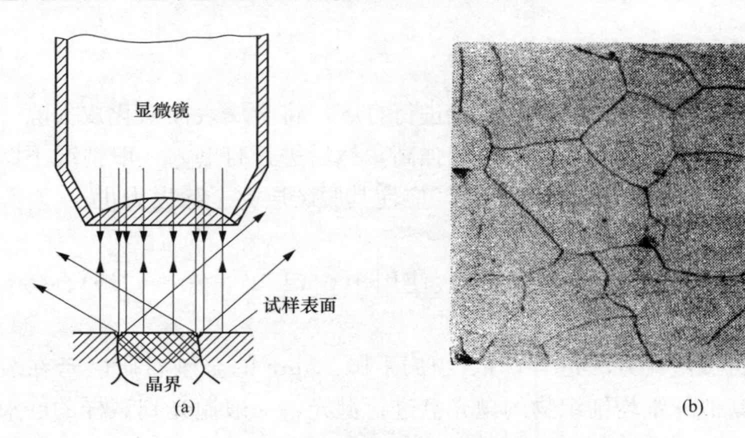

图 2-9　化学浸蚀示意图

（a）纯铁晶界显示示意图；（b）纯铁显微组织（500×）

常用的化学浸蚀剂很多。应按金属材料的不同和浸蚀的目的，选择适当的浸蚀剂。

1. 硫酸

室温下，硫酸溶液对金属氧化物的溶解能力较弱，提高溶液浓度，也不能显著提高硫酸的浸蚀能力，且其浓度达到 40%以上时，对氧化皮几乎不溶解。因此，硫酸浸蚀液的浓度，钢铁件一般控制在 10%～20%（体积比），最适宜浓度为 25%（质量分数）。提高温度，可以大大提高硫酸溶液的浸蚀能力，因其不易挥发，宜于加热操作，热硫酸对钢铁基体浸蚀能力较强，对氧化皮有较大的剥落作用，但温度也不能过高，过高时容易腐蚀钢铁基体，并引起基体氢脆，故一般加热到 50～60℃，不宜超过 75℃，而且还要加入适当的缓蚀剂。

浸蚀过程中累积的铁盐能显著降低硫酸溶液的浸蚀能力，减缓浸蚀速度并使浸蚀后的零件表面残渣增加，质量降低。因此，硫酸溶液中的铁含量一般不应大于 60g/L，当铁含量超过 80g/L、硫酸亚铁超过 215g/L 时，应更换浸蚀液。

硫酸溶液广泛用于钢铁、铜和黄铜零件的浸蚀。浓硫酸与硝酸混合使用，可以提高光泽浸蚀的质量，并能减缓硝酸对铜、铁基体的腐蚀速度。

2. 盐酸

常温下，盐酸对金属氧化物具有较强的化学溶解作用，能有效地浸蚀多种金属。但在室温下对钢铁基体的溶解却比较缓慢，因此，使用盐酸浸蚀钢铁零件不易发生过腐蚀和氢脆现象，浸蚀后的零件表面残渣也较少，质量较高。

盐酸的去锈能力几乎与浓度成正比，但如果浓度高达20%以上时，基体的溶解速度比氧化物的溶解速度要大得多，因此，生产上很少使用浓盐酸，其适宜浓度一般在20%～80%（体积比）的范围内。在浓度、温度相同时，盐酸的浸蚀速度比硫酸快1.5～2倍。

盐酸挥发性较大（尤其是加热时），容易腐蚀设备、污染环境，故多数为室温下进行操作，个别部门也采用浓盐酸和适当加温。

3. 硝酸

硝酸是一种氧化型强酸，为多种光亮浸蚀液的重要组成成分。低碳钢在30%的硝酸中，溶解得很激烈，浸蚀后的表面洁净、均匀；中、高碳钢和低合金钢零件，在上述浓度硝酸中浸蚀后，表面残渣较多，需在碱液中进行阳极处理，方能获得均匀、洁净的表面。

硝酸与硫酸混合（有时加入少量盐酸），可用于铜及铜合金零件的光泽浸蚀。

硝酸挥发性强，在同金属作用时，放出大量的有害气体（氮氧化物），并释放出大量的热，硝酸对人体有很强的腐蚀性，操作时必须穿截好防护用具，硝酸槽要有冷却降温装置，酸槽和其后的水洗槽应设有抽风装置。

4. 磷酸

磷酸是中等强度的无机酸，由于磷酸一氢盐和正磷酸盐难溶于水，因此磷酸的浸蚀能力较低，为弥补这一缺点，磷酸浸蚀溶液一般都需要加热。

浓磷酸和一定比例的硝酸、硫酸、醋酸或铬酸混合，可用于铝、铜、钢铁等金属的光泽浸蚀。

5. 氢氟酸

氢氟酸能溶解含硅的化合物，对铝、铬等金属的氧化物也具有较好的溶解能力，因此，氢氟酸常用来浸蚀铸件和不锈钢等特殊材料制件。浓度为10%左右的氢氟酸对镁和镁合金腐蚀得比较缓和，故也常用于镁制品的浸蚀。

氢氟酸剧毒且挥发性强，使用时要严防氢氟酸和氟化氢气体与人体皮肤接触。浸蚀槽需有良好的通风装置，含氟废水需严格处理。

6. 铬酐

铬酐溶液（铬酸、重铬酸）具有很强的氧化能力和钝化能力，但对金属氧化物的溶解能力较低，故一般多用于消除浸蚀残渣和浸蚀后的钝化处理。铬酐有毒，含铬废水必须进行严格处理。

7. 硫酸氢钠

酸式盐，多用于干态浸蚀液的酸式盐，可以代替硫酸，使处理更方便。

8. 缓蚀剂

浸蚀溶液中加入缓蚀剂，可以减少基体金属的溶解，防止基体金属产生氢脆，而且能减少化学材料的消耗。缓蚀剂能吸附在裸露金属的活性表面上，提高了析氢的超电压，从而减缓了金属的腐蚀。但是缓蚀剂一般不被金属的氧化物所吸附，因此，不影响氧化物的溶解。

某些缓蚀剂（如若丁）在金属表面上吸附得比较牢固，如果浸蚀后清洗不净，则会影响镀层的结合力或抑制磷化、氧化等化学反应，因此，浸蚀后的零件要认真清洗。缓蚀剂的种类和用量，也应经过工艺试验，慎重选用。

缓蚀剂多数是具有不同结构的含氮或含硫的有机化合物，很少用无机化合物。常用的缓蚀剂有磺化动物蛋白、皂角浸出液、若丁（主要成分为二邻甲苯硫脲）、硫胺、硫脲、六次甲基四胺及氯化亚锡等。

缓蚀剂的发展趋向是回归天然。人们将重新从工业副产品、天然动植物或农副产品的残渣中提取有效成分，制取新型无毒高效缓蚀剂，来代替上述一些污染环境、原料来源不足、生产成本高的有机或无机化合物。

目前从天然蛋白物、明胶、鱼粉、棉饼水解物制成的缓蚀剂，对碳钢在硫酸中浸蚀具有良好的缓蚀作用。这种缓蚀剂是由分子量较小的多种α-氨基酸构成，是一种既含氨基又含羧基的缓蚀剂。上述几种天然蛋白水解物的添加浓度达到0.3%时，缓蚀率为95%左右，介质温度升高、浓度增大，其缓蚀率均有不同程度增加。

浸蚀过程中应注意的问题有：

（1）浸蚀适度。浸蚀的时间以刚好能显示组织的细节为度。不宜用过度浸蚀来增加组织的衬度。

（2）高倍观察时的浸蚀程度比低倍观察时应略浅些。

（3）浸蚀好的试样应尽量立即观察、拍照，放置过久容易氧化或沾污。

（4）浸蚀不足时，一般最好抛一下再浸蚀。

常用的浸蚀剂见表2-6～表2-9。

表2-6　　低倍组织浸蚀剂

序号	用途	成分	腐蚀方法	附注
1	大多数钢种	盐酸50mL （密度1.19） 蒸馏水50mL	60～80℃热蚀，时间：易切削钢5～10min，碳素钢等5～20min，合金钢等15～20min	酸蚀后防锈方法： （a）中和法：用10%氨水溶液浸泡后再以热水冲洗； （b）钝化法：浸入浓硝酸5s再用热水冲洗
2	大多数钢种	盐酸500mL 硫酸35mL 硫酸铜150g	室温浸蚀：在浸蚀过程中，用毛刷不断擦拭试样表面，去除表面沉淀物	
3	大多数钢种	三氯化铁200g 硝酸300mL 水100mL	室温浸蚀或擦拭1～5min	
4	大多数钢种	盐酸30mL 三氯化铁50g 水70mL	室温浸蚀	
5	碳素钢 合金钢	10%～40%硝酸水溶液（容积比）	室温浸蚀，25%硝酸水溶液为通用浸蚀剂	（a）可用于球墨铸铁的低倍组织显示； （b）高浓度适用于不便作加热的钢锭截面等大试样

续表

序号	用途	成分	腐蚀方法	附注
6	碳素钢合金钢显示技晶及粗晶组织	10%～20%过硫酸铵水溶液	室温浸蚀或擦拭	
7	碳素钢合金钢	三氯化铁饱和水溶液 500mL 硝酸 10mL	室温浸蚀	
8	奥氏体不锈钢	硫酸铜 100mL 盐 500mL 水 500mL	室温浸蚀也可以加热使用	通用浸蚀剂
9	精密合金 高温合金	硝酸 60mL 盐酸 200mL 氯化高铁 50g 过硫酸 30g 水 50mL	室温浸蚀	
10	钢的技晶组织	工业氯化铜铵 12g 盐酸 5mL 水 100mL	浸蚀 30～60min 后对表面稍加研磨则能获得好的效果	
11	显示铸态组织和铸钢晶粒度	硝酸 10mL 硫酸 10mL 水 20mL	室温浸蚀	
12	高合金钢高速钢铁-钴和镍基高温合金	盐酸 50mL 硝酸 25mL 水 25mL		稀王水浸蚀剂
13	铁素体及奥氏体不锈钢	重铬酸钾 25g (K2Cr2O7) 盐酸 100mL 硝酸 10mL 水 100mL	60～70℃热蚀，时间：30～60min	

表 2-7　　碳钢、合金钢显微组织浸蚀剂

序号	用途	成分	腐蚀方法	附注
1	碳钢合金钢	硝酸 1～10mL 乙醇 90～99mL (Nital 试剂)	硝酸加入量按材料选择，常用3%～4%溶液，1%溶液适用于碳钢中温回火组织及 CN 共渗黑色组织	最常用浸蚀剂，但热处理组织不如苦味酸溶液的分辨能力强
2	钢的热处理组织	苦味酸 2～4g 乙醇 100mL 必要时加入 4～5 滴润湿剂（Pikral 试剂）	室温浸蚀 浸蚀作用缓慢	能清晰显示珠光体、马氏体、回火马氏体、贝氏体等组织，F3C 染成黄色
3	显示极细珠光体	戊醇 100mL 苦味酸 5g	通风柜内操作 不能存放	
4	显示淬火马氏体与铁素体的反差	苦味酸 1g 水 100mL	70～80℃热蚀，时间：15～20s	也可以使用饱和溶液

续表

序号	用途	成分	腐蚀方法	附注
5	显示铁素体与碳化物的组织	苦味 1g 盐酸 5mL 乙醇 100mL	室温浸蚀	Vilella 试剂 经 300～500℃回火效果最佳，也可显示高铬钢中的板条马氏体与针状马氏体的区别
6	显示铁素体晶粒度	过硫酸铵 10g 水 100mL	室温浸蚀或擦拭 时间：最多 5s	有时产生晶粒反差
7	显示回火钢	三氯化铁 5g 乙醇 100mL	室温浸蚀	
8	显示贝氏体钢	三氯化铁 1g 盐酸 2mL 乙醇 100mL	室温浸蚀，时间：1～5s	
9	显示淬火组织中马氏体和奥氏体	焦亚硫酸钠 10g 水 100mL	室温浸蚀	马氏体显著变黑，奥氏体未腐蚀
10	高锰钢	(a) 3%～5%硝酸乙醇； (b) 4%～6%盐酸乙醇	先在 (a) 中浸蚀 5～20s，取出用清水冲洗干燥，再入 (b) 中清洗 5～10s	
11	高锰钢	(a) 2%硝酸乙醇； (b) 焦亚硫酸钠 20g； (c) 水 100mL	先在 (a) 中浸蚀 5，取出清洗干燥，再在 (b) 中浸蚀到表面发黑	有极佳晶粒反差，并显示表面渗碳层深度
12	高锰钢	饱和硫代硫酸钠水溶液 50mL 焦亚硫酸钾 5g	室温浸蚀，时间：30～90s	KlemmII 试剂 γ—黄棕色或蓝色 α 马氏体—棕色 ε 马氏体—白色

表 2-8　　钢的原始奥氏体晶粒浸蚀剂

序号	用途	成分	腐蚀方法	附注
1	大多数钢淬回火后的奥氏体晶界显示	苦味酸 5g 12 烷基苯磺酸钠 4g 水 100mL 钢片 0.1g 双氧水 5 滴	将前三项放入烧杯中加热到沸腾，再加入双氧水，随后加入钢片煮沸 2min，试样在 80～100℃热蚀，时间：40～45s	
2	GCr15 钢淬回火组织	饱和苦味酸水溶液： 苦味酸 100g 蒸馏水 100mL 海鸥洗净剂 6～10mL 新洁尔灭 1.5～2mL 小钢片一块	苦味酸水溶液加热到 40℃时加洗净剂煮沸，加小钢片煮沸 2～3min，冷到 70～80℃浸蚀试样 1～3min	适于 30CrMnSi、20Cr、40Cr 等，也可在常温下浸蚀 2～3min，然后用氢氧化钠水溶液清洗
3	渗碳钢采用渗碳法显示奥氏体晶粒	苦味酸 2g 氢氧化钠 25g 水 100mL	沸腾浸蚀，时间：10～20min	

续表

序号	用途	成分	腐蚀方法	附注
4	淬回火的中碳、合金钢	饱和苦味酸水溶液 100mL 海鸥洗涤剂 1～5mL 盐酸 1～5 滴	室温浸蚀 时间：2～5min 需反复浸蚀抛光	
5	60Si2Mn 钢淬回火	苦味酸 5g 12 烷基苯磺酸钠 4g 水 100mL 钢片 0.1g 氯化铜 3g	室温浸蚀 时间：10～15s	
6	GCr15 钢等淬回火	苦味酸 5g 12 烷基苯磺酸钠 5g 三氯化铁 2g 水 100mL	苦味酸加入水中后再加 12 烷基，腐蚀前加三氯化铁 室温浸蚀，时间：3～5min	
7	中碳合金钢调质处理	苦味酸 10g 乙醚 90mL	浸蚀 5min 后用棉花擦去上面的黑污物，再用乙醇洗净	
8	高温回火索氏体组织和球化珠光体组织	苦味酸 10g 乙醚 90mL 盐酸 1～2mL	室温浸蚀，时间：10～30s	
9	合金工具钢	苦味酸 10g 氯化铜铵 1g 乙醇 48mL 新洁尔灭 10mL	室温浸蚀	
10	30CrMnSi 等 Mn. Si 钢	苦味酸 5g 丙酮 90～100mL 水 24～40mL	40～50℃热蚀 3～5min 后抛光面变黑即可取出轻抛，反复数次效果更佳	
11	阀门钢、调质钢、渗碳钢	盐酸 1mL 氨水 1mL 乙醇 50mL 新洁尔灭 10mL	室温浸蚀	擦净剂 水 35mL 草酸 1g 双氧水 4mL 四氯化碳 2mL 海鸥洗涤剂 3mL
12	大多数钢	海鸥洗涤剂 10mL 水 50mL 四氯化碳 2mL 苦味酸 4g 氯化钠 0.2g	将四氯化碳与洗涤剂搅拌一起，再加水搅拌，随后加入其他。室温浸蚀后用擦净剂擦拭干净	

表 2-9　不锈钢及耐热钢浸蚀剂

序号	用途	成分	腐蚀方法	附注
1	奥氏体不锈钢	盐酸 30mL 硝酸 10mL 甘油 10mL	室温浸蚀 现配	Glyceregia 试剂，显示晶粒组织及 σ 相和碳化物轮廓

续表

序号	用途	成分	腐蚀方法	附注
2	奥氏体不锈钢．高镍．高钴合金钢	盐酸 30mL 硝酸 10mL 以氯化铜饱和	擦拭，配好后待 20～30min 再用	Fry 试剂
3	奥氏体不锈钢及大多数不锈钢	三氯化铁 10g 盐酸 30mL 水 120mL	轻度擦拭，时间：3～10s	Curran 试剂、通用试剂
4	奥氏体不锈钢及大多数不锈钢	硝酸 1 份 盐酸 1 份 水 1 份	20℃下浸蚀，需要搅动溶液，得到均匀而无色的结果即可存放	通用试剂
5	奥氏体不锈钢	硝酸 5mL 氢氟酸 1mL 水 44mL	在通风条件下浸蚀 5min	
6	奥氏体不锈钢	盐酸 25mL 10%铬酸水溶液 50mL	室温浸蚀速度快、均匀、效果好	
7	马氏体不锈钢	三氯化铁 5g 盐酸 25mL 乙醇 25mL	室温浸蚀	
8	马氏体不锈钢	氯化铜 1.5g 盐酸 33mL 乙醇 33mL 水 33mL	室温浸蚀	kalling 试剂，马氏体变暗，铁素体着色，奥氏体不受浸蚀
9	沉淀硬化不锈钢	氯化铜 5g 盐酸 40mL 乙醇 25mL 水 30mL	室温浸蚀	Fry 试剂，可显示应变线
10	沉淀硬化不锈钢	盐酸 92mL 硫酸 5mL 硝酸 3mL	室温浸蚀	
11	铁素体不锈钢	醋酸 5mL 硝酸 5mL 盐酸 15mL	擦拭 15s	
12	高纯铁素体不锈钢	硝酸 10mL 盐酸 20mL 甘油 20mL 双氧水 10mL	室温浸蚀，时间：15～60s	
13	高镍铬钢及高硅钢	硝酸 10mL 氢氟酸 20mL 甘油 30mL	室温浸蚀	
14	显示不锈钢中的 σ 相	高锰酸钾 4g 氢氧化钠 4g 水 100mL	60～90℃热蚀，时间：1～10min	Groesbeck 试剂，碳化物—黄色 σ 相—灰色

续表

序号	用途	成份	腐蚀方法	附注
15	显示不锈钢中的σ相和铁素体奥氏体不锈钢中α-相	铁氰化钾 10g 氢氧化钾 10g 水 100mL	80～100℃热蚀，时间：2～60min	Murakami 试剂碳化物--暗色σ相--蓝色奥氏体--白色α-相--红至棕色
16	显示铁素体奥氏体不锈钢中α-相	氯化铁 5g 盐酸 100mL 乙醇 100mL 水 100mL	试样在室温浸蚀后加热到500～600℃使浸蚀面黄色	α-相—红棕色
17	铬镍奥氏体不锈钢中的δ相（铁素体）的显示	硫酸铜 4g 盐酸 20mL 乙醇 100mL	擦拭	
18	铬镍奥氏体不锈钢中的δ相（铁素体）的显示	氯化铜 1g 盐酸 100mL 乙醇 100mL	室温浸蚀	该试样对碳化物作用缓慢而铁素体优先显现出来，适用于有一定量碳化物析出的情况

浸蚀剂不同，显示组织的效果不一。

图 2-10 所示为 T12 钢退火组织用硝酸酒精和碱性苦味酸钠煮沸浸蚀结果的对比。由图可以看到，渗碳体网用前者浸蚀呈白亮色，用后者浸蚀被染成棕黑色。

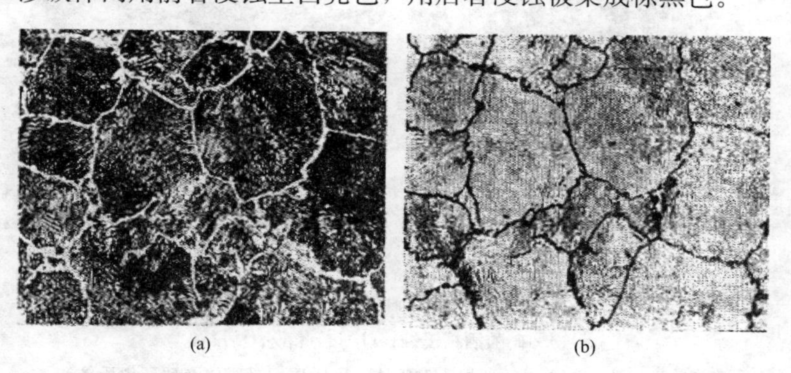

(a) (b)

图 2-10 T12 钢退火组织用硝酸酒精和碱性苦味酸钠煮沸浸蚀结果的对比

（a）4%硝酸酒精浸蚀；（b）碱性苦味酸钠煮沸 10min

图 2-11 所示为用两种浸蚀剂显示奥氏体合金铸铁的组织，两者均可显示奥氏体枝晶的成分不均匀，但衬度正好相反。

图 2-12 所示为 T12 钢淬火组织用 4%硝酸酒精与苦味酸酒精浸蚀的对比。由图可以看到，苦味酸溶液对显示钢中碳化物更敏感、更细致。

图 2-13 所示为两种试剂浸蚀黄铜组织的对比，可见，10%硝酸铁显示铜合金组织更适宜。

当组织中同时存在多种合金相，用普通浸蚀法不易区分时，可以采用迭加浸蚀法，依次显示不同的合金相，但操作较繁。

此外，有人介绍在 2%～4%硝酸酒精中加入几滴净化剂 EDTA（乙二胺四乙酸钠），浸蚀后试样表面较洁净；特别是有微裂纹的试样，裂纹两侧常有水迹污染，加入净化剂后可以去除这种水迹。

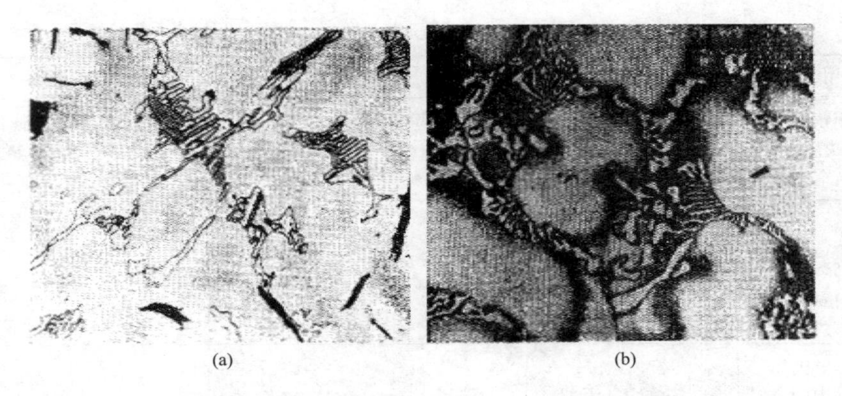

图 2-11　用两种浸蚀剂显示奥氏体合金铸铁的组织

（2.5C-2Si-16Nj-7Cu-2.5Cr，砂模铸造，$\phi=22$mm）

（a）苦味酸酒精浸蚀；（b）$FeCl_3$ 酒精浸蚀

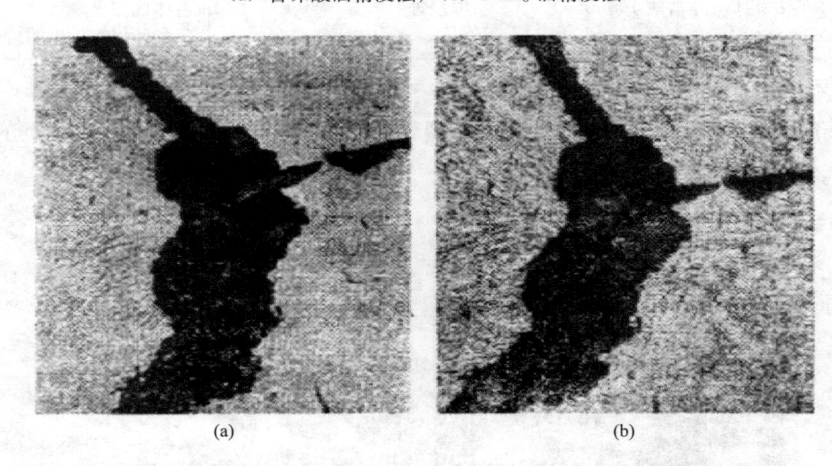

图 2-12　T12 钢淬火组织用 4％硝酸酒精与苦味酸酒精浸蚀的对比

（a）4％硝酸酒精浸蚀；（b）苦味酸酒精浸蚀

（1260℃加热，淬沸水，埋炽为奥氏体、贝氏体、马氏体及残留奥氏体）

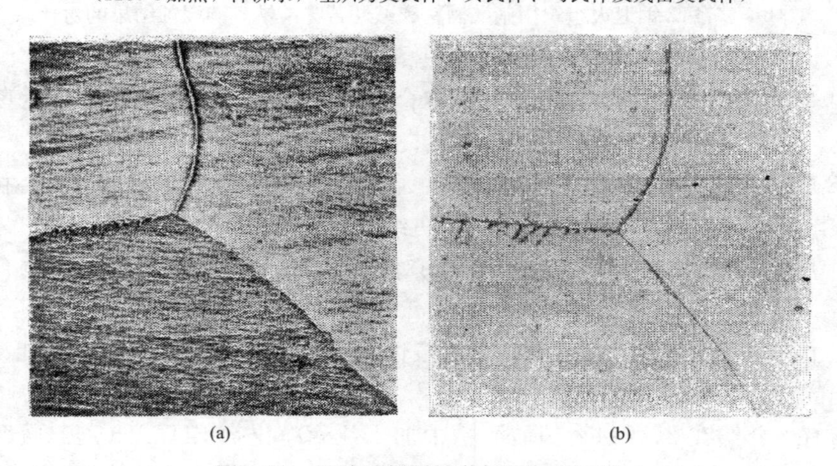

图 2-13　两种试剂浸蚀黄铜组织的对比

（a）三氧化铁盐酸浸蚀；（b）10％硝酸铁浸蚀

二、电解浸蚀法

电解浸蚀的装置和操作与电解抛光相同，只是电解浸蚀时，采用电压-电流关系曲线上的 AB 段（见图 2-8），即使用的电压较低。电解浸蚀与电解抛光可以分别进行，亦可在电解抛光后随即降压进行浸蚀。

几种常见的电解浸蚀液及规范见表 2-10。

表 2-10 常用电解浸蚀液配方与规范

序号	电解液配方	规范			适用范围
		空载电压（V）	电流密度（A/mm²）	时间（s）	
1	草酸 10mL 蒸馏水 100mL	10	0.3～0.5	5～15	奥氏体钢等区别 σ 相及碳化物等
2	铬酐 10g 蒸馏水 100mL	6		30～90	显示钢中铁素体、渗碳体、奥氏体等
3	明矾饱和水溶液	18		30～60	显示奥氏体不锈钢晶界等
4	磷酸（1.75）20mL 蒸馏水 80mL	1～3			显示耐热合金中金属间化合物等

三、着色显示（浸蚀）法

近年来，显微组织的着色显示法得到了一定的发展，它可以使不同组织呈现不同的彩色衬度。这类方法的发展是金相分析的需要。因为一方面合金组织往往是多相的，如出现 MC、M_6C、$M_{23}C_6$ 等各种碳化物，或奥氏体、δ 铁素体与 σ 相共存，或马氏体与贝氏体混合组织等，采用普通浸蚀方法往往难以确切区分它们，采用逐次浸蚀法又比较繁复，所以需要找寻一种有效的方法能同时显示这些相并加以鉴别；另一方面，定量金相的发展，特别是自动图像分析仪的应用，要求观测的组织与周围基体间有良好的衬度，采用普通浸蚀方法区分组织，有时衬度不够，以致自动定量时误差较大。如果不同组织能呈现不同色彩，则可以通过选用合适波长的滤片，将色彩衬度转化为明显的单色衬度，便于用自动图像分析仪进行准确的定量测量。

着色显示法的基本原理是依靠薄膜干涉而增加各相之间的衬度，并使之具有不同的色彩。首先要使试样抛光表面形成一层薄膜。薄膜形成过程因不同方法而异，可以采用真空镀膜（气相沉积），或是在不同条件下介质与试样表面相互作用而成。一般说来，除真空镀膜外，组织中不同的相，由于成分和结构不同，薄膜的生长率不同，结果形成不同的层厚。当白光照射时，由薄膜外表面反射的光束与薄膜和试样表面交界处反射的光束之间相互干涉，使各相之间的衬度提高，并呈现色彩。衬度及干涉色与薄膜的性质、厚度及金属组织的光学特性等因素有关。通过适当控制膜厚及其特性，可以获得较佳的衬度效果。目前几种常用的着色显示方法见表 2-11。

表 2-11 着色显示法一览表

名称	方法
热染法	置金相试样于空气中低温（低于500℃）加热，使磨面形成一层氧化薄膜。不同的相，氧化膜生长速度不同，膜厚不同。一般情况下可获得足够的衬度，但氧化着色时要升温，有的组织发生变化
真空镀膜法（气相沉积法）	采用锌盐（如ZnSe、ZnTe、ZnS）等在真空（约10^3Pa）下蒸发沉积于样品抛光表面上，形成均匀薄膜，扩大各相反光能力的差别，增加衬度，可用于显示钢铁、铝合金等组织中的各相（见图2-14）
化学着色法（化学浸蚀法）	将试样浸入特殊化学着色剂，例如含偏亚硫酸盐（$X_2S_2O_2$）等的室温溶液中约1～15min，除有轻微腐蚀作用外，主要通过化学置换反应或沉积，在试样表面形成一层硫化物或氧化物薄膜，不同的相有不同膜厚，呈现不同色彩
恒电位浸蚀法	在电解浸蚀过程中维持电位恒定，使作为阳极的试样表面形成氧化物薄膜，不同的相膜厚不同，提高衬度［见图2-15（a）］
气态离子覆层（又称气体离子蒸镀或气体浸蚀）	在专业的气体-离子反应室中进行。试样为阳极，阴极为Fe（或Pb），两极间距不大于10mm，先抽真空到约10^2Pa，再充以反应气体（如氧）等。由于气态离子与试样表面的相互作用或沉积，形成一层氧化物薄膜，增加了各相之间的衬度［见图2-15（b）］

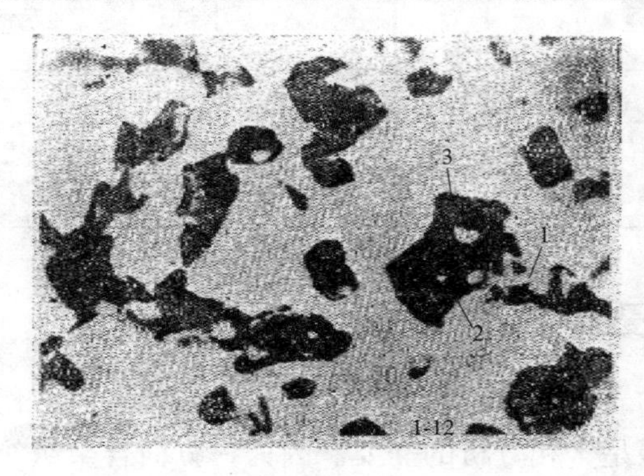

图 2-14 真空镀膜法显示

（ZnSe真空相沉积，用波长535nm的干涉滤色片观察）

1—M_{23}（C、N）；2—M_3（C、N）；3—M_2（C、N）

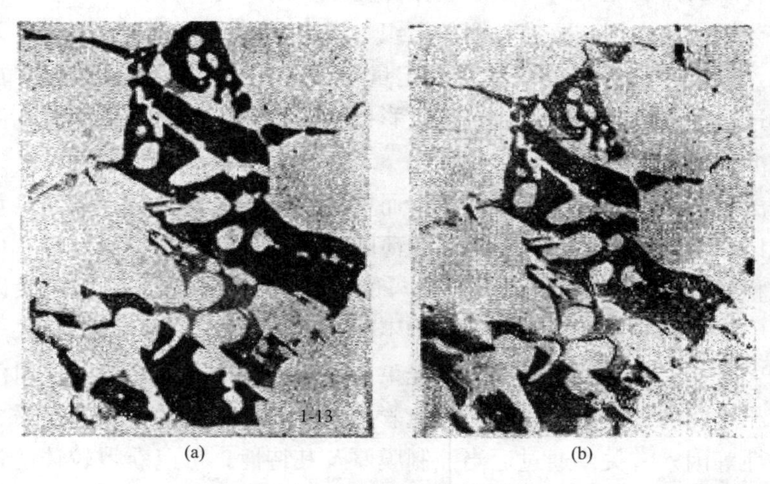

(a) (b)

图 2-15 恒电位浸蚀法显示

（a）恒电位电解浸蚀（5%草酸）；（b）气态离子覆层

第三节 断口宏观分析

断口是试样或零件在试验或使用过程中断裂后所形成的相匹配的表面。

从远古时代人类对断裂石器的认知到有文字记载的断口分析；从光学显微镜在断口分析中的应用到电子显微断口学的成熟；从定性的断口分析到定量的断口分析，适应科学发展规律的要求，把积累的大量断口知识系统化、完善化，形成了一门交叉综合分支新兴学科——断口学。

断口学是研究断口的形貌、性质，进而分析断裂类型和断裂方式、断裂路径、断裂过程、断裂性质、断裂原因和断裂机理的科学，它涉及从宏观到微观、从定性到定量、从断裂失效的断口分析到机理研究。断口分析在断裂失效分析中的地位和作用是任何分析方法都无法代替的。

断口学学科的形成有其必然性。断口学的基础学科诸如力学、材料学、断裂物理、断裂化学等尤其是断裂力学、损伤力学、微观力学等力学基础的飞速发展为断口学的形成奠定了坚实的理论基础；现代检测仪器、仪表科学的迅猛发展，特别是显微分析技术的巨大进步，为断口学的形成奠定了技术基础；把不断发展完善的数学、统计学和计算机模拟技术引入到断口分析中，为断口学的发展奠定了方法基础。

自16世纪起，人们就开始对断口形貌进行研究。1722年，De Reaumur报道了借助显微镜研究金属断口的方法。在他的经典著作中，把钢铁断口归纳为七种类型。在19世纪的断口学研究中，比较重要的工作有：1875年，Percy描述了6种断口形貌的一般类型；1878年之后的几年中，Adolf Martens（马氏体组织的发现者）把断口技术和金相技术结合起来研究材料的性质；1885年，Johann Augustus Brinell（布氏硬度的创始人）研究了热处理以及碳的状态变化对钢的断口形貌的影响。由于对金相学的过分重视，当时很多知名的冶金学者认为微观断口形貌既不准确又无用处，因此在进入20世纪后的很长的一段时期里显微断口学都是被人们所忽视的，直到1944年Carl A. Zapffe定义了断口学中具有十分重要意义的名词“断口形貌学”之后，断口分析才进入了一个快速的发展阶段。同时期，Zapffe把光学显微镜应用到断口形貌的观察上，对断口学的发展有着深远的意义。随着透射式电子显微镜和扫描式电子显微镜在断口形貌观察中的应用，断口学的研究有了质的飞跃，从此断口学的研究进入了全新的发展阶段，使得断口分析成为失效分析必不可少的手段。电子断口学给出了脆性断裂解理花样的确切解释，发展了新的疲劳断裂模型，并提出了微孔聚集的韧性断裂等微观机理，极大地推动了断口学的发展。

一、失效及其分类

说到断口，需要先说一下失效，断口往往是失效的直接产物。失效是指机械或零件在使用过程中（或者是在使用前的试验过程中），由于尺寸、形状、材料的性能或组织发生变化而引起的机械或零部件不能完满地完成指定的功能，或者机械构件丧失了原设计功能的现象。

常见的失效形式可分为四种：弹性变形失效、塑性变形失效、破断或断裂失效及材料变化引起的失效。关于失效的具体分类比较复杂，在这里不作一一介绍。按失效机理，一般分为断裂失效、变形失效、磨损失效和腐蚀失效等四种类型。

（一）断裂失效

断裂是指金属或合金材料或机械产品的一个具有有限面积的几何表面分离的过程，它是个动态的变化过程，包括裂纹的萌生及扩展两个过程。断裂失效是指机械构件由于断裂而引起的机械设备产品不能完成原设计所指定的功能。断裂失效类型有如下几种：

（1）解理断裂失效；

（2）韧窝断裂失效；

（3）准解理断裂失效；

（4）滑移分离失效；

（5）疲劳断裂失效；

（6）蠕变断裂失效；

（7）应力腐蚀断裂失效；

（8）脆性断裂失效；

（9）氢脆断裂失效；

（10）沿晶断裂失效；

（11）其他断裂失效等。

（二）变形失效

变形通常是指机械构件在外力作用下，其形状和尺寸发生变化的现象。从微观上讲是指材料在外力作用下其晶格产生畸变，若外力消除晶格畸变亦消除时，这种变形为弹性变形；若外力消除晶格不能恢复原样，即畸变不能消除时，称这种变形为塑性变形。

变形失效是指机械构件在使用过程中产生过量变形，即不能满足原设计要求的变形量的失效变形。一般情况下将变形失效分为弹性变形失效和塑性变形失效，弹性变形失效在机械构件表面不留任何损伤痕迹，仅是金属材料的弹性模量发生变化，而与机械构件的尺寸和形状无关；塑性变形失效则会引起机械构件表面损伤，机械构件的形状与尺寸均发生变化。

（三）磨损失效

磨损是指金属或合金的两个相互紧密结合的面相对运动时，因相互接触而损伤的现象。在微观范围内，金属表面不存在完全光滑的平面，它们总是粗糙的。当两个金属表面在很小的压力作用下发生两个表面相接触时，面与面之间只有少数的凸出质点或线接触；在发生相对运动时，一个面上的凸出质点首先要碰到另一个面上的凸出质点，这时容易变形的部分软化沿运动方向变形或被挤出。

磨损失效是指由于磨损现象的发生使机械零部件不能达到原设计功效的失效形式。磨损失效的类型有：

（1）黏着磨损失效；

（2）磨粒磨损失效；

（3）腐蚀磨损失效；

（4）变形磨损失效；

（5）表面疲劳磨损失效；

（6）冲击磨损失效；

（7）微振磨损失效等。

（四）腐蚀失效

腐蚀是指金属或合金材料表面因发生化学或电化学反应而引起的损伤现象。

由于腐蚀作用使机械构件丧失原设计功能的失效形式称为腐蚀失效。腐蚀失效的类型有：

（1）直接化学腐蚀失效；

（2）电化学腐蚀失效；

（3）点蚀失效；

（4）局部腐蚀失效；

（5）沿晶腐蚀失效；

（6）选择性腐蚀失效；

（7）缝隙腐蚀失效；

（8）生物腐蚀失效；

（9）磨损腐蚀失效；

（10）氢损伤失效；

（11）应力腐蚀失效；

（12）微振腐蚀失效等。

二、断裂失效分析

据统计，在工业技术发达的国家每年因工程系统的失效造成的损失约占国民生产总值的5%～10%。如果正确应用已有的技术进行失效预防，大约有一半的损失是能够避免的。因此，分析断裂失效的模式、原因和机理非常必要。

（一）断裂失效分析的依据

机械构件在运行过程中常常发生断裂失效现象，从而造成严重的损失。尤其是突然断裂失效，如低应力脆性断裂、疲劳断裂及应力腐蚀断裂失效等造成的损失会更大，其中，疲劳断裂居首位，它占失效实例总数的60%～70%；环境断裂居第二位，占失效实例总数的20%～30%；由其他原因引起的断裂失效约占失效实例总数的10%。因此，人们对断裂失效现象非常重视，长期以来在断裂失效分析及预防方面做了大量的工作。

断裂失效分析包含残骸分析、参数分析和资料（案例）分析等方面。残骸分析是直接物证分析，包括断口分析、裂纹分析、痕迹分析等；参数分析是间接的分析，包括力学、环境、材料性能等参数的分析等；资料（案例）分析是参考已有同类型案例进行分析，包括统计、综合和专家系统等分析。

（二）断口的重要性

断口是断裂失效最主要的残骸，是断裂失效分析的主要物证，断口上所包含的信息能够真实、准确地反映断裂发生的原因和过程，因此断口分析在断裂失效分析中是最重要的。失效分析过程中往往要从散落的失效残骸中选择有分析价值的断口以及供做其他检测用的试样材料。

此外，原始资料的收集对断口分析也是十分重要。原始资料包含构件服役前的全部经历、服役历史和断裂时的现场情况等。

1. 构件服役前的经历

对于构件服役前的经历，首先应了解其设计依据、参数和图纸，其次应了解构件的制造和加工工艺，然后了解构件的物理性质、力学性能和化学成分分析的检验报告，最后还要了解构件的安装情况和试车情况等。

2. 构件的服役历史

构件的服役历史包括操作人员的工作记录、构件的实际运行情况及构件所处的环境条件等。但实际的失效分析中是很难知道构件的全部服役历史的，有时必须从零星的使用情况分析构件服役过程中的各项数据，尽量从中得出一些分析依据。

3. 现场记录及残骸的收集

断裂失效发生后，分析人员要亲临现场，深入了解失效发生时的各种条件和事故过程。对散落的碎片，均应观察其所处的位置、环境和取向，经详细记录或摄影后，方可移动。同时还应注意损坏构件与其他构件之间的关系和相互影响，并予以记录。

收集的碎片应尽可能齐全，尤其是首先断裂的部分。除黏着的腐蚀介质应及时清洗去掉外，对断口上的其他沉积和黏附物质，甚至砂粒或污物等一般均暂不清除，待进行细致的断口观察后再作处理，因为这些物质对断裂原因的分析常常能提供有用的线索。断片是断裂失效分析的第一手资料，是断口分析的直接依据，在断裂失效发生后应小心谨慎地收集，妥为保存。

（三）主裂纹的判别

机械构件断裂失效大多数是在运行过程中发生的，经常是一个构件断裂后，其断片击断或损失其他构件。例如，汽轮机运行时，当一支叶片断裂时，其断片将会击断或损伤其他叶片，造成较大的断裂事故。因此在进行断口分析时，首先要选择最先开裂的构件断口。有时一个构件在断裂过程中形成几个断片时（如高压容器或锅炉爆炸失效等）也要选择最先断裂的断口，即主裂纹所形成的断口。

常用的主裂纹判别方法有T形法、分枝法、变形法和氧化法四种，如图2-16所示。

1. T形法

T形法是将散落的断片按相匹配的断口合并在一起，其裂纹形成T形。一般情况下，横贯裂纹A为首先开裂的，A型纹阻止B裂纹扩展或者B裂纹的扩展受到A裂纹的阻止时，A裂纹即为主裂纹，B裂纹即为二次裂纹。

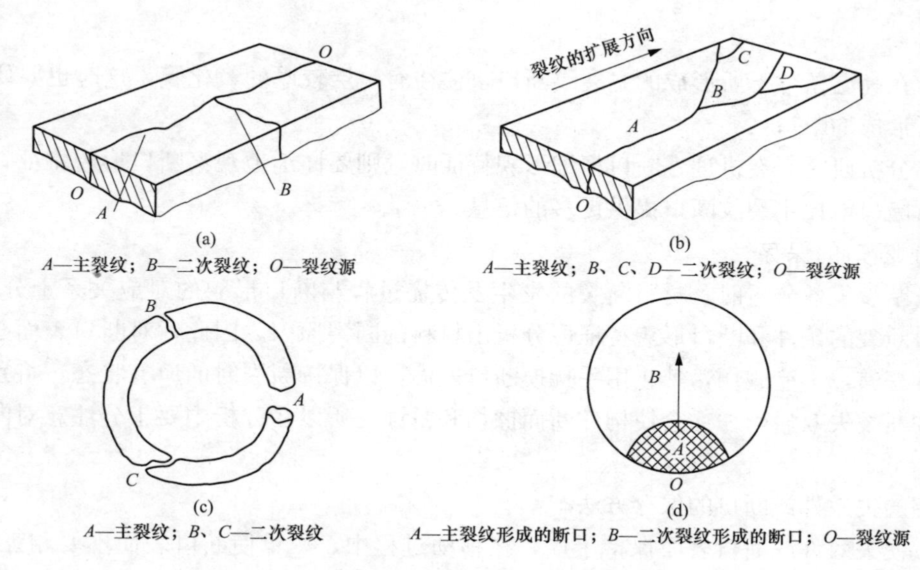

图 2-16 主裂纹判别方法示意图

(a) T形法；(b) 分枝法；(c) 变形法；(d) 氧化法

2. 分枝法

分枝法是将散落断片按相匹配断口合并，其裂纹形成树枝形。在断裂失效中，往往在出现一个裂纹后，产生很多的分叉或分枝裂纹。裂纹的分枝或分叉方向通常为裂纹的局部扩展方向，其相反方向指向裂源，即分枝裂纹为二次裂纹，汇合裂纹为主裂纹。

3. 变形法

变形法是将散落断片按相匹配断口合并，构成原来机械构件的几何外形，测量其几何形状的变化情况，其中变形量较大的部位为主裂纹形成的断口，其他部位为二次裂纹形成的断口。

4. 氧化法

氧化法是在受环境因素影响较大的断裂失效中，检验断口各个部位的氧化程度，其中氧化程度最严重的部位最先断裂即为主裂纹所形成的断口，因为氧化严重者说明断裂的时间较长，而氧化轻者或未被氧化者为最后断裂所形成的断口。

(四) 二次裂纹的选择

在断裂失效分析过程中，当主裂纹所形成的断口损伤严重而不能提供断裂形貌特征时，要分析二次裂纹所形成的断口。

二次裂纹的判别方法如上所述。二次裂纹的常见类型有：分枝的二次裂纹、横向取向的二次裂纹（即与主裂纹垂直的二次裂纹）和独立的二次裂纹等。

下面几种情况下需利用二次裂纹选取断口试样：

(1) 主裂纹化学腐蚀严重。例如环境断裂条件下，主裂纹不能提供断口形貌特征时，必须研究二次裂纹所形成的断口。

(2) 机械擦伤严重的主裂纹断口不能反映出断裂形貌特征，亦须研究二次裂纹及其形成的断口。

（3）在高温条件下所形成的主裂纹断口，往往有一层较厚的氧化膜，这时也要研究二次裂纹所形成的断口。

（4）分析研究断裂机理、断口精细形貌特征时，则要详细地观察断口形貌特征，此时二次裂纹断口能比主裂纹断口提供更多的信息。

（五）断口的保存

进行断裂失效分析时，材料断裂的发生及传播过程与断口形貌的对应关系十分重要。根据材料断裂的条件和断口形貌特征可分析出材料的断裂原因，因此，对断口表面必须保护得非常完整，不能碰伤，禁止用手抚摸断口表面，以保持断裂时的原有状态。特别是在机械构件断裂失效后，往往会使构件断面擦伤和锈蚀，所以在分析中要十分注意对断口的保存。

常用的失效件或断口的保存方法有：

（1）使失效件或断口表面保持干燥，在移动过程中，尽量使断口表面不要相互磨损；若失效件或断口较小时应将其放入干燥皿里或塑料袋里保存。

（2）应用防锈漆或者其他涂料将失效部位或断口保护起来。但在应用此种方法时需注意，所使用的防锈漆或涂料不能对断裂表面产生腐蚀，并且容易去除。

为了更加全面准确地进行失效分析，除了断口分析所需的试样之外，其他分析检验项目还需要各种试样，如机械性能试样、化学分析试样、电子探针试样、金相试样、表面分析试样、断裂韧性试样和模拟试验用的试样等。这些试样均需在选择断片时考虑进去，要从构件有代表性的部位上截取。在截取之前都应在构件上画好截取的部位，用草图或照相记录，标明是哪种试样，以免弄混而导致错误的分析结论。

截取试样时要小心保护断口及裂纹，保证截取的试样不受损伤，不改变断口形貌及微观组织形态，不受高温的影响或者其他的化学腐蚀，使断片或断口保持干燥。无论用什么方法截取试样，都要远离断口表面，要避免断口受到损伤，尤其是裂源更要加强保护，如果将裂源损伤，则将很难进行准确的断口分析。

（六）断口的特征

1. 全息性

断口记录了从裂纹萌生、扩展直到断裂的全过程，它具有全信息性。断口可以说是断裂故障的第一裂纹，而其他裂纹可能是第二甚至第三生成的，第一与第二裂纹的模式、原因和机理有时是相同的，有时是不同的，也就是说裂纹有可能只记录了断裂后期的信息；因此断口分析在断裂事故分析中具有核心的地位和作用。

2. 唯一性

断口有时是断裂失效唯一的物证，是最可靠的，人证有时不是完全可靠的，只能作为辅助信息或证据加以引用。

3. 可分析性

利用现代的分析技术和方法，断口所包含的信息是完全可以破译的，因此，断口是可以分析的，其上所包含的各种信息也是可以获取的。

（七）断口分析的内容和依据

1. 首断件的判定及其依据

断口残骸分为首断件（绝大多数情况下为肇事件）、随后断裂件（可能是裂纹残骸，也可能是断口残骸）以及被动断裂件（瞬断件）。其中，首断件和随后断裂件为主动断裂件。首断件的判定，即从众多的断口中寻找首先破坏件对于断裂失效分析是至关重要的，它是断裂失效分析成功与否的关键。主动断裂件有可能是脆性断裂、疲劳断裂或工艺原始裂纹断裂，因此要从众多（有时可能是成千上万件断件，例如空难事故残骸断口）的断口中寻找出脆性断口、疲劳断口和工艺原始裂纹断口，再从中进行分析，找出整个事故的首断件。当准确找到首断件后，首断件上也可能有多个断口（或裂纹），这就要求找到首先开裂的断口，即主断口。

2. 断裂模式的分析和依据

断裂模式分析是指对首断件断裂性质的分析。断裂模式分为一级断裂、二级断裂和三级断裂三种模式，其中一级断裂模式是最重要的。

一级断裂模式主要有脆性断裂、塑性断裂和疲劳断裂三大类。区别脆性断裂和塑性断裂的主要依据是宏观塑性变形的大小；区别脆性断裂和疲劳断裂的主要依据是断裂的形貌特征。

二级和三级断裂模式的诊断依据主要是断口的形貌、颜色、断口上的腐蚀产物、断口上的晶面取向和显微组织、断口的宏观走向与主应力方向、与零件形状及轧制锻造流线方向的关系、断口的成分和元素的分布以及断口边缘情况和变形情况等。

表2-12列出了断裂失效信息（即与断裂失效有关的对象、现象和环境等信息）与断裂模式的关系。每一种断裂失效信息都是断裂失效的一个特征或反映影响断裂失效的一个因素或条件，综合几种断裂失效信息可以诊断出断裂失效的模式。

表2-12 断裂失效信息与断裂模式的关系

<table>
<tr><th colspan="4">断裂失效信息</th><th>主要断裂失效模式和特征</th></tr>
<tr><td rowspan="6">裂纹起源位置和扩展方向</td><td rowspan="3">宏观</td><td>与零件应力、焊缝的关系</td><td>（1）在应力集中处（R处）；
（2）在焊缝区；
（3）非应力集中区</td><td>a、d、e、g、h
d、g、h</td></tr>
<tr><td>与接触介质的关系</td><td>（1）在介质接触的表面；
（2）在点蚀（磨蚀）坑处；
（3）与接触介质无关</td><td>f、g、h
f
a、d、e</td></tr>
<tr><td>与主正应力或主切应力方向的关系</td><td>（1）与主正应力方向垂直；
（2）与主切应力方向平行；
（3）与主正应力、主切应力无关</td><td>a、b、c、e、f、g、h
d</td></tr>
<tr><td rowspan="3">微观</td><td>与显微组织的关系</td><td>（1）在夹杂物处；
（2）在某一相组织处；
（3）与显微组织无关</td><td>c、e
b</td></tr>
<tr><td>与晶粒边界的关系</td><td>（1）在晶粒边界或相界处；
（2）在晶内或相内；
（3）既在晶界也在晶内处</td><td>b
a、d、e、f、h</td></tr>
<tr><td>与晶面晶向的关系</td><td>（1）在某一特定的晶面或晶向；
（2）非特定的晶面、晶向；
（3）混合情况</td><td>a
d、e、f</td></tr>
</table>

续表

断裂失效信息				主要断裂失效模式和特征
裂纹分布和形貌	宏观	按点、线分布情况	(1) 以点放射分布； (2) 沿线分布； (3) 不规则分布	a a、e、g、h
		数量和平直情况	(1) 单条、“平直”状； (2) 分叉或台阶或锯齿状； (3) 网状或龟裂形貌	c、e、f、h b b、c、f、g、h
		啮合和间隙情况	(1) 啮合好、间隙小、裂尖尖锐； (2) 啮合差、间隙大、裂尖圆钝	a、b、c、e、f、g、h d
	微观	与显微组织的关系	(1) 在夹杂物处； (2) 在某一相组织处； (3) 与显微组织无关	c、e b
		与晶粒边界的关系	(1) 在晶粒边界或相界处； (2) 在晶内或相内； (3) 既在晶界也在晶内处	b a、d、e、f、h
		与晶面晶向的关系	(1) 在某一特定的晶面或晶向； (2) 非特定的晶面、晶向； (3) 混合情况	a d、e、f
断口的形貌和特征	宏观	断口附近的残留塑性变形	(1) 塑性变形大、断口凹凸不平； (2) 塑性变形小、断口比较平直	d a、e、f、g、h
		断口的颜色	(1) 断口为本体材料颜色； (2) 断口上有氧化或其他腐蚀产物的颜色	a、e b、f、g、h
		断口的形貌特征	(1) 纤维状（鹅毛绒状）； (2) 结晶状（颗粒状）； (3) 放射状（人字纹）； (4) 贝壳状（弧线状）	d a、b、c、g a e、f
	微观	断口的形貌特征	(1) 韧窝（撕裂棱、微孔等）； (2) 解理（河流、扇形、台阶等）； (3) 沿晶（岩石、冰糖块等）； (4) 条带（辉纹、“轮胎”痕迹等）； (5)“鸡爪状”形貌； (6) 腐蚀产物（氧化物、腐蚀产物、泥纹等）； (7) 其他形貌	d、h a b、c、g e、f g g、h
腐蚀	材料与腐蚀介质和腐蚀特征形貌	材料与腐蚀介质	(1) 碳钢及合金钢在 HCl、碱、硝酸盐、HNO_3、海岸大气、工业大气、H_2S、$H_2SO_4+HNO_3$ 等中； (2) 铬不锈钢在 NaCl、氧化物、氟化物、溴化物、碳化物、HCl、海岸大气、工业大气、水及蒸汽、H_2S 等中； (3) 奥氏体不锈钢在氟化物、氯化物、碱、海岸大气等中； (4) 奥氏体不锈钢在碱、$FeCl_2$、$FeCl_3$、H_2SO_4 等中； (5) 材料上有腐蚀性的介质	g g h g f
		腐蚀形貌特征	(1) 腐蚀产物附着、剥离； (2) 表面颜色发暗、敲击声音频率降低； (3) 腐蚀坑	g、h f

续表

断裂失效信息			主要断裂失效模式和特征
应力	应力性质特征	（1）静载荷（$\sigma \geqslant \sigma_b$ 或 $K_I \geqslant K_{IC}$）； （2）交变载荷（$\sigma \geqslant \sigma_1$）； （3）冲击载荷（$a \geqslant a_c$ 或 $K_I \geqslant K_{Id}$）	b、c、d、g、h e、f a

注　a—脆性（解理）断裂；b—脆性（沿晶）断裂；c—脆性（沿夹杂物）断裂；d—塑性断裂；e—疲劳断裂；f—腐蚀疲劳断裂；g—应力腐蚀（沿晶）断裂；h—应力腐蚀（穿晶）断裂

以脆性（解理）断裂失效模式为例介绍断裂失效模式与断裂失效信息的关系。与脆性（解理）断裂失效模式相关的断裂失效信息有：对于裂纹的起源位置和扩展方向，从宏观看裂纹一般起源于应力集中处（R处），并且与接触介质无关，裂纹扩展方向与主正应力垂直，或与切应力平行；从微观看裂纹起源于晶内或相内并沿特定的晶面或晶向扩展。从裂纹的分布和宏观形貌看，以点放射或沿线分布，啮合好、间隙小、裂尖尖锐；从断口的形貌和特征看，宏观断口附近残留的宏观塑性变形小、断口比较平直，断口为本体材料颜色；断口宏观形貌呈结晶状（颗粒状）或放射状（人字纹）；典型的脆性微观断口形貌为解理（河流、扇形、台阶等），其典型的应力性质和特征可能是静载，也可能是冲击载荷。

3. 断裂原因分析及依据

断裂原因是指造成断裂失效的主要原因。断裂原因可以分为设计原因、材质原因、工艺原因、环境（使用或老化）原因等。断裂原因的分析是在断裂模式分析基础上进行的。

从力学观点来看，断裂原因分析是判断材料抗力过小还是载荷动力过大。不同的断裂模式其断裂原因中材料的抗力指标不同，塑性断裂的抗力指标一般指抗拉强度，脆性断裂的抗力指标是材料的冲击韧性或断裂韧度，疲劳断裂的抗力指标则是疲劳强度或条件疲劳应力。断裂原因的分析就是要分清在哪个过程中造成的断裂应力过大或材料抗力过低。在断裂原因分析中，除了要对断口进行仔细的宏微观分析之外，还要对材料本身的性能、受力情况及大小、环境因素及其后果等方面进行全面、系统和深入的分析、比较、综合和判断。有学者提出的“断裂失效模式和原因的特征判据对比综合分析诊断法”是一种很有意义的方法，表2-13列出了断裂失效模式和原因相结合的54种实用分类。

表2-13　断裂失效模式和原因相结合的实用分类

模式 / 原因		一级断裂模式		
		韧性断裂	脆性断裂	疲劳断裂
二级断裂原因	设计原因	（1）选材错误； （2）强度不够或应力过大	选材错误	（1）选材错误； （2）过渡圆角半径过小； （3）设计交变应力过高
	材质原因	（1）成分不合格； （2）强化元素少	（1）夹杂物脆性； （2）缺口敏感性引起的脆性	（1）夹杂物； （2）材料具有疲劳缺口敏感性； （3）材料疲劳软化

续表

原因 \ 模式		一级断裂模式		
		韧性断裂	脆性断裂	疲劳断裂
二级断裂原因	工艺原因	未（或不完全）热处理强化	（1）马氏体脆性； （2）低温回火脆性； （3）高温回火脆性； （4）475℃脆性； （5）过热过烧脆性； （6）冷作硬化脆性； （7）应变时效脆性（蓝脆）； （8）焊接热脆性； （9）焊接冷脆性	（1）缺口（如刀痕）引起的疲劳； （2）装配应力过大引起的疲劳； （3）热处理不合格引起的疲劳
	环境原因	使用中“软化”，如高温局部“软化”	（1）高速脆性； （2）低温脆性； （3）低熔点脆性； （4）氢脆性； （5）应力腐蚀脆性； （6）晶间腐蚀脆性； （7）选择腐蚀脆性； （8）碱脆性； （9）高温硫化脆性； （10）低温硫化脆性； （11）辐照脆性； （12）相变脆性（如锡瘟）； （13）第二相沿晶析出脆性； （14）石墨化脆性； （15）蠕变脆性	（1）接触疲劳； （2）低熔点金属引起的疲劳； （3）腐蚀疲劳； （4）热疲劳； （5）高温疲劳； （6）蠕变-疲劳交互作用； （7）弯曲共振疲劳； （8）扭转共振疲劳； （9）弯、扭组合共振疲劳； （10）声疲劳； （11）油膜振动疲劳； （12）微振疲劳

由表2-13可见，断裂失效的原因是繁杂多样的。为了正确分析断裂失效的原因，对单一断裂模式和原因的分析诊断是非常重要的，这是断裂失效原因分析的基础，必须着眼于它们各自特征判据的分析和识别，而特征判据只有进行相互比较才能加以鉴别。实际的断裂模式和原因往往不是单一的而是复合的，对这些疑难断裂模式和原因的诊断，应特别强调其调查研究、科学试验和综合分析。

三、断口分析的基本技能和方法

科学的断口分析思路能够指导准确、快速地分析断口，找到断裂失效的原因，并提出切实可行的预防措施。对于不同的断裂模式，由于其细节和侧重点的不同，应根据具体情况采用相应的技术和方法进行具体分析。

（一）断口分析的基本技能

断口分析的基本技能是指必须掌握的运用断口分析技术的能力。主要包括断口金相分析、裂纹分析、断口形貌及成分分析、环境分析、应力分析、统计分析等。

断口金相分析是通过观察断口附近的宏观与微观组织，判断断裂失效与材质的关系。宏观的组织分析可以判断分层、缩孔、气孔、冷拔空洞、裂纹（体积收缩裂纹、过烧裂纹、锻造折叠裂纹、回火裂纹、磨削裂纹）等不连续性缺陷与断裂源、断裂路径的关系；

微观的组织分析可以用来研究断口形貌与夹杂物、显微组织之间的关系、二次裂纹的走向和分布等。

裂纹分析是指根据断裂失效件上裂纹的形态、分布、数量、走向、颜色、裂纹间的相互位置以及裂纹与金相组织间的相互关系，来确定裂纹产生的先后次序和断裂源区，以判断断裂失效的模式和原因。

断口形貌及成分分析是断口分析的核心内容，是进行断口分析必须熟练掌握的技能，主要是根据断口的宏微观形貌、成分、色泽等一切相关的特征信息来判断断裂失效的模式、原因和机理。

环境分析是指根据断口上的腐蚀产物类型及其状态来分析断口形成过程的介质环境情况，这对于分析断口性质（尤其是环境促进断裂的断口）、找寻断裂原因是非常重要的。

应力分析是指定性和定量的分析断口截面及危险截面的受力性质和受力大小，它是断口分析的必要辅助手段。另外，由于断口分析涉及很多学科的知识，因此进行断口分析还应具有正确的思维方法和良好的知识素养。

（二）断口分析的基本方法

断口分析的基本方法是指进行断口分析所采用的途径、步骤、手段等科学方法，包括断口的制备保存技术、断口宏观分析技术、断口显微分析技术、断口辅助分析技术和断口定量分析技术等。

断口的制备保存技术包括主断口的确定、断口试样的切取和裂纹的打开、断口的清洗、断口的保护、断口的保存等方面的技术和方法，它是断口分析的必要前提。

在机械构件断裂失效中一般都要形成断口，因此断口分析是断裂失效分析最重要的手段。在断口分析技术中，最关键的两项工作是断口的选择和断口的观察。断口形貌的正确解释及断裂原因的正确分析在很大程度上取决于断口样品的正确选择及断口形貌的清晰程度。

断口的观察包括宏观观察和微观观察。断口宏观观察主要是确定裂源位置及裂纹的扩展方向；断口微观观察则是在宏观观察基础上，对裂源区、裂纹扩展区及最终断裂区进行检验。通常是借助电子显微镜、电子探针、离子探针及俄歇谱仪等工具来观察或检查微观形貌特征，微量或痕量元素对断裂的影响等，进一步判断和证实断裂的性质及方式。在断口分析中必须注意这二者的结合并用。

1. 断口的宏观观察

断口的宏观观察是指用肉眼、放大镜或光学显微镜及扫描电镜的低倍功能进行断口观察的方法。在进行断口宏观观察分析时，首先用肉眼或放大镜观察断裂构件的外貌，应特别注意构件断片的表面观察，重点检查有无刀痕、折叠和变形及缩颈、弯曲等加工缺陷，是否存在尖角、缩孔等有助于产生应力集中的薄弱环节以及化学腐蚀、机械磨损等表面损伤。然后应根据断口的宏观特征来确定裂源及其裂纹的扩展方向，在此基础上将断口按裂源区、裂纹缓慢扩展区和裂纹快速扩展区进行光学显微镜和扫描电子显微镜的低倍观察，特别是裂源区要重点进行反复的观察分析，提取有助于断裂失效分析的信息，实际当中裂源往往与材料的原始缺陷、加工缺陷及表面损伤等缺陷有关联。

2. 断口的微观观察

断口的微观观察通常需借助光学显微镜和电子显微镜的高倍功能进行。断口的微观观察是在断口的宏观观察的基础上进行的，通过对断口的微观观察分析不仅可进一步澄清断裂的路径、性质及环境对断裂的影响等，还可以分析判断断裂的原因及断裂机理等。

但在进行断口的微观观察时，要注意防止观察的片面性，不能从局部的特征轻易地作出结论。例如，在脆性断口上亦可以找到局部呈现韧窝花样的区域，在韧性断口上也可找到呈现解理或准解理的河流花样的区域。因此，必须反复多次进行观察，对于各种显微形貌特征要有数量及统计的概念，并且还要与宏观观察的情况结合起来才能得出正确的判断。

断口的微观观察除用作断口的定性分析外，还可用作断口的定量分析，例如可以通过断口微观形貌观察来分析断口显微参量与断裂力学参数之间的定量关系等。

应用扫描电子显微镜可直接观测断口表面，可以进行连续放大观察，电子图像立体感强、分辨本领可达 15nm 左右，是断裂失效分析最有力的工具。透射电子显微镜不能用于直接观察断口表面，需要制作塑料—碳复型，且用重金属投影增强反差。

表 2-14 列出了断口宏观分析技术、显微分析技术、辅助分析技术、定量分析技术所用的工具、工作原理、特点、应用等方面的介绍。这里需要指出的是，断口学研究的各种基本技能和方法是互相补充、相互促进的，在进行断口分析时，应根据实际情况选用不同的方法或方法组合，以获得最佳的效果。

表 2-14　　断口学研究所使用技术

分析技术		观察工具	工作原理及特点	适用范围
宏观分析技术		肉眼 放大镜 体视显微镜	光学 倍数低（≤100×） 分辨率低	（1）断口全貌观察； （2）一级断裂模式判断； （3）断裂源位置和裂纹扩展途径的判断； （4）加载类型和相对大小的估计； （5）断口形成环境的初步判断
显微分析技术	光学显微分析技术	光学显微镜	光学 倍数低（≤1000×） 分辨率 0.1μm 景深小	（1）显微组织观察分析； （2）平整解理面局部观察； （3）组织结构的偏振光分析； （4）断口关键局部显微形貌观察
	透射电子显微分析技术	透射电镜	高分辨率	
	扫描电子显微分析技术	扫描电镜	大景深、高分辨率	
	表面微区成分分析技术	X 射线能谱仪	特征 X 射线	最常用表面微区成分分析技术，但对超轻元素分析比较困难
		电子探针	背散射电子	平坦表面从铍到铀微区成分分析
		俄歇电子谱仪	俄歇电子	极薄表层（5 个原子）除氢、氯以外的所有元素的微区分析

续表

分析技术		观察工具	工作原理及特点	适用范围
辅助分析技术	剖面术	光学显微镜 扫描电镜	截取与裂纹扩展方向垂直的剖面，进行深度方向的观察	分析断口形貌与显微组织之间的关系，二次裂纹的走向和分布等
	金相术	金相显微镜	特定的相有特定形貌	显微组织分析
	蚀坑术	光学显微镜 扫描电镜	不同晶体在一定的腐蚀介质下产生特定形状的腐蚀坑	判断断裂面晶体学取向，通过位错密度的测定获得断口的应变数据
	立体术	光学显微镜 扫描电镜	通过几何原理把二维平面图像转变为三维立体图像	断口的三维立体观察
定量分析技术	一维形貌定量分析技术	扫描电镜	利用体视学原理把一维投影尺寸转变为真实一维尺寸	断口一维特征形貌的确定（条带间距、韧窝深度等）
	二维、三维形貌定量分析技术	扫描电镜激光共焦扫描显微镜	利用体视学原理把投影尺寸转变为真实图像	断口二维（面积）、三维形貌（真实相貌）的观测
	分形分析技术	剖面法 扫描电镜	分形几何	断口表面粗糙度及分形维数与断裂参数、断裂性质的关系
	组织分析技术	金相显微镜 扫描电镜	图像学原理	组织（尺寸、分布等）的定量分析
	计算机模拟技术	计算机软件	计算机原理	模拟断口形成过程、形成机理等

四、微观断裂机理的研究

断裂机理是指材料断裂的微观或亚微观内在因素的分析，有时甚至是达到纳米或原子级别因素的定性和定量分析。断裂机理分析的难度很大，但又是极有理论价值的，因为它是对断裂的内在本质、必然性和规律性的研究。断裂过程的微观、亚微观的动态观察有助于分析各种显微组织在断裂过程中的作用和影响。但纳米级或原子级别的原位动态观察目前研究的还很少，主要受制于观察和实验技术方面的限制。有学者开展了基于计算机模拟技术的各种模型分析和计算，但由于缺乏对比或检验的范例和方法使得分析结果往往与实际情况存在较大的差距。

常用的断裂机理分析及依据主要有：

（1）分析断裂过程与滑移带之间的关系，以判断相关因素的影响。

（2）分析断裂过程与显微组织之间的关系，以判断微观组织的影响。

（3）分析断裂过程与位错密度、裂纹萌生过程之间的关系，以判断位错运动、相界、晶界的影响，如解理的晶界位错集聚和裂纹萌生的 Smith 模型等。

（4）断裂的位错理论，包括塑性断裂生核、脆性断裂生核、解理台阶、解理舌头等模型。

（一）韧性断裂模式、韧窝形貌与空洞聚集机理

韧性断裂是指断裂前有明显宏观塑性变形的断裂。韧性断口典型的微观形貌特征为韧窝，有时表现为蛇行滑动（涟波、延伸区）。韧窝的尺寸和形状与材料特性（材料的强度、第二相颗粒的尺寸、形状和分布等）及其所受应力的状态有关。图 2-17 所示为应力状态

对的韧窝形貌影响。由图可以看出，正拉应力造成的断裂形成等轴状韧窝，匹配断口上韧窝被拉长的方向相反；撕裂应力也可以造成拉长韧窝，但匹配断口上韧窝被拉长的方向相同。

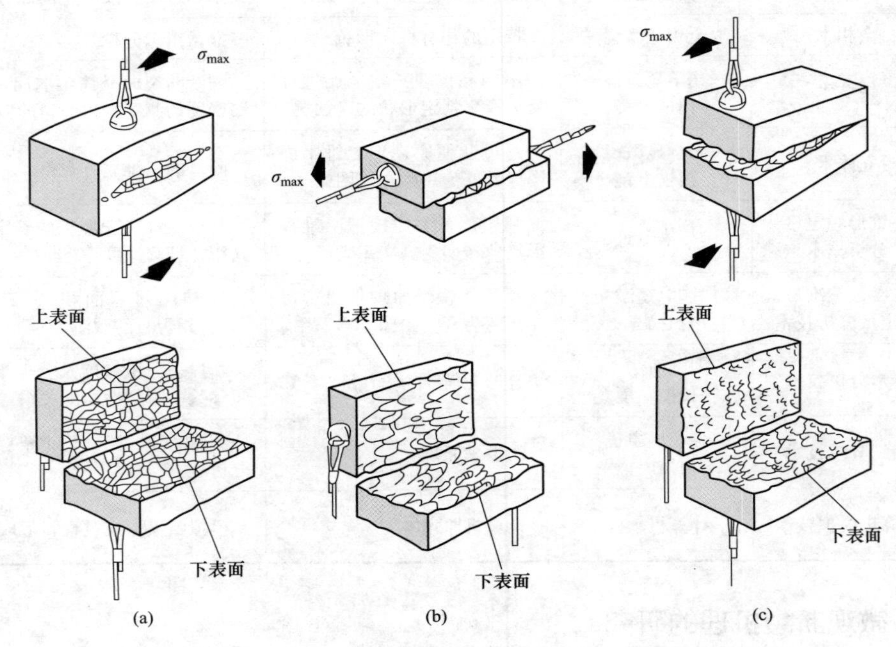

图 2-17　应力状态对韧窝形状的影响示意图

(a) 正拉应力；(b) 切应力；(c) 撕裂应力

韧窝的经典形成机理为空洞聚集理论。当受应力作用时材料在微观区域范围内塑形变形引起内部分离形成显微空洞形核，在滑移的作用下空洞逐渐长大并聚集，和其他空洞连接在一起形成韧窝断口，其形成和发展过程如图 2-18 所示。绝大多数工程合金的空洞在第二相颗粒处形成，在某些情况下能够在韧窝的底部发现第二相颗粒，颗粒一分为二或颗粒界面与基体分离。另外，在较大韧窝的内壁上经常可以看到"蛇行滑移"、"涟波"等滑移痕迹。

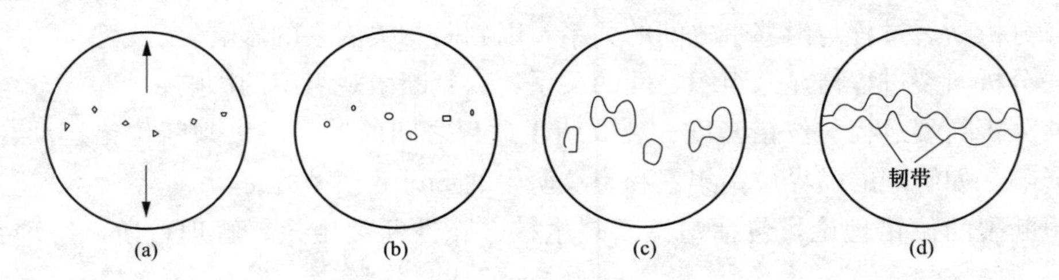

图 2-18　空洞聚集过程示意图

(a) 外力作用下形成空洞；(b) 空洞生长；(c) 空洞开始合并；(d) 空洞完全合并导致断裂

(二) 解理断裂模式、河流形貌与解理分离的机理

解理断裂是材料在正应力作用下，由于原子结合键的破坏而造成的沿一定的晶体学平

面即解理平面形成的低能断裂。

解理断裂最典型的微观形貌特征是河流花样。所谓的“河流”实际上是一些台阶，它们把不同裂纹连接起来。由于形成台阶会消耗能量，因此河流花样会趋于合并，由“支流”会合成“主流”而减慢裂纹前沿的扩展。晶界对河流花样的形貌有显著的影响，当河流通过由刃型位错组成的小角度倾斜晶界时只是简单的改变方向，继续在相邻晶粒内继续“流动”，当通过由螺型位错组成的扭转晶界时，河流会激增或消失。在解理断裂的断口上，还经常可以看到“舌头”花样和“鱼骨状”花样，这是由于解理裂纹与机械孪晶作用的结果。

解理裂纹的萌生机理有 Stroh 位错塞积理论、Cottrell 位错反应理论及 Smith 理论等。解理台阶的形成可用螺型位错与解理面交截来解释，不同高度的两个解理面的分离有两种形式，即沿次生解理面解理形成台阶和通过撕裂形成台阶，其形成过程如图 2-19 所示。

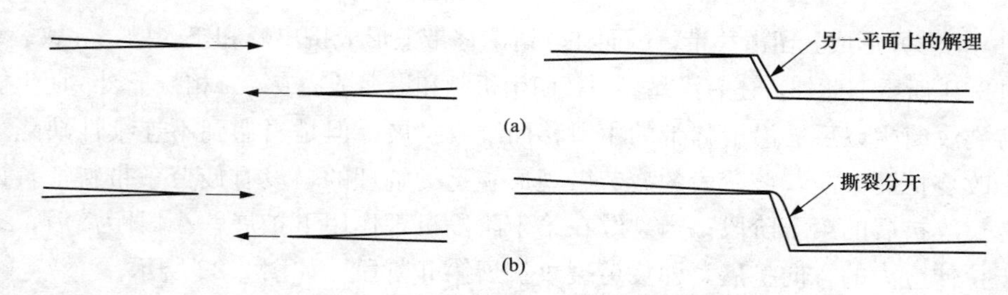

图 2-19　两个解理平面分离示意图

(a) 次生解理；(b) 撕裂

(三) 沿晶断裂模式、颗粒（冰糖状）形貌与沿晶分离机理

当金属或合金材料的晶界为显微组织中最薄弱部分的时候往往会发生沿晶断裂。沿晶断口又可分为沿晶分离断口和沿晶韧窝断口。颗粒（冰糖状）形貌是沿晶分离断口的典型形貌特征，晶界上有大量细小韧窝是沿晶韧窝断口的典型形貌特征。

晶界弱化或晶间脆性是导致沿晶分离的根本原因。沿晶分离的机理大致可分为五类，即本征晶间脆性（晶间聚合力低），晶界沉淀造成的晶间脆性，杂质元素在晶界偏析引起的晶间脆性，特定腐蚀环境促进晶间脆化和高温下的沿晶分离（蠕变）等。

蠕变沿晶断裂有两种断裂机制，分别是晶界三叉结点处开裂机制和晶间空洞机制，两种机制的原理如图 2-20 所示，图中箭头表示晶界的滑动方向。以哪种机制开裂取决于应变速率和所处的温度，相对高的应变速率和中等温度时会在三叉晶界处萌生裂纹并逐渐发展为楔形裂纹；低应变速率和高温时则以晶间空洞的形式开裂。蠕变沿晶断裂晶界上的空洞与韧窝断裂时的显微空洞不同，前者主要是扩散控制过程的结果，而后者则是复杂滑移的产物。

(四) 疲劳断裂模式、条带形貌与疲劳断裂机理

疲劳是材料在远低于屈服强度的交变应力的持续作用下发生的断裂现象。疲劳断口上最显著的特征就是疲劳条带，有时会出现轮胎痕迹，垂直于条带方向的二次裂纹也很常见。疲劳条带是一系列相互平行的条纹，条带的法线方向与裂纹局部扩展方向一致，疲劳条带的间距单调递增或递减。

广为接受的疲劳裂纹萌生机制为不均匀变形引起的裂纹萌生。交变应力作用使得金属表面

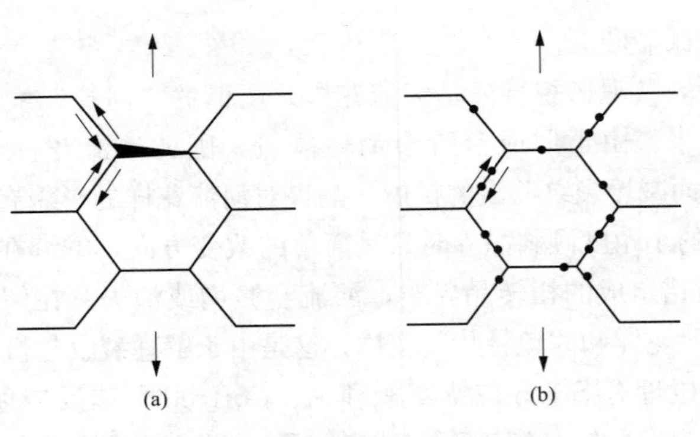

图 2-20　蠕变沿晶断裂机制示意图

(a) 三叉晶界开裂；(b) 晶间空洞

产生不均匀滑移并形成驻留滑移带，进而在驻留滑移带上形成挤出峰和挤入槽，导致裂纹的萌生，如图 2-21 所示。此外，还有沿晶界裂纹萌生机制和沿夹杂物或第二相粒子裂纹萌生机制。

疲劳裂纹萌生以后会沿滑移带的主滑移面继续扩展，但是当遇到不连续性缺陷（如晶界）后会改变扩展方向，该阶段的疲劳微观形貌是类解理的，没有疲劳条带特征，该阶段称为疲劳裂纹扩展的第Ⅰ阶段；当裂纹在第Ⅰ阶段机理作用下扩展一小段距离后，裂纹转向垂直于拉伸应力的方向扩展，即疲劳裂纹扩展第Ⅱ阶段，如图 2-22 所示。

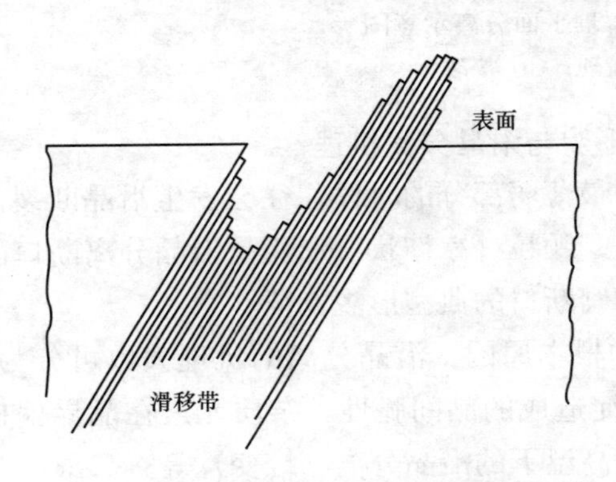

图 2-21　驻留滑移带上的挤出峰和挤入槽

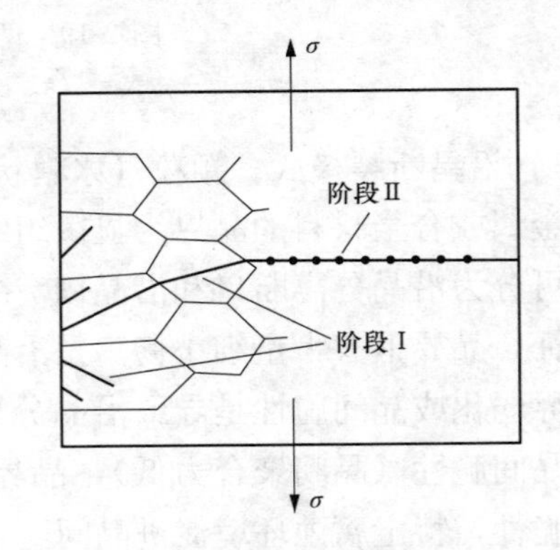

图 2-22　疲劳裂纹扩展的两个阶段

疲劳裂纹扩展第Ⅱ阶段会形成疲劳条带，该阶段的裂纹扩展机制主要有两个模型，即裂尖塑性钝化模型和裂尖滑移模型。图 2-23 所示为裂尖塑性钝化形成疲劳条带的模型，但是该模型不能解释有些材料在真空中进行疲劳试验时疲劳条带消失的现象。图 2-24 所示为疲劳裂纹扩展的裂尖滑移机理模型，该模型的第Ⅰ阶段中随着拉伸应力的增加交变滑移面上的滑移引起裂纹张开和裂尖钝化；随着压缩应力的增加，在交变滑移面上由于部分滑移面倒置致使裂纹闭合及裂尖的再次锐化，该模型更为成功地解释了第Ⅱ阶段的疲劳裂纹扩展。

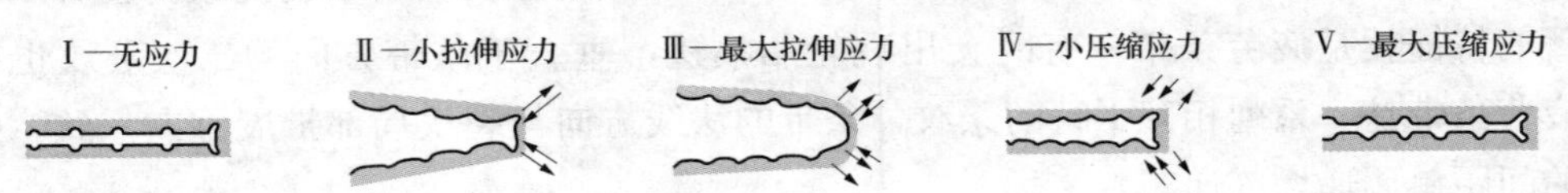

图 2-23　裂尖塑性钝化形成疲劳条带模型

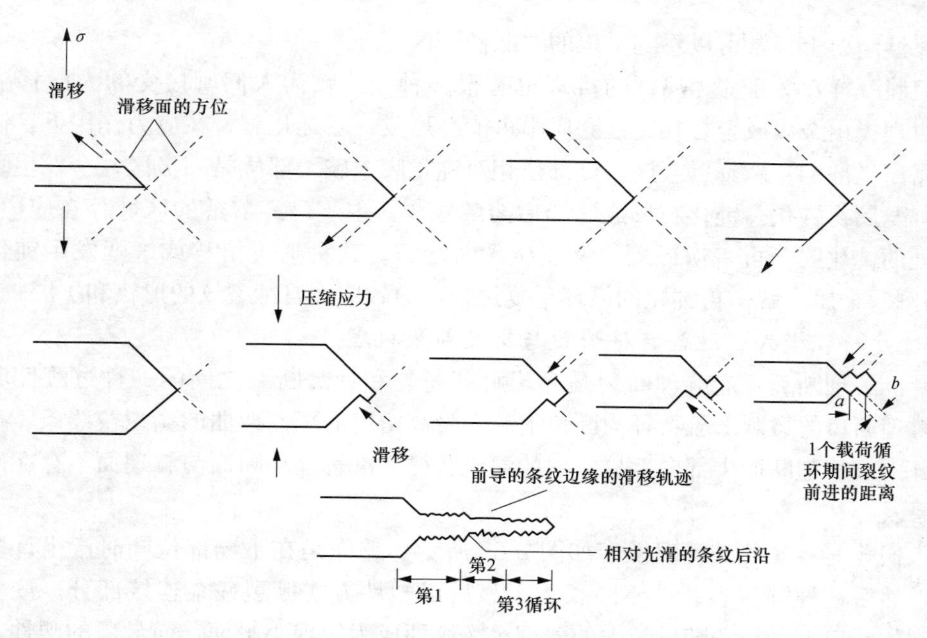

图 2-24 疲劳裂纹扩展的裂尖滑移模型

(五) 其他断裂模式、特征形貌与断裂机理

1. 氢脆断裂

由于氢的作用使材料在低于屈服强度的静应力作用下导致的断裂称为氢脆。氢脆可分为第一类氢脆和第二类氢脆两种类型，第一类氢脆随着应变速率的增加，氢脆敏感性增加；第二类氢脆随着应变速率增加，氢脆敏感性降低。金属的氢脆断口的微观形貌一般显示沿晶分离，呈冰糖状也可能是穿晶的，断口上存在大量的鸡爪形撕裂棱。

关于氢脆的机理有很多种，主要介绍以下几种：

(1) 氢压理论——氢在夹杂物、晶界、微裂纹表面、位错或内部空洞等处达到过饱和度，氢可能会形成氢气泡而导致断裂。

(2) 氢降低聚合力理论——氢进入点阵引起原子键的弱化而导致断裂。

(3) 氢降低表面能理论——氢吸附在裂尖表面上，由于改变了表面的状态而降低了表面能，导致断裂功下降。

(4) 氢蚀理论——氢在晶界与渗碳体发生反应生成甲烷气泡，导致断裂。

(5) 氢化物理论——氢形成易开裂的氢化物，氢化物析出降低韧性。

(6) 其他还有位错吸氢机制、氢促进位错生核机制、氢促进微空洞形核长大机制等。

上述机理都有一定的适用范围。

2. 应力腐蚀断裂

受应力的材料在特定的腐蚀环境下产生滞后开裂甚至发生滞后断裂的现象称为应力腐蚀。

应力腐蚀断口微观形貌的基本特征是裂纹起始区大多有腐蚀产物，有时会看到网状龟裂的“泥纹花样”，铝合金的应力腐蚀断口常常是冰糖状的沿晶分离特征，奥氏体不锈钢的应力腐蚀断口上经常可以看到平坦的“凹槽”区。

与氢脆一样，关于应力腐蚀的机理也有很多种，比较为人们所接受的为滑移溶解机理。该机理提出金属或合金在腐蚀介质中可能会形成一层钝化膜，在应力作用下，钝化膜破裂而露出局部的“新鲜”金属，该部位相对钝化膜未破裂部位是阳极区，会发生瞬间溶解，新鲜金属再钝化，钝化膜形成完全后溶解停止。由于已经溶解的区域存在应力集中，因而该处的钝化膜会再一次破裂，又发生瞬时溶解。这种通过滑移或蠕变发生钝化膜破裂、“新鲜”金属溶解、再钝化的循环重复过程，导致应力腐蚀裂纹的形核和扩展。

3. 过渡断裂模式、混合特征形貌与交叉断裂机理

(1) 准解理断裂。准解理断裂是介于解理断裂和韧窝断裂之间的一种过渡性断裂模式。准解理断口的微观形貌特征为断口上有大量高密度的短而弯曲的撕裂棱线条，存在点状裂纹源由准解理断面中部向四周放射的河流花样，准解理小断面与解理面不存在确定的对应关系及存在二次裂纹等。

被人们普遍接受的准解理模型如图 2-25 所示。首先是在不同部位同时产生许多解理小裂纹，然后这种解理小裂纹不断长大，最后以塑性方式撕裂残余连接部分。按上述模型，断裂的断口上最初和随后长大的解理小裂纹即成为解理小平面，而最后的塑性方式撕裂则表现为撕裂棱或韧窝、韧窝带。

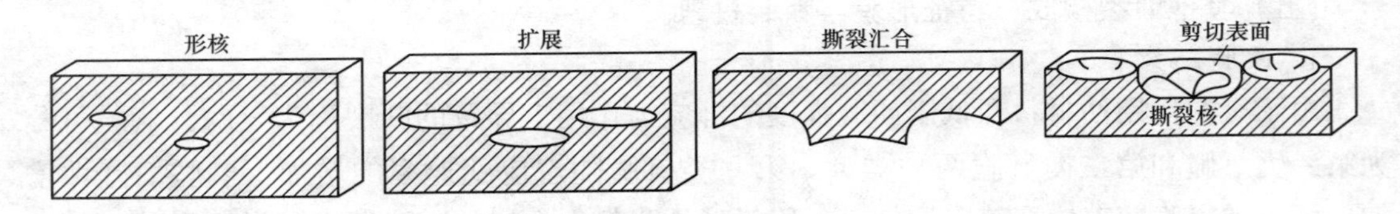

图 2-25　准解理断裂模型示意图

(2) 凹槽。在具有复杂显微组织的合金如钛合金的断口中有时会出现凹槽的显微特征，即拉长的槽或空洞连接而成的解理面。

在某些合金中凹槽的形成与多种断裂模式如疲劳、过载或应力腐蚀开裂等有关。由交滑移机制在解理裂纹间形成的管状空洞开裂会形成凹槽，在匹配断口上对应撕裂棱。凹槽长条状的几何形状与显微组织中伸长的晶粒有关。

五、断口特征形貌的物理数学模型及定量分析

1. 疲劳断口特征形貌的物理数学模型及定量分析

一直以来，大量以金属的疲劳宏观断口为对象的研究对疲劳断口上的疲劳弧线、疲劳沟线的物理数学模型进行了分析，得出了以下颇有启发性的结论。

(1) 疲劳弧线是疲劳裂纹瞬时前沿线的宏观塑性变形痕迹，其法线方向即为该点的疲劳裂纹扩展方向。如果认为经过相同的疲劳应力循环次数形成一条疲劳弧线并有式 (2-1) 所示的关系，则可以证明后一个疲劳弧线间隔比前一个疲劳弧线间隔大，即随着疲劳的扩展疲劳弧线不断变稀疏。

$$N = C \cdot \ln a \tag{2-1}$$

式中　N——应力循环次数；

C——疲劳裂纹的扩展速率；

a——表面裂纹深度。

（2）疲劳弧线弯曲方向的改变是因为材料表面缺口敏感性较大或由于有周向应力集中的影响，使疲劳裂纹在表面的扩展速率 u_s 大于在中心的扩展速率 u_c，并有式（2-2）所示的关系，可以通过疲劳弧线弯曲方向改变时的角度推算 u_c/u_s 值。

$$u_c/u_s = (1-\cos\theta)/\theta \tag{2-2}$$

式中　u_s——疲劳裂纹在试样表面的扩展速率；

u_c——疲劳裂纹在试样中心的扩展速率；

θ——疲劳弧线弯曲方向变化的角度。

（3）在旋转弯曲的情况下，周缺口疲劳断口的疲劳弧线形状与材料表面缺口敏感性和周缺口应力集中系数有关。其疲劳弧线的数学模型是一系列在半径为 R 的圆周上先后生核、扩展速率为 C 的疲劳裂纹瞬时前沿线的包络线，其数学表达式见式（2-3）。可以通过分析疲劳弧线的形状来推算材料的表面缺口敏感性，或周缺口应力集中系数的综合影响。

$$x^2 + y^2 = (R - e^{N/C})^2 \tag{2-3}$$

式中　x——圆周上的横坐标值；

y——圆周上的纵坐标值；

R——圆周半径；

C——疲劳裂纹的扩展速率；

N——应力循环次数。

（4）旋转弯曲轴的疲劳弧线向旋转的相反方向偏转的根本原因是疲劳裂纹进入拉应力区的状态不同。当轴顺时针旋转时，右边裂纹的扩展速率 u_r 总是大于左边裂纹的扩展速率 u_l，并最终使得疲劳弧线向与旋转方向相反的方向偏转，偏转角 α 可以通过式（2-4）来估算。可以通过 α 大小来分析材料的表面缺口敏感性、应力大小和周围介质的作用等因素的综合影响。

$$\alpha = 2\pi(u_r - u_l)/(u_r + u_l) \tag{2-4}$$

式中　α——偏转角；

u_r——右边裂纹的扩展速率；

u_l——左边裂纹的扩展速率。

2．脆性断裂特征的数学物理模型定量分析

人字纹花样是脆性断裂的显著宏观特征，只有当构件的宽度与厚度达到临界比值时才能形成人字纹花样。人字纹花样的形成过程是这样的，构件在外力的作用下，首先在缺口或缺陷等薄弱处产生塑性变形并形成微裂纹，然后扩展成为半月形的、小范围的纤维区；当裂纹达到临界尺寸时，便发生迅速的失稳扩展。先在临界裂纹的前端不远处产生平面应变状态的三向应力区，并在该区域内生核，继而扩展成为椭圆饼状的内裂纹，在外力作用下该内裂纹迅速长大并与裂纹前端交截，裂纹向前推进形成新的裂纹前端、新的三向应力区、新的内裂纹，这些依次在不同时间形成的内裂纹长大合并以及不断形成新的内裂纹，使裂纹迅速向前扩展，并造成了抛物线状的裂纹前端。裂纹前端与前端形成的很多内裂纹相互作用，在断口上形成很有规律的痕迹——人字纹花样。可以这样描述人字纹花样的物理模型，即在沿中心线依次生核并扩展的瞬时前沿线上再生成许多二次裂纹核心并扩展相交形成二次沟线。

3. 复杂条件下断裂模式原因和机理的诊断及疑难断口的定量分析

断口的诊断是断口学研究的重要内容，对于典型的或单一模式的断口诊断现在已经处于成熟阶段，但是对于那些复杂的非典型断口，要达到二级甚至三级的准确诊断是很困难的。对于一些具有特殊形貌特征的疑难断口至今没有找到满意的解释，因此，非典型复杂混合断口的准确诊断是当今断口学研究的一个难点。

在脆性断裂中沿晶断口有很多种表现形式，虽然现在已经给出了沿晶断口的一些诊断依据，但还只是初步的、表面的。例如，氢脆断口、应力腐蚀中“阴极”氢脆断口以及氢腐蚀断口的区分就不仅要着眼于断口的微观形貌，还要进行工艺参数、定量金相等分析。应力腐蚀断口上有时也会有“海滩”标志，腐蚀疲劳断口上有时也可能出现沿晶形貌，并且两者都有腐蚀产物，必须进行综合分析和诊断才可得出科学的结论。

又如，韧性断口本来是有纤维区、放射区、剪切唇区三个区域，可有些韧性断口上却出现纤维区、放射区、纤维区、剪切唇区四区域的形貌，这又该如何解释?

再如，微观的疲劳条带特征是疲劳断口诊断的充分条件，但是在很多情况下疲劳条带的特征不明显，超高强度钢甚至高强钢、高强铝合金的疲劳断口由于不易发生塑性变形就难以形成明显的疲劳条带。有时低周疲劳断口的条带变为成排的韧窝带，腐蚀性较强条件下的腐蚀疲劳断口上的条带被微观腐蚀特征所掩盖，铸造合金的疲劳断口的条带有时可能被枝晶等显微组织所掩盖，片状珠光体钢疲劳断口的条带有可能被珠光体片的形态所干扰。在上述情况下，需要用宏观的疲劳弧线作为诊断依据，如果宏观疲劳弧线不明显或不存在，则需要做进一步的分析。另外，低周疲劳断口与静瞬时断裂断口、因高速加载引起破坏的断口与缺陷应力集中引起断裂的断口、应力为主引起疲劳断裂的断口与缺口或缺陷为主引起疲劳断裂的断口都不易区分。

断裂学是研究断裂的科学，包括断裂力学、断裂物理及断裂化学等学科分支。断裂学是断口学的理论基础，断口学反过来对断裂学科的发展有着重要的作用和意义。断口是断裂过程的最终产物和忠实的历史记录，是断裂学科研究的必要基础。由于断口上所记录的各种信息是断裂力学、断裂化学、断裂物理等诸方面的内外因素综合作用的结果，对断口由定性到定量的精确分析、对断裂机理的深入研究必然推动断裂物理、断裂化学、断裂力学的发展。例如韧性断裂的微观形貌韧窝反映了裂纹尖端的应力状态，对韧窝形状的详细分析则可以对裂纹尖端的局部应变状态有深刻的理解，这对塑性断裂力学有着十分重要的理论价值。

可以说，断口学是断裂力学、断裂物理、断裂化学等学科的重要知识来源；断口学是断裂力学和断裂物理这两门学科之间的桥梁，是把断裂宏观判据与微观组织参量联系起来的必要手段。

断口分析在抗断裂材料和技术研究中也起着很大的作用。通过断口分析可以提供有关合金的相组成、组织结构、杂质分布及含量对断裂特性的影响等信息，可为提高材料抗断裂的质量提供指导。

断口学不仅在断裂失效分析中有着十分重要的意义，而且对于理论研究也有很大价值。如今，断口学正处于发展阶段。随着新技术和新方法在断口学中的广泛应用，断口微观机理和相关模型的不断发展，断口定量化和数字化的逐步实现，断口学将更加完善，在工程实践和理论研究中将会发挥更大的作用。

第四节 微观分析方法

自从荷兰人 Zacharias Jansen 1590 年发明单透镜的光学显微镜以来，逐步设计出二次放大复式显微镜，其放大率、分辨率及其他性能不断地提高，成为现代各类显微镜的基本形式。现代按照各种科学领域及研究对象的不同要求，利用不同的光学原理，已设计出多种多样的显微镜，各自发挥它们独特的优良性能。

一、光学显微镜分析技术

1. 明视场（bright field）

明视场显微镜分析方法是指显微镜照明的一种方式，照明光通过物镜垂直地或近似垂直地照射到样品表面，其反射光返回物镜成像，显微镜视场区呈现亮背景。

其照明法有透射式和落射式两种。透射式是最常见的方法，落射式显微镜是近年来出现较多的显微镜，用来观察不透光的金属、矿物等标本。其基本结构与透射式相同，区别仅在于将物镜又充当聚光镜使用，物镜上方的半透膜镜将照明光线通过物镜射到样品上。

2. 暗视场（dark field）

暗视场显微镜分析方法是指显微镜照明的另一种方式，通过物镜的外周斜射照明样品，样品起散射或发射作用，这些光进入物镜成像，显微镜视场区呈现暗背景。

这是利用微粒散射效应进行“超微粒观察”的显微分析方法。它必须使来自聚光镜的照明光线不射入物镜内，用大于物镜数值孔径的倾斜光束照射样品，样品中一些超分辨的微粒产生散射效应。这样在显微观察中，在暗背景中看到超微粒的存在，一些明场观察中看不见的物体就被发现了。原则上用暗场聚光镜即可实现。其照明方式也有透射式和落射式两种聚光镜。

3. 微分干涉衬度（differential interference contrast）

微分干涉衬度显微镜（DIC）是用偏光干涉原理的一种显微镜。偏光干涉原理是由光源发出一束光线经聚光镜射入起偏镜后成一线偏振光，经半透反射镜射入 Wollarston 棱镜后产生一个具有微小夹角的寻常光（o 光）和非常光（e 光）的相交平面，再通过物镜射向试样，反射后再经 Wollarston 棱镜合成一束光，通过半透镜在检偏镜上 o 光和 e 光重合产生相干光束，在目镜焦平面上形成干涉图像，可用图 2-26 说明。入射光线 A 通过起偏振片后在渥拉斯顿棱镜Ⅰ的界面上分裂成两支偏振方向相互垂直的偏振光 $A1$ 和 $A2$，这两支光线经聚光镜后投到样品平面 c 和 d 两点上，并通过样品 c、d 后，两支光线由物镜会聚在渥拉斯顿棱镜Ⅱ的界面上（棱镜Ⅰ和Ⅱ相对倒置），这两支光线又会重合成一支光线A，通过检偏镜投在目镜主焦面上形成了c、d两点的双映像点。

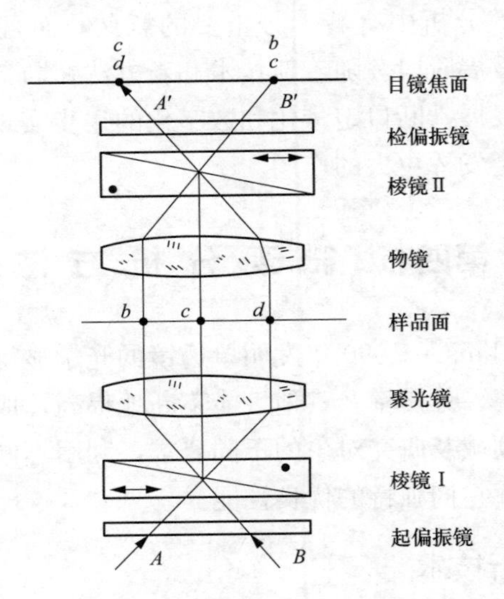

图 2-26　微分干涉原理示意图

4. 偏振光

偏振光为电矢量相对于传播方向以一固定方式振动的光。

根据有关物质所具有的偏光性，利用偏振光可以进行定性观察和定量测定，广泛应用于矿物、金属、陶瓷、生物组织等各种具有双折射偏光物质的观察、研究和鉴别。偏光显微镜是在聚光镜前有一起偏镜，在物镜后有一检偏镜，并可使其处于正交状态，再加上一些补偿器和勃氏镜等组成。它的基本观察方法有两种：一是正像镜检（无畸变镜检），在低倍物镜下用来鉴别偏光性（各向异性、双折射性等），用贝克法测定折射率等；二是维光镜检（干涉像镜检），使用高倍物镜下，利用样品所产生的干涉，以勃氏镜将在后焦面上形成的干涉像在像面上成像，通过目镜放大观察，用来观察和鉴别晶体的轴性。偏振光显微镜的光学部件对消除应力的要求非常严格。

5. 体视显微镜

体视显微镜在我国的产量仅次于生物显微镜，它是利用“立体视觉”原理设计的显微镜，它有左右两条独立而相同的光路，装置成一定的交会角对物体进行观察，可获得“立体视觉”，总放大率在200倍以内，在医药上、工业中应用极为广泛。

6. 激光共聚焦显微镜的应用

激光扫描共聚焦显微镜是近年来迅速发展起来的一种高科技产品，与传统光学显微镜相比，它具有较高的分辨率和放大倍数，既可以用来观察样品表面亚微米级的三维形态和形貌，又可以测量微小尺寸，放大倍率范围为150～15000，是光学显微镜、扫描电镜和透射电镜的有益补充。

激光扫描共聚焦显微镜以激光作为光源，激光器发出的激光通过照明针孔形成点光源，经过透镜、分光镜形成平行光后，再通过物镜聚焦在样品上，并对样品内聚焦平面上的每一点进行扫描。样品被激光激发后的出射光波长比入射光长，可通过分光镜，经过透镜再次聚焦，到达探测针孔处，被后续的光电倍增管检测到，并在显示器上成像，得到所需的荧光图像，而非聚焦光线被探测针孔光栏阻挡，不能通过探测针孔，因而不能在显示器上显出荧光信号。这种双共轭成像方式称为共聚焦。因采用激光作为光源，故称为激光扫描共聚焦显微镜，主要系统包括激光光源、自动显微镜、扫描模块（包括共聚焦光路通道和针孔、扫描镜、检测器）、数字信号处理器、计算机以及图像输出设备（显示器、彩色打印机）等。

共聚焦显微镜是一种利用空间针孔过滤掉非焦平面光线，从而提高图像对比度并获得试样三维形貌的光学显微技术。它是在样品焦平面反射入显微镜的光线需经过微小的针孔才能成像的光学系统，通过阻断干涉和杂散光来提高图像清晰度。一般显微镜采用场光源，光线属散射型。在观察的视野内，样品所有点均被同时照射成像，入射光线既照射了焦平面，又照射了上下左右相邻点，并同时成像，因此信噪比低。共聚焦方式则采用点照明方式，入射光线和反射光线对于物镜焦平面是共轭的，这样来自焦平面上下的光线均被针孔阻挡，当针孔大小合适时，便可获得高清晰高分辨的图像。

与扫描电子显微镜相比，激光共聚焦显微镜最大的特点是操作简便，使用方便，不用抽真空或导电等的特殊处理，直接就可以上机观察，缺点就是没有电镜的放大倍数和分辨率高，如果不是有放大倍数的特别要求的话，用共焦还是比较方便的。另外，现在有了带颜色功能的共焦，还可以观察到材料掺杂物与钢组织的区别，对于分辨同色异相、同相异色的组织成分有很大帮助。

相比光学显微镜而言，激光共聚焦由于采用激光作为光源，其分辨率较高。同时采用独特的 pinhole 和 Z-stack 技术，它能把不同焦面上的信息叠加，得到一个具有高度编码的图像信息，形成三维形貌。这样我们就可以对比较粗糙的表面进行观察和测量，得到表面轮廓、高度、粗糙度以及体积等多方面的信息。

二、光学金相显微镜的应用

现在光学金相显微镜的设计和制造有了很大的发展，尤其是采用了精密机械调整系统和各种稳定的光源后，像的清晰度有了显著的改善。由于金相显微镜研究的迅速发展和应用范围的扩大，且操作方便，在短时间内能给出明显直观的试验结果，因此它在金属材料研究中仍然是最基本的工具。目前，大型金相显微镜都具备有一些附件，如偏振光、暗场照明、相衬、干涉、显微硬度计等，有的配有电子调焦系统、自动测光相机、无级调节装置、荧光屏投影装置、电视显像装置、高速连续摄影装置，有的还配有高低温试验台。

过去一般都是定性观察显微组织，有的虽然参照标准评级图来评定有关材料的显微组织，但它仅仅是半定量性质的。以前曾用称重、网格点数直线等方法来作定量金相，但用人工测量不仅费时，而且极不准确。近年来，对定量金相开展了研究，制造出各种型号功能的自动图像分析仪器，并配以计算机。它不仅节省了大量的人力和时间，而且提高了测定数据的精度和准确性，这对于材料质量的控制将起到很重要的作用。随着显微分析及定量金相技术的迅速发展，现在对于组织、成分、性能及工艺条件之间的关系，比以前有更全面深入的了解。

高温金相用于研究高温合金的组织变化、相变动力学和热处理工艺的制定等。近二十年来，由于电力、化工等能源工业耐热材料、宇航材料及原子能材料等的迫切需要，又促进了高温金相的发展。目前许多国家都能制造出性能优良的高温金相显微镜。通过高温金相的研究，在许多情况下，应用选择适当工艺手段，来发挥材料强度的潜在能力，促使材料科学的发展。目前高温金相的最高试验温度已达3000℃。

随着科学的发展，特别是低温科学的发展，研究组织状态对低温强度的影响是十分必要的。如低温形变机构的显微组织研究，一定程度上能够解释力学性能变化的规律。最重要的是研究材料的显微组织特征、晶格类型、相的成分，进行多晶变化的可能性及马氏体转变等。低温金相可研究4.2～300K温度范围内拉伸试样的显微组织变化。

金属及合金中的非金属夹杂物常导致加工裂纹或使构件产生疲劳、蠕变断裂及脆性断裂．有些合金特别是电站部件长期在高温下运行，原组成相可能变为新相，或由固溶体中析出第二相，这对合金的各种性能产生不同的影响。相分析对于控制冶炼工艺、研究合金化、相变与性能的关系、确定热处理规范，进行失效分析都起着十分重要的作用。光学显微镜金相分析就是对材料中存在的夹杂物及各种相进行分辨，并且从形貌角度确定它们的特征、各种测试仪器的发展，帮助光学显微镜金相分析趋向更完善的程度。针对不同的目的和要求，可以采用各种物理和化学方法，如分别采用光学显微镜和电子显微镜进行相的形态、大小、数量及分布的研究，还可以利用射线、电子衍射等对相的晶体结构、晶体取向等晶体学进行研究，用电子探针、离子探针、俄歇能谱仪等进行相中或晶界上各种元素的定性和定量分析。各种测试方法的综合应用，极大地推进了组织形态分析、失效分析和合金相分析的进展。这里需要特别指出的是，便携式现场光学金相检查仪的广泛使用，使得现场从事金相检查成为可能，大大提高了检验工作的效率。它是一套适合在现场不需要切取试样的光学金相检验设备，体积小、操作方便、灵活，并可进行摄像。

从事金属监督检验人员采用光学显微镜进行金相检验可掌握了解：

(1) 被检材料或构件材料大概的种类和组织状态；

(2) 从检验出的显微组织来推断或证实被检材料或构件制造过程中经历的工艺过程。以及执行这些工艺是否正常，同时还可提供构件在发生故障时是否发生塑性变形等情况，以及构件在使用过程中遭受到过烧、过热等情况。

(3) 反映出构件在服役工况条件下，发生的腐蚀（大致可以定性和对腐蚀程度的半定量分析)、磨损、氧化和严重的表面加工硬化等，并可初步确定其程度。

(4) 从失效部件上存在的裂纹，通过光学金相，大致可以看出裂纹的萌生及扩展过程特征，以及由裂纹两侧的显微组织来判断裂纹的性质，可供失效分析人员判断部件开裂的原因（包括促使产生裂纹扩展的各种因素）。

(5) 从光学金相检验的结果中可知道部件内非金属夹杂物的类型、含量以及其存在的显微组织，从而可判断部件的材质是否良好。

此外，对于失效部件断口附近的金相检验，则是部件失效分析时不可缺少的一个步骤。它可以正确地反映出部件材料在制造过程中产生的缺陷和运行中产生的裂纹等，从而寻找出各种促成部件产生失效的有害工况对材料性能影响的结果。此外，还可以在失效部件断口附近进行金相检验，进一步了解材料中的夹杂物、显微组织成分偏析（带状组织）、脱碳、增碳、晶粒大小、不适当热处理（过热、过烧）、回火不充分及承受突然的变形、晶界腐蚀、应力腐蚀产物以及裂纹的扩展情况等信息。

三、电子显微镜分析

可见光源显微镜所能分辨的两点间最小距离，受到光的波长（约500nm）限制，约为200nm。虽然可以使用紫外线等短波长光源来提高分辨能力，其极限也只能达到100nm左右。因此，光学显微镜所能分辨的两点间最小距离不能做到100nm以下。

电子显微镜是根据电子光学原理，用电子束和电子透镜代替光束和光学透镜，使物质的细微结构在非常高的放大倍数下成像的仪器。

电子显微镜的分辨本领虽已远胜于光学显微镜。分辨能力是电子显微镜的重要指标，它与透过样品的电子束入射锥角和波长有关。可见光的波长为300～700nm，而电子束的波长与加速电压有关。当加速电压为50～100kV时，电子束波长为0.0037～0.0053nm。由于电子束的波长远远小于可见光的波长，因此即使电子束的锥角仅为光学显微镜的1%，电子显微镜的分辨本领仍远远优于光学显微镜。

电子显微镜按结构和用途可分为透射式电子显微镜、扫描式电子显微镜、反射式电子显微镜和发射式电子显微镜等。透射式电子显微镜常用于观察那些用普通显微镜所不能分辨的细微物质结构；扫描式电子显微镜主要用于观察固体表面的形貌，也能与X射线衍射仪或电子能谱仪相结合，构成电子微探针，用于物质成分分析；发射式电子显微镜用于自发射电子表面的研究。

1. 透射式电子显微镜

透射式电子显微镜是电子光学中发展快、应用广泛的仪器，目前其最高分辨率为0.3nm，晶格分辨率为0.14nm，可放大几十万倍。透射式电子显微镜一直作为高放大倍率的显微镜，成为显微形貌观察的重要工具。尤其是金属薄膜技术的发展，提高透射式电子显微镜的加速电压后，透射电镜可以直接对几百纳米厚的薄膜进行形貌及结构分析，可以把形貌观察、结构分析与微观成分分析结合起来，使其用途更为扩大；有的透射式电子显微镜还附带有电子衍射附件，可用于研究第二相粒子的结构。再加上俄歇电子能谱、能量损失谱扫描等装置，使得透射电镜成为微区组织分析的综合仪器。

透射式电子显微镜因电子束穿透样品后，再用电子透镜成像放大而得名。它的光路与光学显微镜相仿。在这种电子显微镜中，图像细节的对比度是由样品的原子对电子束的散射形成的。样品较薄或密度较低的部分电子束散射较少，这样就有较多的电子通过物镜光栏参与成像，在图像中显得较亮；反之，样品中较厚或较密的部分在图像中则显得较暗。如果样品太厚或过密，则像的对比度就会恶化，甚至会因吸收电子束的能量而被损伤或破坏。

在材料科学、金属学领域中，应用透射式电子显微镜作高分辨率的表面金相观察及萃取相的相分析；在断裂物理中，透射式电子显微镜可作为观察断口，研究金属、塑料、复合材料的断裂机制，分析断裂原因的一个很重要的工具。应用衍衬理论，可直接地观察金属薄膜，研究晶体缺陷、相变、晶体结构，观察位错反应及运动等。它还可用于氧化、腐蚀、还原等环境条件下损伤和辐射损伤的原因分析。

随着透射式电子显微镜附件的日益完善和丰富，透射式电子显微镜能够开展的工作领域越来越多，配置加热试样台可对相变机理进行研究，配置低温实验台可观察材料在低温下微观结构的变化，加上拉伸实验台可观察材料的显微组织、位错等在应力作用下的变化情况。

2. 扫描式电子显微镜

扫描式电子显微镜是利用扫描电视技术和电子接收技术，将一束细聚焦的电子束在试样上逐点扫描，并接收和调制试样表面产生的能够反映表面特征的二次电子、背散射电子、吸收电子等信息来成像，主要作为显微形貌分析和确定成分分布。扫描式电子显微镜的主要特点是景深长，它比透射式电子显微镜大 10 倍左右，可以直接观察凹凸不平的试样，如断口试样。另外，扫描式电子显微镜的放大倍数为 5 万～30 万倍，而透射式电子显微镜的最低放大倍数为 100 倍。因此，它既可观察宏观形貌，又可以观察微观形貌，所以在断口分析中非常有用。

扫描式电子显微镜的电子束不穿过样品，仅在样品表面扫描激发出二次电子。放在样品旁的闪烁体接收这些二次电子，通过放大后调制显像管的电子束强度，从而改变显像管荧光屏上的亮度。显像管的偏转线圈与样品表面上的电子束保持同步扫描，这样显像管的荧光屏就显示出样品表面的形貌图像，这与工业电视机的工作原理相类似。

扫描式电子显微镜的分辨率主要取决于样品表面上电子束的直径。放大倍数是显像管上扫描幅度与样品上扫描幅度之比，可从几十倍连续地变化到几十万倍。扫描式电子显微镜不需要很薄的样品，图像有很强的立体感，能利用电子束与物质相互作用而产生的二次电子、吸收电子和 X 射线等信息分析物质成分。

扫描式电子显微镜的电子枪和聚光镜与透射式电子显微镜大致相同，但为了使电子束更细，在聚光镜下又增加了物镜和消像散器，在物镜内部还装有两组互相垂直的扫描线圈。物镜下面的样品室内装有可以移动、转动和倾斜的样品台。

扫描式电子显微镜主要用于表面形貌的观察，在失效分析工作中具有非常重要的作用。它具有如下特点：

（1）分辨率高，可达 3～4nm。

（2）放大倍数范围广，从几倍到几十万倍，且可连续调整。

（3）景深大，适用观察粗糙的表面，有很强的立体感。

（4）可对样品直接观察，无需特殊制样。

（5）可以加配电子探针（能谱仪或波谱仪），将形貌观察和微区成分分析结合起来。

3. 电子探针

近年来，由于微区分析仪器的飞跃发展，通过对物质微小区域进行化学成分分析，使人们对金属及合金中组成相的成分分析成为可能，从而推动了第二相及其成分扩散过程的研究，尤其为导致失效构件的第二相的成分分析和失败原因确定提供了更为可靠的依据。

电子探针是一束能量足够高的细聚焦电子束，轰击样品时，在试样表面的有效深度微区内激发产生特征X射线信号，采用波谱仪或能谱仪及检测计数系统，测量被激发的特征X射线的波长或能量的强度，以检测微区内的元素及浓度。

电子探针能分析1～2μm的微区范围内，原子序数为4以上的所有元素，但对原子序数小于12的轻元素检测灵敏度较差。检测元素的质量极限一般为10^{-16}～10^{-14}g，浓度极限为（50～10000）×10^{-6}。电子探针分析速度快，能进行点、线、面上的元素分析，并可获得元素的分析图像。现在常常把电子探针与扫描电镜合并在一起，综合了两种分析功能，既能做微区成分分析，又能进行显微形貌观察。

4. X射线衍射仪

X射线已被用于探测材料和构件中存在的缺陷（即X射线检测法），X射线分光光谱分析可以进行物质的定性和定量分析晶体精细结构的研究。所谓晶体精细结构的研究，是指以衍射效应所显示的图像为对象，对晶体的原子排列、试样中的晶粒大小以及材料中的弹性应变进行研究和测定。

X射线是波长约0.1nm的电磁波，它可以由X射线管激发获得。X射线管由阴极释放出电子（用加热钨丝获得的热电子）在高压下加速，轰击阳极靶，使其表面产生X射线。

X射线是一种波长很短的电磁波，类似于可见光通过衍射光栅发生衍射现象，当它通过晶体时也会发生衍射现象。因为晶体是原子或原子集团具有周期性的三维有序排列，它对X射线起到了衍射光栅的作用，所以可以通过研究衍射光谱来求得晶体的衍射光栅的结构，即晶体的结构，这就是利用X射线分析晶体结构的原理。

X射线衍射仪主要由X射线发生装置、测角仪、记数（记录）装置、控制计算装置组成。其主要功能包括X-射线定性物相分析、X-射线定量物相分析、点阵常数的精确测定、晶体颗粒度和晶格畸变的测定、单晶取向的测定。

在电厂部件事故失效分析中，X射线衍射仪的主要作用有：①分析长期运行后钢中碳化物的变化、金属间化合物的析出等；②分析断口腐蚀产物的结构；③测定部件的残余应力，进行相结构分析、相含量分析、亚晶尺寸分析及微观应力分析、晶胞参数测定；④高温相变分析、薄膜结构分析等。

随着科学技术的不断发展进步，X射线衍射仪也在不断地改进，使其测量速度和精确度方面得到进一步的提高。其辐射源除采用大功率的X光管外，还有旋转式阳极X射线仪，其功率可达100kW。此外还有脉冲X射线发生器，其加速电压为50kV，工作电流为1000mA。在探测器方面也有改进，平面计数器和高灵敏度的位置灵敏探测器广泛应用，另外还有图像直接显示等。操作、计算、分析完全计算机化程序控制。部分仪器已经能够对微区内的物质进行结构分析，聚焦X射线衍射仪可以分析0.5mm范围内的物质结构，这为开展裂纹发展过程中测定内应力变化的研究提供了可靠数据。利用X射线原理测定晶体中的晶格应变，以此推算出金属材料的残余应力，在工程应用中利用X射线测定残余应力非常重要。利用X射线测定残留奥氏体具有较高的灵敏度，可以测出小于1%的残留奥氏体，同时不需要标样。X射线衍射法还可用于对金属材料晶粒度大小的测定。使用计算机可以对各相做定性、定量分析及结构等方面的研究工作。

第五节　钢的显微组织评定

一、显微组织评定的意义

显微组织评定的目的在于通过材料的微观组织结构来解释材料的宏观性能，是对材料的组元、成分、结构特征以及材料组织形貌或缺陷等进行观察和分析的过程。在不同层面上研究材料的微观组织，借助于不同的分析方法和设备，如金相显微镜、扫描电子显微镜和透射电子显微镜等大型现代化精密设备。

显微组织检验的内容，主要针对组织中的晶粒大小、组织形态、第二相粒子的大小及分布、晶界的变化、夹杂物、疏松、裂纹、脱碳等缺陷。特别应注意晶界的检验，是否有析出相、腐蚀及变化等现象发生。

显微组织检验在构件断裂失效分析中也是经常应用的一种重要手段，有些损坏构件往往只需作金相检验就可以查明损坏的原因。例如，由加工工艺、材质缺陷和环境介质等因素所导致的损坏，均可通过金相检验来判别损坏的原因。当检查裂纹时，往往能从试样的裂纹尖端得到最有价值的情报。由于它受到环境介质的影响较小，容易判别裂纹扩展路径的方式——穿晶型或沿晶型。

金属材料的宏观组织主要是指肉眼或低倍（≤50 倍）下所见的组织。宏观分析的优点是方法简便易行，观察区域大，可以综观全貌；不足之处是人眼分辨率有限，缺乏洞察细微的能力。这就促使人们找寻新的工具和手段，突破视觉的生理界限，逐步发展为微观组织分析方法。

金属材料的显微组织是指在放大倍数较高的金相显微镜下观察到的组织。光学显微镜用于金相分析已有 100 多年的历史，比较成熟，目前仍是生产检验的主要工具。其最大分辨率为 0.2μm 左右，实用放大倍数一般小于 2000 倍。

金相分析技术是研究材料微观组织的最基本、最常用的技术，它在提高材料内在质量的研究，在新材料、新工艺、新产品的研究开发和产品检验、失效分析、优化工艺等方面应用广泛。随着计算机技术与数字技术的发展，为金相分析技术提供了更快、更有效的方法与设备。

二、显微组织评定的内容

显微组织评定的基本任务是研究金属和合金的组织和缺陷，以确定其性能变化的原因。在火力发电厂中，显微组织评定的主要任务为：

（1）在安装中，检验金属部件质量。例如金属部件的组织和焊接金属的质量问题，如未焊透、气孔、夹杂、裂纹等。

（2）在运行中，检验金属在运行过程中的组织变化，如组织的球化、脱碳、老化、显微裂纹等。

（3）在事故分析中，根据组织变化情况来分析事故的产生原因。

（4）在制造和修配中，检验产品质量，以确定热处理工艺是否合理。例如检验金属中缺陷，如部件中的气孔、裂纹、缩孔、疏松等；检验铸件中的树状晶体及铸件的晶粒大小以及晶粒度是否均匀；锻件中的纤维状组织以及存在于锻件中的裂纹、夹层等；金属中的化学成分不均匀，如硫、磷等的区域性偏析。

（5）化学热处理层的深度，如氮化层、渗碳层等。

1. 非金属夹杂物含量的评定

评定依据：GB/T 10561—2005/ISO 4967：1998（E）《钢中非金属夹杂物含量的测定标准评级图显微检验法》。

钢中非金属夹杂物含量的测定应采用 GB/T 10561—2005 的标准，该标准给出了两种测定钢中非金属夹杂物含量的方法：一是标准评级图显微检验法，二是测定非金属夹杂物的图像分析法（见标准附录 D）。前者将所观察的视场与标准图谱进行对比，并分别对每类夹杂物进行评级；后者将所观察的视场与按照标准给出的关系曲线进行对比后评定。

根据夹杂物的形态和分布，标准图谱分为 A、B、C、D 和 DS 五大类。这五大类夹杂物代表了最常观察到的夹杂物的类型和形态：

（1）A 类（硫化物）：具有高的延展性，有较宽范围形态比（长度/宽度）的单个灰色夹杂物，一般端部呈圆角；

（2）B 类（氧化铝物）：大多数没有变形，带角的，形态比小（一般小于 3），黑色或带蓝色的颗粒，沿轧制方向排成一行（至少有 3 个颗粒）；

（3）C 类（硅酸盐类）：具有高的延展性，有较宽范围形态比（一般大于或等于 3）的单个呈黑色或深灰色夹杂物，一般端部呈锐角；

（4）D 类（球状氧化物类）：不变形，带角或圆形的，形态比小（一般小于 3），黑色或带蓝色的，无规则分布的颗粒；

（5）DS 类（单颗粒球状类）：圆形或近似圆形，直径不小于 13μm 的单颗粒夹杂物。

GB/T 10561—2005 附录 A 列出了每类夹杂物的评级图谱。评级图片级别 i 从 0.5 级到 3 级，这些级别随着夹杂物的长度或串（条）状夹杂物的长度（A、B、C 类），或夹杂物的数量（D 类），或夹杂物的直径（DS 类）的增加而递增，具体划分界限见表 2-15。各类夹杂物的宽度划分界限见表 2-16。例如，图谱 A 类 $i=2$ 表示在显微镜下观察的夹杂物的形态属于 A 类，而分布和数量属于第 2 级图片。

表 2-15　　评级界限（最小值）

评级图级别 i	夹杂物类别				
	A 总长度（μm）	B 总长度（μm）	C 总长度（μm）	D 数量（个）	DS 直径（μm）
0.5	37	17	18	1	13
1	127	77	76	4	19
1.5	261	184	176	9	27
2	436	343	320	16	38
2.5	649	555	510	25	53
3	898（<1181）	822（<1147）	746（<1029）	36（<49）	76（<107）

注　以上 A、B 和 C 类夹杂物的总长度是按 GB/T 10561—2005 中附录 D 给出的公式计算的，并取最接近的整数。

表 2-16　　夹杂物宽度　　μm

类别	细系		粗系	
	最小宽度	最大宽度	最小宽度	最大宽度
A	2	4	>4	12
B	2	9	>9	15
C	2	5	>5	12
D	3	8	>8	13

注　D类夹杂物的最大尺寸定义为直径。

夹杂物的形态在很大程度上取决于钢材压缩变形程度，因此，只有在经过相似程度变形的试样坯制备的截面上才可能进行测量结果的比较。用于测量夹杂物含量试样的抛光面面积应约为 200mm^2（20mm×10mm），并平行于钢材纵轴，位于钢材外表面到中心的中间位置。取样方法应在产品标准或专门协议中规定。对于板材，检验面应近似位于其宽度的 1/4 处。

检验所截取的试样应切割加工，以便获得检验面。为了使检验面平整、避免抛光表面被污染，以便检验面尽可能干净和夹杂物的形态不受影响。当夹杂物细小时，上述操作要点尤为重要。用金刚石磨料抛光是适宜的。在某些情况下，为了使试样得到尽可能高的硬度，在抛光前试样可进行热处理。

夹杂物含量的测定在显微镜下一般采取两种方法进行观察：一种是投影到毛玻璃上；另一种是采用目镜直接观察。需要注意的是，检验过程中应始终保持所选用的观察方法。

实际检验过程中采用下列两种方法：

（1）A 法：应检验整个抛光面。对于每一类夹杂物，按细系和粗系记下与所检验面上最恶劣视场相符合的标准图片的级别数。

（2）B 法：应检验整个抛光面。试样每一视场同标准图片对比，每类夹杂物按细系和粗系记下与检验视场最符合的级别数（标准图片旁边所示的级别数）。

为了使检验费用降到最低，可以通过研究减少检验视场数，并使之分布符合一定的方案，然后对试样做局部检验。但无论是视场数，还是这些的视场的分布，均应事前协议商定。

夹杂物检验报告应包括：本标准号、钢的牌号和炉号、产品类型和尺寸、取样方法及检验面位置、选用的方法（观察方法、检验方法、结果表示方法）、放大倍率（如果大于100 倍时）、观察的视场数或总检验面积、各项检验结果［夹杂物或串（条）状夹杂物的尺寸超过标准评级图者应予以注明］、对非传统类型夹杂物所采用的下标的说明、试验报告编号和日期、试验员姓名。

2. 晶粒度的评定

评定依据：GB/T 6394《金属平均晶粒度测定方法》。

（1）晶粒（grain）：晶界所包围的整个区域，即二维平面原始界面内的区域，或三维物体内的原始界面内所包括的体积。对于有孪生界面的材料，孪生界面忽略不计。

（2）晶粒度（grain size）：晶粒大小的量度。通常使用长度、面积、体积或晶粒度级别来表示不同方法评定或测定的晶粒大小，而使用晶粒度级别表示的晶粒度与测量方法和计量单位无关。

（3）晶粒度级别数（grain-size number）：

1）显微晶粒度级别数 G（micro-grain size number G）：在 100 倍下 645.16mm² 面积内包含的晶粒个数 N 与 G 有如下关系

$$N = 2^{G-1} \tag{2-5}$$

2）宏观晶粒度级别数 G_m（macro-grain size number G_m）：在 1 倍下 645.16mm² 面积内包含的晶粒个数 N 与 G_m 有如下关系

$$N = 2^{G_m-1} \tag{2-6}$$

GB/T 6394 规定了测定平均晶粒度的基本方法：比较法、面积法和截点法。

（1）比较法：不需要计算任何晶粒、截点或截距，只需要与标准系列评级图进行比较，评级图有的是标准挂图，有的是目镜插片。用比较法评估晶粒度时一般存在一定的偏差（±0.5 级）。评估值的重现性与再现性通常为±1 级。

（2）面积法：计算已知面积内晶粒个数，利用单位面积内晶粒数 N_A 来确定晶粒度级别 G。该方法的精确度是所计算晶粒数的函数。通过合理计数可实现±0.25 级的精确度。面积法的测定结果是无偏差的，重现性与再现性通常为±0.5 级。面积法精确度关键在于晶粒界面明显划分晶粒的计数。

（3）截点法：计算已知长度的试验线段（或网格）与晶粒界面相交截部分的截点数，利用单位长度截点数 P_L 来确定晶粒度级别 G。截点法的精确度是计算的截点或截距的函数，通过有效的统计结果可达到±0.25 级的精确度。截点法的测量结果是无偏差的，重现性和再现性小于±0.5 级。对同一精度水平，截点法由于不需要精确标计截点或截距数，因而较面积法测量快。

对于等轴晶组成的试样，使用比较法评定晶粒度既方便又实用。对于批量生产的检验，其精度已足够。对于要求较高精度的平均晶粒度的测定，可以使用面积法和截点法。截点法对于拉长的晶粒组成试样更为有效。

不能以标准评级图为依据测定单个晶粒，因为标准评级图的构成考虑到截平面与晶粒的三维排列关系，显示出晶粒从最小到最大排列分布所反映出有代表性的正态分布结果。

测定晶粒度时，首先应认识到晶粒度的测定并不是一种十分精确的测量，因为金属组织是由不同尺寸和形状的三维晶粒堆积而成的。即使这些晶粒的尺寸和形状相同，通过该组织的任一截面（检验面）上分布的晶粒大小，将从最大值到零之间变化。因此，在检验面上不可能有绝对尺寸均匀的晶粒分布，也不能有两个完全相同的检验面。

如有争议时，截点法是所有情况下仲裁的方法。在显微组织中晶粒尺寸和位置都是随机分布，因此只有不带偏见地随机选取 3 个或 3 个以上代表性视场测量平均晶粒度才有代表性。所谓“代表性”，即体现试样所有部分都对检验结果有所贡献，而不是带有遐想地去选择平均晶粒度的视场。只有这样，测量结果的准确性和精确度才是有效的。不同观测者的测量结果在预定的置信区间内，有差异是允许的。

测定晶粒度用的试样应在交货状态材料上切取。试样的数量及取样部位按相应的标准或技术条件规定。切取试样应避开剪切、加热影响的区域。不能使用有改变晶粒结构的方法切取试样。晶粒度试样不允许重复热处理。渗碳处理用的钢材试样应去除脱碳层和氧化层。

3. 脱碳层的评定

脱碳是指钢材在高温加热及保温时，因所含的 Fe_3C 或石墨与介质中的 O_2、CO_2、H_2O、H_2 等化合而使含碳量降低的现象。

评定依据：GB/T 224—2008《钢的脱碳层深度测定法》。

钢材（坯）及其零件在热加工过程中会在金属表层上产生碳的损失。这种损失可以是部分脱碳，也可是完全（或近似于全）脱碳。部分脱碳和完全脱碳这两种脱碳的总和为总脱碳。

从产品表面到含碳量等于基体含碳量的那一点的距离称为总脱碳层深度。

对于钢的脱碳层深度测定方法都有其应用范围，选用那种方法测定，由产品标准或双方协议确定，无明确规定时采用金相法。

在光学显微镜下观察试样从表面到基体随着含碳量的变化而产生的组织变化的方法为金相法。该方法适用于具有退火或正火（铁素体-珠光体）组织的钢种，也可有条件地用于那些硬化、回火、轧制或锻造状态的产品。

脱碳层测定选取的试样检验面应垂直于产品纵轴，如产品无纵轴，试样检验面的选取应由有关各方商定。

小试样（如直径不大于 25mm 的圆钢或边长不大于 20mm 的方钢）要检测整个周边。对大试样（如直径大于 25mm 的圆钢或边长大于 20mm 的方钢），为保证取样的代表性，可截取试样同一截面的一个或几个部位，只要保证总检测周长不小于 35mm 即可。但不要选取多边形产品的棱角处或脱碳极端深度的点。

试样按一般金相法进行磨制抛光，但试样边缘不允许有倒圆、卷边，为此试样可镶嵌或固定在夹持器内。如果需要，被检试样表面可电镀上一层金属加以保护。通常 1.5%～4%用硝酸酒精溶液或 2%～5%苦味酸酒精溶液侵蚀，可显示钢的组织结构。

一般来说，总脱碳层的测定，观察到的组织差别，在亚共析钢中是以铁素体与其他组织组成物的相对量的变化来区分的，在过共析钢中是以碳化物含量相对基体的变化来区分的。借助于测微目镜，或利用金相图像分析系统观察和定量测量从表面到其组织和基体组织已无区别的那一点的距离。放大倍数的选取取决于脱碳层深度，如果需方没有特殊规定，由检测者选择。通常采用放大倍数为 100 倍。

先在低放大倍数下进行初步观测，保证四周脱碳变化在进一步检测时都可发现，以查明最深均匀脱碳区。对每一试样，在最深的均匀脱碳区的一个显微镜视场内，应随机进行几次测量（至少需五次），以这些测量值的平均值取做总脱碳层深度。

脱碳层的测定另一种常用的方法是硬度法。它分为显微（维氏）硬度测量方法和洛氏硬度测量法。

测量在试样横截面上沿垂直于表面方向上的显微硬度值的分布梯度的方法即为显微（维氏）硬度测量法。这种方法适用于脱碳层相当深但和淬火区厚度相比却又很小的亚共析、共析、过共析钢。这样可以避免由于淬火不完全所引起的硬度值波动，这种方法对低碳钢不准确。

显微（维氏）硬度测量法根据 GB/T 4340.1《金属材料　维氏硬度试验　第 1 部分：试验方法》测定。为减少测量数据的分散性，要尽可能用大的负荷，原则上此负荷在 0.49～

4.9N范围内。压痕之间的距离至少要为压痕对角线长度的2.5倍。总脱碳层深度规定为从表面到已达到所要求硬度值的那一点的距离（要把测量的分散性估计在内）。原则上，至少要在相互距离尽可能远的位置进行两组测定，其测定值的平均值作为总脱碳层深度。脱碳层深度的测量界限可以是：

（1）由试样边缘测至技术条件规定的硬度值处；

（2）由试样边缘测至硬度值平稳处；

（3）由试样边缘测至硬度值平稳处的某一百分数处。

采用洛氏硬度计测定时，对不允许有脱碳层的产品，直接在试样的原产品表面上测定；对允许有脱碳层的产品，在去除允许脱碳层的面上测定。洛氏硬度法根据GB/T 230.1《金属材料　洛氏硬度试验　第1部分：试验方法》测定洛氏硬度值HRC，只用于判定产品是否合格。

另外，还可以采用化学分析法和光谱分析法测定含碳量。

4. 钢的组织评定

在显微组织评定中，对于钢的游离渗碳体、低碳变形钢的珠光体、带状组织及魏氏组织的金相评定应严格按GB/T 13299—1991《钢的显微组织评定方法》进行。

评定游离渗碳体和珠光体的放大倍数为400倍（允许用360～450倍）；评定带状组织及魏氏组织的放大倍数为100倍（允许用95～110倍）。其标准视场直径为80mm。评定采用与相应标准评级图比较的方法进行。深度约为钢板厚度10%的两个表面层不检查。评级时，应选择磨面上各视场中最高级别处进行评定。评定结果以级别表示，级别特征在相邻两级之间，可附上半级，必要时应标明系列字母，如1A、3B等。

显微组织评定原则：

（1）游离渗碳体（评级图见GB/T 13299—1991附录A1）：评定含碳量小于或等于0.15%低碳退火钢中的游离渗碳体，是根据渗碳体的形状、分布及尺寸特征确定。

表2-17是对标准附录A1评级图的组织特征的描述，由3个系列各6个级别组成。A系列是根据形成晶界渗碳体网的原则确定的，以个别铁素体晶粒外围被渗碳体网包围部分的比率作为评定原则。B系列是根据游离渗碳体颗粒构成单层、双层及多层不同长度链状和颗粒尺寸的增大原则确定。C系列是根据均匀分布的点状渗碳体向不均匀的带状结构过渡的原则确定。

表2-17　　游离渗碳体

级别	组织特征		
	A系列	B系列	C系列
0	游离渗碳体呈尺寸小于或等于2mm的粒状，均匀分布	游离渗碳体呈点状或小粒状，趋于形成单层链状	游离渗碳体呈点状或小粒状均匀分布，略有变形方向取向
1	游离渗碳体呈尺寸小于或等于5mm的粒状，均匀分布于铁素体晶内和晶粒间	游离渗碳体呈尺寸小于或等于2mm的颗粒，组成单层链状	游离渗碳体呈尺寸小于或等于2mm的颗粒，具有变形方向取向

续表

级别	组织特征		
	A系列	B系列	C系列
2	游离渗碳体趋于网状，包围的晶粒周边长度小于等于1/6	游离渗碳体呈尺寸小于或等于3mm的颗粒，组成单层或双层链状	游离渗碳体呈尺寸小于或等于2mm的颗粒，略有聚集，有变形方向取向
3	游离渗碳体呈网状，包围铁素体晶粒周边达1/3	游离渗碳体呈尺寸小于或等于5mm的颗粒，组成单层或双层链状	游离渗碳体呈尺寸小于或等于3mm颗粒的聚集状态和分散带状分布，带状沿变形方向伸长
4	游离渗碳体呈网状，包围铁素体晶粒周边达2/3	游离渗碳体呈尺寸大于5mm的颗粒，组成双层或三层链状，穿过整个视场	游离渗碳体呈尺寸大于5mm颗粒，组成双层或三层链状，穿过整个视场
5	游离渗碳体沿铁素体晶界构成连续或近于连续的网状	游离渗碳体呈尺寸大于5mm的粗大颗粒，组成宽的多层链状，穿过整个视场	游离渗碳体呈尺寸大于5mm的粗大颗粒，组成宽的多层链状，穿过整个视场

注 各种游离渗碳体在视场中同时出现时，应以严重者为主，适当考虑次要者。

(2) 低碳变形钢的珠光体（评级图见GB/T 13299—1991附录A2）：评定含碳量为0.10%～0.30%低碳变形钢中的珠光体，要根据珠光体的结构（粒状、细粒状珠光体团或片状）、数量和分布特征确定。

表2-18是对标准附录A2评级图的组织特征的描述。由3个系列各6个级别组成。A系列是指定作为含碳量0.10%～0.20%的冷轧钢中粒状珠光体的评级，级别增大，则渗碳体颗粒聚集并趋于形成带状。B系列是指定作为含碳量0.10%～0.20%的热轧钢中细粒状珠光体的评级，级别增大，则粒状珠光体向形成变形带的片状珠光体过渡（并形成分割开的带）。C系列是指定作为含碳量0.21%～0.30%的热轧钢中珠光体的评级，级别增大，则细片状珠光体由大小不太均匀而分布均匀的团状结构过渡为不均匀的带状结构，此时必须根据由珠光体聚集所构成的连续带的宽度评定。

表2-18　　低碳变形钢的珠光体

级别	组织特征		
	A系列	B系列	C系列
0	尺寸小于或等于2mm的粒状珠光体，均匀或较均匀分布	细粒状珠光体团均匀分布	不大的细片状珠光体团均匀分布
1	在变形方向上有线度不大的粒状珠光体	少量细粒状珠光体团沿变形方向分布，无明显带状	较大的细片状珠光体团较均匀分布，略呈变形方向取向
2	粒状珠光体呈聚集态沿变形方向不均匀分布	较大细粒状珠光体团沿变形方向分布	细片状珠光体团的大小不均匀，呈条带状分布
3	粒状珠光体呈聚集块较大，沿变形方向取向	较大细粒状珠光体团呈条带状分布	细片状珠光体聚集成为大块，呈条带状分布
4	一条连续的及几条分散的粒状珠光体呈带状分布	细粒状珠光体团和局部片状珠光体呈条带状分布	连续的一条或分散的几条细片状珠光体带，穿过整个视场
5	粒状珠光体呈明显的带状分布	粒状珠光体及粗片状珠光体呈明显的条带状分布（条带的宽度应大于或等于1/5视场直径）	粗片状珠光体连成宽带状，穿过整个视场

（3）带状组织（评级图见 GB/T 13299—1991 附录 A3）：评定珠光体钢中的带状组织，要根据带状铁素体数量增加，并考虑带状贯穿视场的程度、连续性和变形铁素体晶粒多少的原则确定。

表 2-19 是对标准附录 A3 评级图的组织特征的描述。由 3 个系列各 6 个级别组成。A 系列是指定作为含碳量小于或等于 0.15％的钢的带状组织评级。B 系列是指定作为含碳量 0.16％～0.30％钢的带状组织评级。C 系列是指定作为含碳量 0.31％～0.50％的钢的带状组织评级。

表 2-19　　带状组织

级别	组织特征		
	A 系列	B 系列	C 系列
0	等轴的铁素体晶粒和少量的珠光体，没有带状	均匀的铁素体-珠光体组织，没有带状	均匀的铁素体-珠光体组织，没有带状
1	组织的总取向为变形方向，带状不很明显	组织的总取向为变形方向，带状不很明显	铁素体聚集，沿变形方向取向，带状不很明显
2	等轴铁素体晶粒基体上有 1～2 条连续的铁素体带	等轴铁素体晶粒基体上有 1～2 条连续的和几条分散的等轴铁素体带	等轴铁素体晶粒基体上有 1～2 条连续的和几条分散的等轴铁素体-珠光体带
3	等轴铁素体晶粒基体上有几条连续的铁素体带穿过整个视场	等轴晶粒组成几条连续的贯穿视场的铁素体-珠光体交替带	等轴晶粒组成几条连续的铁素体-珠光体交替的带，穿过整个视场
4	等轴铁素体晶粒和较粗的变形铁素体晶粒组成贯穿视场的交替带	等轴晶粒和一些变形晶粒组成贯穿视场的铁素体-珠光体均匀交替带	等轴晶粒和一些变形晶粒组成贯穿视场的铁素体-珠光体均匀交替带
5	等轴铁素体晶粒和大量较粗的变形铁素体晶粒组成贯穿视场的交替带	变形晶粒为主构成贯穿视场的铁素体-珠光体不均匀交替带	变形晶粒为主构成贯穿视场的铁素体-珠光体不均匀交替带

（4）魏氏组织（评级图见 GB/T 13299—1991 附录 A4）：评定珠光体钢过热的魏氏组织，要根据析出的针状铁素体数量、尺寸和由铁素体网确定的奥氏体晶粒大小的原则确定。

表 2-20 是对评级图见 GB/T 13299—1991 附录 A4 中组织特征的描述。由 2 个系列各 6 个级别组成。A 系列是指定作为含碳量 0.15％～0.30％钢的魏氏组织评级。B 系列是指定作为含碳量 0.31％～0.50％钢的魏氏组织评级。

表 2-20　　魏氏组织

级别	组织特征	
	A 系列	B 系列
0	均匀的铁素体和珠光体组织，无魏氏组织特征	均匀的铁素体和珠光体组织，无魏氏组织特征
1	铁素体组织中，有呈现不规则的块状铁素体出现	铁素体组织中出现碎块状及沿晶界铁素体网的少量分叉

续表

级别	组织特征	
	A系列	B系列
2	呈现个别针状组织区	出现由晶界铁素体网向晶内生长的针状组织
3	由铁素体网向晶内生长，分布于晶粒内部的细针状魏氏组织	大量晶内细针状及由晶界铁素体网向晶内生长的针状魏氏组织
4	明显的魏氏组织	大量的由晶界铁素体网向晶内生长的长针状的明显的魏氏组织
5	粗大针状及厚网状的非常明显的魏氏组织	粗大针状及厚网状的非常明显的魏氏组织

5. 奥氏体不锈钢中α-相的评定

评定依据：GB/T 13305—2008《不锈钢中α-相面积含量金相测定法》。

在显微组织评定中，目前均是采用金相法对奥氏体不锈钢中α-相的面积百分含量进行测定。金相试样应从交货状态的钢材（或钢坯）上切取。试样的检验面为平行于钢材（或钢坯）的纵截面，其一边必须与钢材（或钢坯）轴线重合。标准中对圆钢、方钢、钢板、钢带、扁钢、钢管的取样方法进行了明确的规定。试样应在冷状态下用机械方法切取，若用气割或热切等方法切取时，必须将金属熔化区、塑性变形区和热影响区完全去除。

试样在研磨、抛光时，应选用合适的磨料，选择正确的研磨和抛光工艺，采取严格的操作。试样的浸蚀以能清晰显示α-相组织为准。

化学腐蚀时，建议采用下列腐蚀剂之一进行：

（1）硫酸铜盐酸水溶液：硫酸铜（$CuSO_4 \cdot 5H_2O$）4g，盐酸 20mL，水 20mL；

（2）热的（60～90℃）或煮沸的碱性铁氰化钾溶液：铁氰化钾［$K_3Fe(CN)_6$］10～15g，氢氧化钾（钠）：10～30g（7～20g），水约 100mL；新配制溶液，浸蚀数分钟。奥氏体不受浸蚀保持白亮色，α-相染成红至棕褐色。

（3）氯化铁盐酸乙醇水溶液：氯化铁 5g，盐酸 100mL，乙醇 100mL，水 100mL。试样在室温腐蚀后，加热到 500～600℃，腐蚀面发黄色，α-相染成红棕色。

电解腐蚀时，建议采用下列电解液进行：草酸 10g，水 100mL；腐蚀时电压为 3～12V，时间为 15～45s；NaOH 或 KOH 20g，水 100mL，腐蚀时电压为 3～12V，时间为 5～20s。

试样也可以用其他方法腐蚀。

奥氏体不锈钢中α-相的面积含量采用与标准评级图比较的方法时，将试样置于金相显微镜明场下观察，可以先用较低的放大倍率全面观察整个检验面，以便选取检验面上α-相面积含量最严重的视场。测定时，以检测面上α-相最严重的视场与标准评级图比较评级，以确定α-相的面积含量。显微镜放大倍率可为 280～320 倍。仲裁时，显微镜放大倍率可为 300 倍，实际视场直径为 0.267mm。

当被测视场中的α-相尺寸与标准评级图中的α-相尺寸相差悬殊难以比较评级时，允许适当调整显微镜的放大倍率，使被测视场中的α-相尺寸尽量接近标准评级图中的α相的尺寸，但必须保证实际视场直径仍为 0.267mm。

标准评级图分 4 级共 6 张图片。各级别的α-相面积含量规定见表 2-21。

表 2-21　**α-相面积含量的标准分级**

标准分级	α-相面积含量（%）
0.5 级	≤2
1.0 级	2～5
1.5 级	5～8
2.0 级	8～12
3.0 级	12～20
4.0 级	20～35

评级图各级别图片的 α-相实际面积含量为规定含量的上限值，当被测视场中的 α-相含量处于标准评级图两级别之间时，应评为较高的级别。

不锈钢中 α-相的面积百分含量的合格范围按相应的产品标准或技术条件规定执行。

第六节　焊接接头的金相检验

焊缝及热影响区的显微组织是评价焊接接头质量的重要指标之一。焊接接头金相检验的目的：一方面是为了检验焊接接头的质量是否符合有关标准的规定；另一方面是通过对一系列焊接接头的金相分析鉴别焊缝及热影响区的各种缺陷的分布、性质和显微组织变化，判定产生缺陷的原因和工艺因素对接头质量的影响。焊接接头金相分析是一门综合性的边缘科学，它不同于一般的金相分析，既涉及金属学和金属物理的内容，又涉及光学、电子学的内容，而且与焊接工艺密切相关。

一、焊接接头的组成及组织特征

（一）焊接接头的组成

电站常用的焊接是一种熔接技术，即将待焊处的金属母材熔化以形成焊缝金属的焊接方法。常用的焊接方法有电弧焊（见图 2-27）、CO_2 气体保护焊、氩弧焊、混合气体保护焊、埋弧焊（见图 2-28）、电渣焊、窄间隙焊、电子束焊和激光焊等。

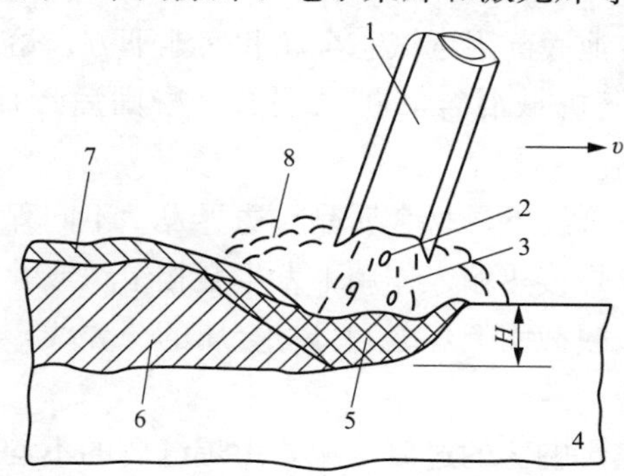

图 2-27　电弧焊示意图

1—焊条；2—熔滴；3—电弧；4—工件；5—熔池；6—焊缝；7—焊渣；8—保护气氛

v—焊接方向；H—熔深

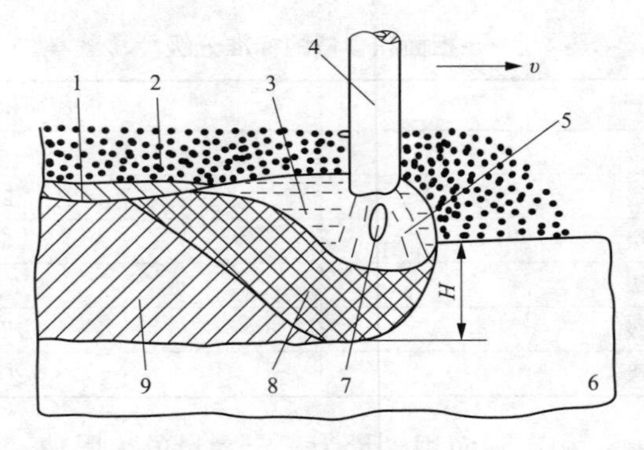

图 2-28　埋弧焊示意图

1—焊渣；2—焊剂；3—熔化焊剂；4—焊丝；5—焊接电弧；6—工件；7—熔滴；8—熔池；9—焊缝
v—焊接方向；H—熔深

焊接是将焊缝作为一个小熔池，快速加热熔化并快速冷却结晶的过程。通常将焊接接头分为焊缝、熔合区、热影响区和母材四个区域，更为细致的焊接接头特征区域划分如图 2-29 所示。

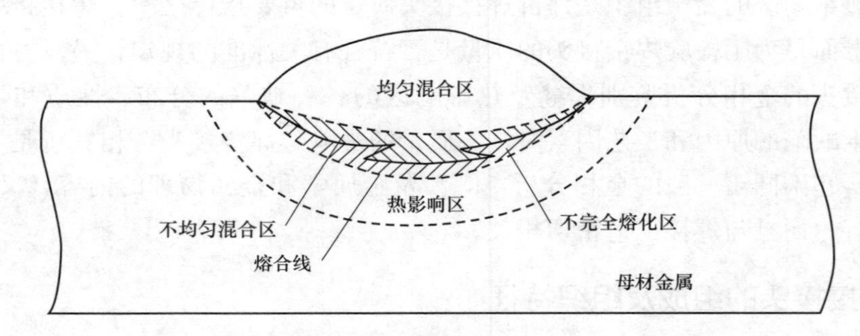

图 2-29　焊接接头特征区域划分示意图

下面对焊接接头的各个区域做详细的介绍。

（1）均匀混合区：熔池中上部液态金属经对流和搅拌混合，凝固后形成的化学成分均匀的区域。

（2）不均匀混合区：熔池底部附近液态金属和熔池下方未熔化的母材金属或熔池底部熔化但未散开的母材金属经机械混合和扩散混合，凝固后形成的化学成分等不均匀的区域。

（3）不完全熔化区：熔合线下母材金属晶粒边界发生不同程度熔化的区域。

（4）热影响区：母材在焊接热输入作用下发生金相组织或性能变化的区域。

（5）熔合线：焊接接头横截面上焊缝和母材金属的分界线，即熔焊时未熔化的母材金属晶粒上边缘的连线。

（6）熔合区：焊缝向热影响区的过渡区域，由焊缝侧的不均匀混合区和母材金属侧的不完全熔化区构成。

（7）焊缝：熔焊时熔池液态金属凝固后形成的部分，由均匀混合区和不均匀混合区两个区域构成。

（二）焊接接头的组织特征

焊接过程是一个在焊接热源作用下，局部、快速、不平衡的连续加热熔化和冷却凝固过程。因此，焊缝也就成为一个成分、组织及性能的不均匀体，由不同特点的区域构成。不同的母材、不同的焊材会得到不同的成分、组织和性能。

1. 低碳钢焊接接头各个区域的组织和性能

电站常用的淬火倾向较小的低碳钢包括 20G、SA-210C、St45.8-Ⅲ及 A672B70CL32 等钢。图 2-30 展示了该钢种焊接接头的各个区域所处的温度区间、加热时发生的变化和冷却到室温所得到的金相组织。可以看出，低碳钢焊接接头的热影响区可分为过热区、正火区、部分相变区、再结晶区和蓝脆区等几个区域，每个区域的组织状态和特征各有不同，下面将分别叙述。图 2-31 所示为典型的低碳钢焊接接头组织形貌。

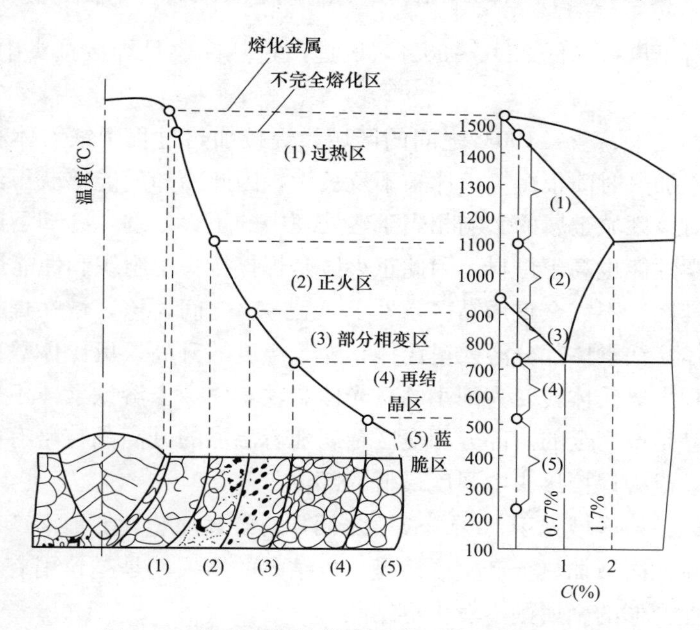

图 2-30　低碳钢焊接接头不同区域的温度、组织

（1）焊缝：包括熔化金属和不完全熔化区，组织为铁素体＋珠光体（少量），铁素体沿原奥氏体边界析出，晶粒较粗大、呈柱状晶，有时会有魏氏组织。魏氏组织属于过热组织，是一种有害组织，其特征是铁素体在奥氏体晶界呈网状析出，或从奥氏体内部沿一定方向析出，形成长短不同的针状或片条状，有时甚至直接插入珠光体晶粒中，使焊缝组织变脆，如图 2-32 所示。

同一化学成分的低碳钢，由于冷却速度、过热度以及承受的热过程不同，焊缝组织也会存在明显的差异。冷却速度越大，焊缝组织中珠光体数量越多、组织越细小、硬度越高；过热度增大，会促进魏氏组织的形成；多层焊并经热处理后的焊缝，组织为细小的铁素体＋珠光体（少量），且焊缝的柱状晶会存在一定程度的破坏。

（2）过热区：处于 1100℃至固相线之间的高温区域。焊接时，该区域温度远高于相变温度，奥氏体晶粒急剧长大，冷却后成为粗大的过热组织，甚至产生魏氏组织。魏氏组织

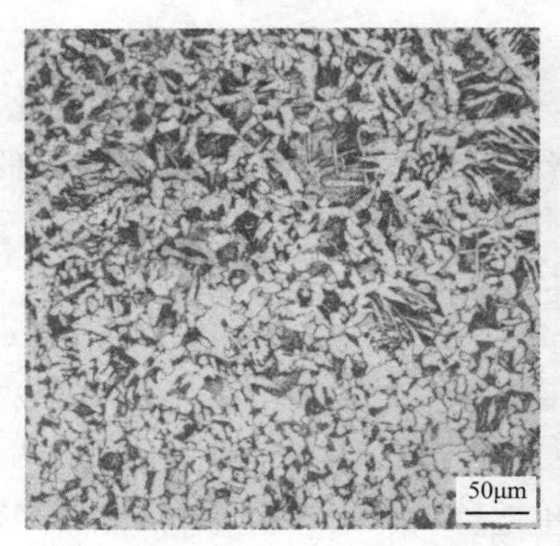

图 2-31　20G 焊接接头组织

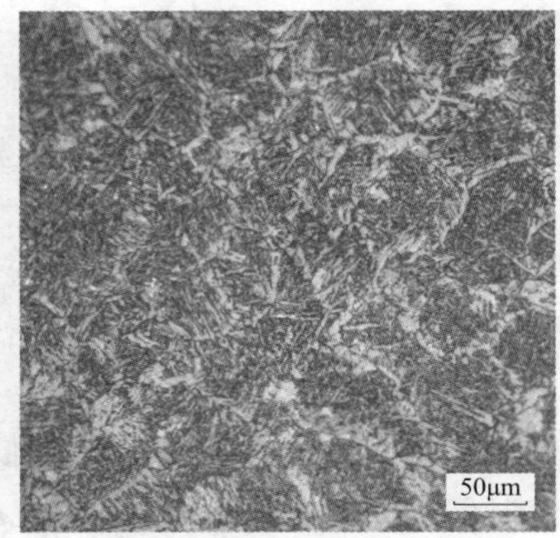

图 2-32　焊缝中的魏氏组织

的塑性、韧性相对于母材降低 25%～30%，因此，过热区也是焊接接头中机械性能最差，最危险的区域。

（3）正火区：处于 A_{c3}～1100℃之间的区域，焊接加热过程中铁素体和珠光体全部转变成奥氏体，由于加热时间很短奥氏体来不及长大，因此冷却后能够获得细小的珠光体组织。焊接热循环对该区域金属的影响相当于热处理中的正火处理，冷却后的组织晶粒较母材晶粒细小，力学性能也高于母材，因此正火区是焊接接头中组织和性能最佳的部位。

（4）部分相变区：不完全重结晶区，处于 A_{c1}～A_{c3}之间，该区域在焊接加热过程中珠光体转变为奥氏体，铁素体部分溶入奥氏体，随着温度的升高，奥氏体数量增多铁素体数量减少，冷却过程中奥氏体转变为细小的珠光体和铁素体，未溶铁素体不发生转变，可见该过程中的重结晶是不完全的。部分相变区金属随着温度的升高晶粒略有长大，晶粒大小不均且相互混杂，成为焊接接头中强度最低的部位。

（5）再结晶区：该区域处于 500℃～A_{c1}之间，对经过冷塑性变形而产生晶粒碎化和晶格歪扭的金属，在该区域加热会产生再结晶，再结晶的结果就是晶粒稍有长大，塑性稍有改善，对无冷塑性变形的金属则不发生再结晶。

（6）蓝脆区：该区域处于 200～500℃之间，这个区域的金属组织不发生变化，特别在 200～300℃的部分，强度稍有提高，而塑性急剧下降，金属表面发生蓝脆现象。

2. 合金钢焊接接头各个区域的组织和性能

合金钢包括淬火倾向小的 16Mn、16MnR、16Mng、15MnV 和 14MnMoV 等钢种，其焊接接头各区域的组织特征和性能与低碳钢相近，这里不做赘述。此外还包括淬硬倾向较大的 12Cr1MoV、10CrMo910（P22）及 12Cr2MoWVTiB（钢 102）等合金钢，该类合金钢其焊接接头可分为焊缝、淬火区、不完全淬火区和回火区等几个区域，下面将分别叙述。图 2-33 所示为典型的 12Cr1MoV 钢焊接接头组织形貌。

（1）焊缝：组织为贝氏体（上贝氏体或下贝氏体）、索氏体（珠光体）、铁素体及少量马氏体（板条马氏体或针状马氏体），淬硬的马氏体包括下贝氏体都属于有害组织，会增大焊缝的硬度和脆性，降低塑性和韧性，一般需经焊后热处理加以处理，得到回火索氏体组织或回火贝氏体组织。

(2) 淬火区：该区域处于温度在1100℃以上的部位，冷却时高碳当量的奥氏体转变为贝氏体＋少量马氏体，同样具有高的硬度和脆性。

(3) 不完全淬火区：该区域处于A_{c1}～A_{c3}温度区间，冷却时部分高碳当量的奥氏体转变为贝氏体＋少量马氏体，未转变的铁素体保留下来。室温下的组织为贝氏体＋少量马氏体和粗大的铁素体，见图2-34。

图2-33　12Cr1MoV焊接接头组织

图2-34　不完全淬火区组织（贝氏体＋铁素体）

(4) 回火区：该区域处于A_{c1}以下温度部位并紧邻A_{c1}线，该区域无相变，焊接过程相当于对该区域进行了回火处理，室温下的组织为细小的回火索氏体或回火屈氏体。

易淬硬合金钢的焊接接头中出现淬硬组织对焊接性能不利，故焊接过程中需采取预热和焊后热处理等手段来消除淬硬组织，以改善接头的力学性能。

3. 9%～12%Cr钢焊接接头各个区域的组织和性能

9%～12%Cr钢主要包括F11、F12、P91、P92及P122等合金，是目前国内从超高压到超超临界参数的火电机组广泛使用的马氏体热强钢，其焊接接头可分为焊缝、淬火区、不完全淬火区和回火区等几个区域。图2-35所示为典型的P91钢焊接接头的组织形貌。

(1) 焊缝：组织为回火马氏体＋铁素体（极少量），淬硬马氏体对于焊缝也是有害组织。对于P91钢及其焊接接头中铁素体的含量有着较为严格的要求，即用金相显微镜在100倍下检查δ-铁素体含量，取10个视场的平均值，对于管材纵向面金相组织中的δ-铁素体含量不超过5%，对于焊缝和熔合区金相组织中的δ-铁素体含量不超过8%，最严重的视场不得超过10%。

(2) 过热粗晶区：9%～12%Cr钢焊接接头的过热区域组织为粗晶状回火马氏体，从图2-35中可以看出，该区域由于焊接过程中受热输入影响较大，奥氏体晶粒急剧长大，冷却后组织晶粒也较为粗大，是焊接接头中机械性能最差的区域，硬度和脆性有所增大而塑性和韧性则有所下降。

(3) 热影响细晶区：该区域组织为细晶状回火马氏体，焊接加热过程中回火马氏体全部转变成奥氏体，由于加热时间很短奥氏体来不及长大，因此冷却后能够获得细小的马氏体组织，但该区域是整个焊接接头中硬度最低的区域。

（4）临界区：不完全重结晶区，该区域在焊接加热过程中部分回火马氏体转变为奥氏体，冷却过程中奥氏体转变为细小的回火马氏体，未转变的马氏体不发生转变，可见该过程中的重结晶是不完全的。部分相变区金属随着温度的升高晶粒略有长大，晶粒大小不均且相互混杂。

4. 不锈钢焊接接头各个区域的组织和性能

电站常用的奥氏体不锈钢包括 1Cr18Ni9、TP304H、TP316、TP347H、TP347HFG 及 HR3C 等钢种，其焊接接头包括焊缝、过热区、σ 相脆化区和敏化区等四个区域，图 2-36 为典型的奥氏体不锈钢焊接接头组织形貌。除奥氏体不锈钢外，铁素体不锈钢也逐步开始在电站建设中使用，目前铁素体不锈钢主要用于制作加热器及凝汽器的换热管，常用的有普通铁素体不锈钢（如 439）及超级铁素体不锈钢（如 S44660）等，其焊接接头主要包括焊缝、过热区、σ 相脆化区和 474℃脆性区等 4 个区域。图 2-37 所示为典型的铁素体不锈钢焊接接头组织形貌。下面将对奥氏体不锈钢及铁素体不锈钢的焊接接头各区域的组织和性能进行详细阐述。

（1）焊缝：对于奥氏体不锈钢，该区域组织为奥氏体＋少量 δ 铁素体（少于 5%），对于铁素体不锈钢其组织则为铁素体＋少量的奥氏体，所以两种不锈钢的焊缝均具有良好的韧性和塑形。

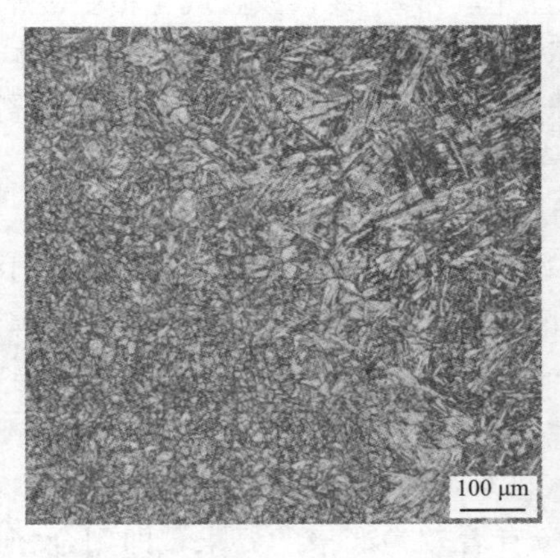

图 2-35　P91 钢焊接接头组织形貌

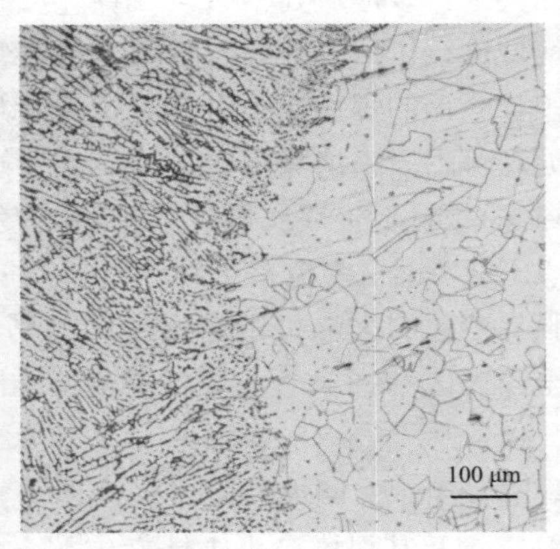

图 2-36　TP347H 焊接接头组织形

（2）过热区：该区域处于 1100～1500℃之间，由于不锈钢在加热和冷却过程中不发生相变，因此该区域在高温及室温下的组织均为奥氏体或铁素体。此外，因为加热温度较高已接近钢的熔点，所以该区域的晶粒长大严重，材料的塑性和韧性降低。

（3）σ 相脆化区：该区域处于 650～850℃之间，若在这一温度范围内停留过长时间，则铁素体不锈钢和奥氏体不锈钢均可能析出 σ 相，将导致材料的塑性和韧性的严重降低，抗腐蚀能力也有所下降。

（4）敏化区：该区域处于 450～850℃之间，在这一温度区间内停留一定时间后，奥氏体不锈钢中的 Cr 和 C 会在晶界形成碳化物 $Cr_{23}C_6$，使奥氏体晶界处形成贫铬区，失去抵抗晶间腐蚀的能力，因此该温度区间也称为奥氏体不锈钢的危险温度区。图 2-38 所示为典型的 TP304 不锈钢焊接接头晶间腐蚀开裂情况，可以看出，裂纹沿晶间分布并伴有局部的晶粒脱落现象。

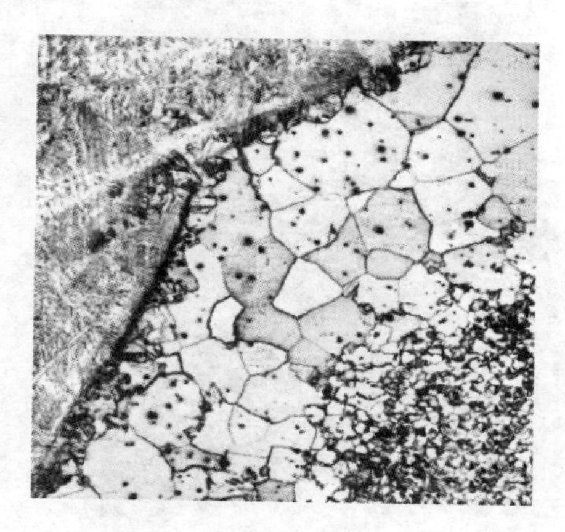

图 2-37　TP439 焊接接头组织形貌

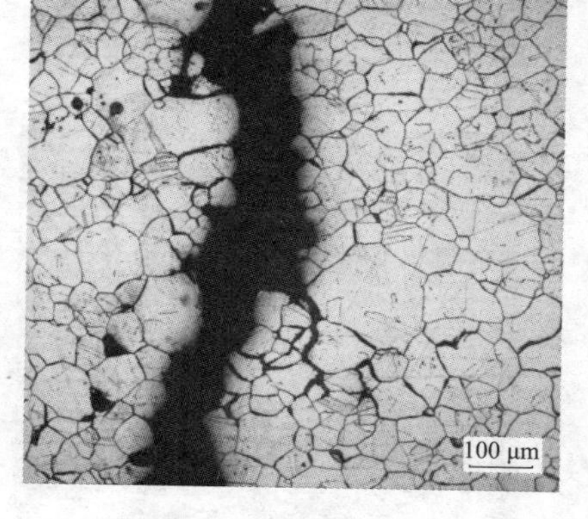

图 2-38　TP304 焊接接头晶间腐蚀开裂

（5）474℃脆性区：该区域处于 400～600℃之间，在这一温度范围内停留一定时间后，铁素体不锈钢的硬度会显著提高，冲击韧性则显著下降。

不锈钢的 σ 相脆化区、敏化区和 474℃脆性区是在一定条件下（如焊接热循环）出现的，只要控制好焊接规范并严格执行工艺是可以避免的，关键在于控制温度的保持时间，越短越好，因此，需采用小规范、快速冷却等工艺措施，焊接过程中应避免工件温度过高。

二、焊接接头的低倍组织检验

焊接接头的微观检验包括浸蚀前的检验及浸蚀后的检验。浸蚀前主要检查试样有无裂纹、非金属夹杂物及制样过程中所引起的缺陷等，浸蚀后主要检验试样的显微组织。

观察试样时，一般先用显微镜的 75～100 倍的低放大倍率观察低倍组织全貌。当观察细微组织时，再选用大于 200 倍的高放大倍率进行观察分析。焊接接头低倍组织检验的目的就是要观察分析焊接接头的横截面状态，包括焊缝、熔合线、热影响区的宽度，粗晶组织、柱状晶结构形态、多层多道焊的层次，以及是否存在夹杂物、裂缝、夹渣、未焊透、气孔、焊道成型不良等焊接缺陷等。典型的焊接接头低倍组织形貌及缺陷如图 2-39 所示。

焊接接头低倍组织分析过程中，对于表面缺陷如腐蚀和机械损伤等应测定其深度、直径、长度及分布，并作图或照片记录。对非正常的腐蚀，应查明原因。当发现在焊接接头上存在表面裂纹时，应该对裂纹成因进行分析。焊接过程中由于冶金和力学因素的共同作用，焊接接头的各个部位在不同的温度区间、不同的时间和条件下可能产生各种类型的焊接裂纹，通过观察裂纹的源点、形态和扩展特征，可以确定裂纹的类型，分析裂纹产生的原因。常见裂纹的产生部位及分类如图 2-40 所示。

对于内表面的焊缝（包括近缝区），应以肉眼或 5～10 倍放大镜进行低倍组织检查。有下列情况之一的，应进行不小于焊缝长度 20%的表面探伤检查：

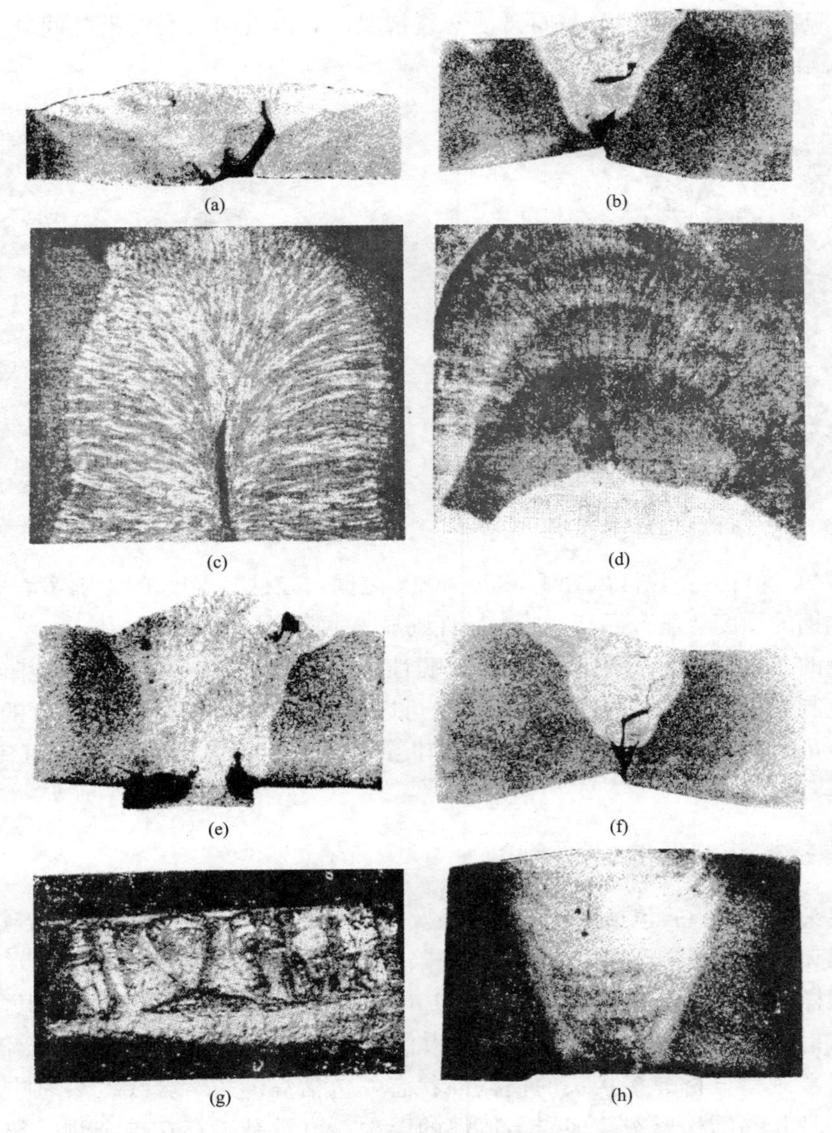

图 2-39　典型的焊接接头低倍组织形貌

（a）碳钢焊接接头；（b）12MoCr 钢大口径管；（c）15MnVN 钢埋弧自动焊接头中心引起的结晶裂纹层状偏析；（d）19Mn5 钢自动焊接头偏析；（e）12Cr1MoV 钢大口径管焊接接头焊缝根部裂纹，焊缝夹渣；（f）12MoCr 钢大口径管焊接接头根部严重未焊透，裂纹和夹渣；（g）19Mn5 钢焊接接头坡口氢气泡；（h）10CrMo910 钢大口径管焊接接头焊缝气孔和夹渣

（1）材料强度级别 $\sigma_b \geqslant 540$MPa 的；

（2）Cr-Mo 钢制造的；

（3）有奥氏体不锈钢堆焊层的；

（4）介质有应力腐蚀倾向的；

（5）其他有怀疑的焊缝。

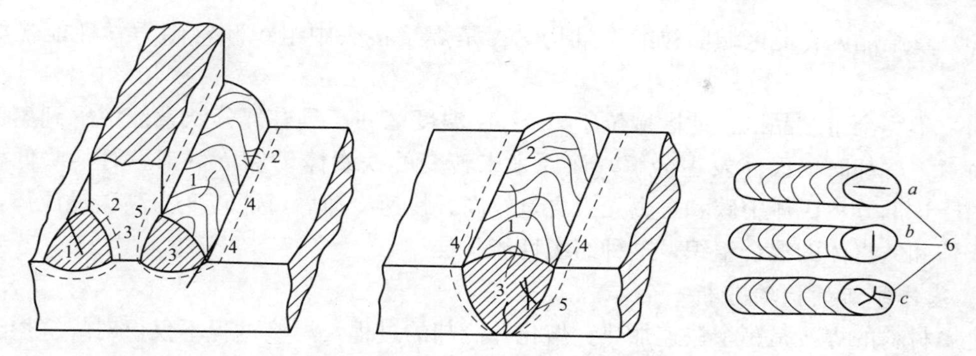

图 2-40　焊接接头中常见的裂纹的分布及形态示意图

1—纵向裂纹；2—横向裂纹；3—根部裂纹；4—焊趾裂纹；5—焊道下裂纹；6—弧坑裂纹

如发现缺陷，应分析缺陷产生的原因并增加表面探伤的比例；如发现有裂纹存在，则应进行全部焊缝的表面探伤。

对于焊接接头中的应力集中、变形、异种钢焊缝、补焊区、工卡具焊迹、电弧损伤等易产生裂纹的部位应重点检查。有晶间腐蚀倾向的，可采用金相检验或锤击检查。锤击检查时，用手锤（力大小为 4.9～9.8N），敲击焊缝两侧或其他易产生晶间腐蚀的部位。绕带式压力容器的钢带始、末端焊接接头，应进行表面裂纹检查。对焊接敏感性材料，还应注意检查可能发生的焊趾裂纹。

三、焊接接头的显微组织检验

焊接接头的微观组织检验的主要目的是了解和掌握金属材料在焊接过程中组织变化的规律，为制定合理的焊接和热处理工艺提供依据，同时，鉴别焊接接头各区域的组织特征及焊接缺陷等。

1. 焊缝组织的检验分析

焊缝组织具有联生结晶和长大的特点，常见的焊缝组织存在柱状晶、树枝晶、等轴晶组织形貌。同样成分的焊缝，由于结晶组织形态不同，性能差别很大。多层焊时，由于后焊的焊道对前面的焊道进行了再加热而发生相变重结晶，导致焊缝区各部位组织形态的差异。此外，焊接过程是连续快速冷却的过程，超过一定的冷却速度后，会得到非平衡组织——贝氏体和马氏体。

2. 热影响区组织的检验分析

热影响区主要分为：部分熔化区、过热区（粗晶区）、正火或重结晶区（细晶区）、不完全正火或不完全重结晶区。各区域的组织形态和特征取决于焊接热循环峰值温度、加热速度、高温停留时间和随后的冷却速度。部分熔化区和过热区是组织和性能变化最大的区域，为焊接接头金相检验的分析重点。

（1）部分熔化区：此区域较窄、邻接熔合线，由于严重过热，晶粒粗大、化学成分不均匀的情况严重，导致该区域性能恶化，是焊接接头中最薄弱的区域。

（2）过热区：此区域最显著特点就是晶粒最为粗大，其组织形貌与部分熔化区基本相同，是再热裂纹的敏感区域。

(3) 重结晶区：此区域晶粒细小且均匀，是焊接接头中组织和常温力学性能最好的区域。

(4) 不完全重结晶区：此区域位于$A_1 \sim A_3$温度区间，具有部分铁素体溶解到奥氏体中的特点，冷却时奥氏体发生分解，而原来未转变的铁素体仍保留下来。对某些低合金钢，由于这部分奥氏体中碳和合金元素含量较高，快速冷却后可能转变为高碳马氏体，得到马氏体和铁素体的混合组织，这种组织性能不佳。

3. 基体组织的检验分析

金属材料的焊接是一个快速加热、熔化并冷却的过程，焊接过程不仅仅对焊缝熔池金属有影响，其热循环也会对焊缝两侧基体材料的组织和性能产生影响，因此，焊接接头的金相组织检验需重视对焊缝两侧基体组织的检验，基体组织检验分析工作的重点主要在以下几个方面：

(1) 应检验基体材料中是否存在非金属夹杂物、显微裂纹等缺陷以及各种缺陷的类型，观察其形态和分布，测量其数量和大小并作出评定。

(2) 鉴别被检部件显微组织的组成，各种组织的形貌、分布和数量。对晶粒度、带状组织、非金属夹杂物、过热组织、过烧组织、球化组织及脱碳层等作出评定。

(3) 鉴别组织特征，判定热处理或热加工的工艺状态，必要时可为重新制定热处理及热加工工艺提供依据。

(4) 对于异种钢焊接接头，焊缝两侧的母材及热影响区均需进行检验。相对于同种钢焊接而言，异种钢焊接会存在一些特有的问题。首先，靠近熔合线的焊缝金属会出现过渡层，称为凝固过渡层。在电弧焊情况下这个凝固过渡层的厚度在100μm左右；其次，由于熔合线两侧化学成分的巨大差异，促使碳元素在焊接加热过程及随后的热处理过程中不断地从低合金侧向高合金侧迁移，使得高合金侧增碳形成增碳层，而低合金侧则脱碳形成脱碳层；再者，成分和组织不同的母材其线膨胀系数也不同，使焊接产生的应力和变形比同种钢焊接时大，且不可能通过焊后热处理的方法加以消除。尽管现有的焊接工艺研究和实践已经对各种异种的焊接有了明确的工艺指导原则，但是在进行电站用异种钢焊接时常常由于不能避免上述情况而引起焊接接头的早期失效，因此，金相检验分析时还应特别重视这些问题。

在进行焊接接头金相检验时，如果发现接头存在裂纹，应依据焊接工艺对裂纹的形成原因加以分析，以便对焊接工艺进行适当的改进。一般情况下，焊接接头中出现的裂纹缺陷根据其形成原因可分为热裂纹、冷裂纹和再热裂纹三类。

热裂纹又称高温裂纹即高温条件下产生的裂纹，其存在的部位以焊缝为主，也有一些存在于热影响区。其宏观特征是沿焊缝的轴向成纵向的断续或连续分布，也有沿焊缝横向分布的，一般断口均有较为明显的氧化色彩，表面无光泽；微观观察沿晶界（包括亚晶界）分布，具有明显的沿晶断裂特征。主要包括结晶裂纹、液化裂纹和多变化裂纹。

结晶裂纹是指焊接熔池金属凝固结晶时，在液相与固相并存的温度区间，由于结晶偏析和收缩应力应变的作用，在焊缝金属中沿一次结晶晶界形成的裂纹，此类裂纹只发生在焊缝中，弧坑裂纹即属于结晶裂纹。

液化裂纹是指焊接过程中在焊接热循环峰值温度作用下，在多层焊道焊缝的层间金属与母材近焊缝区金属中，由于晶间金属受热重新熔化，在一定的收缩应力作用下，沿奥氏体晶界开裂形成的裂纹，有的学者将其称为“热撕裂”。

多边化裂纹，其产生温度低于固相线温度，是指在液态结晶完成后在物理化学性能不均匀的晶格缺陷部位（如位错或空位）聚集形成的多边化边界，并沿多边化边界开裂，使焊缝的强度和塑形下降，此类裂纹多产生于纯金属或单项奥氏体合金的焊缝中。

冷裂纹是指在焊接接头在低温情况下形成的裂纹，常见冷裂纹的形成温度介于−75～100℃之间，及形成于钢的 M_s 温度以下。此类裂纹多发于具有缺口效应的焊接热影响区或物理化学性质不均匀的氢聚集区域，其断口宏观特征具有鲜亮的金属光泽，呈脆性断裂特征；往往具有穿晶或沿晶与穿晶混合开裂的特征。主要包括延迟裂纹、淬硬脆化裂纹和低塑形脆化裂纹等类型。

延迟裂纹是指焊后不会立即出现，在一段孕育期（又称潜伏期）后产生迟滞开裂的裂纹。其形成取决于材料的淬硬倾向、接头的应力状态和熔融金属中的扩散氢的含量。

淬硬脆化裂纹是指焊接时即使没有氢的诱发，仅在拘束应力作用下即形成的裂纹，完全是由于冷却时发生马氏体相变而脆化所造成的裂纹，在焊缝和热影响区都可能出现，常见于一些淬硬倾向较大的钢种，如含碳量较高的 Ni-Cr-Mo 钢、马氏体不锈钢、工具钢及异种钢焊接等情况。通常焊后立即产生，无迟滞现象。通过采用较高的预热温度和使用高韧性焊条，基本上可以防治这类裂纹。

低塑性脆化裂纹是指在某些塑性较低的材料（如铸铁、硬质合金及高铬合金）焊接过程中当冷却至低温时，由于收缩而引起的应变超过了材料本身所具有的塑性储备或材质变脆而产生的裂纹。通常焊后立即产生，无迟滞现象。

再热裂纹是指材料在焊接后进行的消除残余应力的热处理或未经热处理的焊件在一定温度服役的过程中产生的沿奥氏体晶界发展的裂纹。此类裂纹常产生于近焊缝的粗晶区，终止于细晶区，呈沿晶开裂特征，沿熔合线方向在奥氏体粗晶粒边界发展。其敏感的温度范围一般在 500～700℃之间，低于 500℃或高于 700℃的加热温度不易出现再热裂纹。在大拘束度的厚壁工件或应力集中的部位易产生，易产生于具有沉淀强化作用的钢种，发展过程为晶界滑动-微裂纹-扩展-裂纹。

四、焊缝的过热与过烧

在焊接和热处理过程中，如果工艺或操作控制不当使得加热温度过高，会出现奥氏体晶粒的过分长大甚至晶界熔化的过热或过烧现象，造成工件的力学性能出现严重的下降甚至造成产品报废的情况，这都是焊接及热处理过程中不允许出现的。

1. 过热

过热是指焊接过程中当加热到某一温度（称为过热温度）以上时，粗大的奥氏体晶粒晶界的化学成分发生了明显变化（偏析），或在冷却后发生了第二相的沉淀，导致晶界脆化现象发生，进而显著降低钢的塑性和韧性的现象。过分粗大的奥氏体晶粒会导致材料的强韧性降低，脆性转变温度升高，增加淬火时的变形开裂倾向。有些材料过热可通过退火、正火或多次高温回火后重新奥氏化使晶粒细化而得以消除，但有些材料的过热是不能通过热处理来消除的。

有过热组织的焊接接头，重新加热淬火后，虽能使奥氏体晶粒细化，但有时仍会出现粗大颗粒状断口，即出现断口粗大组织遗传的现象。产生断口遗传的理论争议较多，一般认为是由于曾经加热温度过高而使 MnS 之类的夹杂物溶入奥氏体并富集于晶界，而冷却时这些夹杂物又会沿晶界析出，受冲击载荷时易沿粗大奥氏体晶界开裂。

有粗大的马氏体、下贝氏体或魏氏组织的焊接接头在重新奥氏化时，以慢速加热到常规的淬火温度或更低的温度时其奥氏体晶粒仍然是粗大的，这种现象称为组织遗传性。要消除遗传的粗大组织，可采用中间退火或多次高温回火处理的工艺。

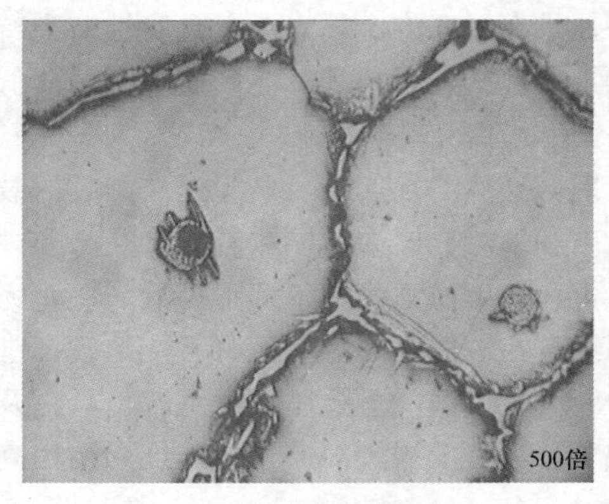

图 2-41 冷作磨具钢的过烧组织（晶界已熔化）

2. 过烧

在焊接过程中，如果热输入量过大、加热温度过高，不仅会引起奥氏体晶粒的过分长大，而且会出现晶界的局部氧化或熔化，导致晶界严重弱化的现象称为过烧。材料在过烧后性能会严重恶化，淬火时形成龟裂。过烧的工件无法通过热处理或热加工来恢复，只能报废，因此在工作中要严格避免过烧现象的发生。图 2-41 所示为冷作磨具钢的过烧组织。

五、焊缝中的淬硬马氏体组织

固态金属发生相变时会在组织中形成组织应力，是由于不同相的体积变化受阻而产生的应力。例如，马氏体组织的比体积较奥氏体大，当焊缝组织由奥氏体转变成马氏体时，焊缝的体积要膨胀，而马氏体转变温度又较低，此时材料的塑性很差，很难通过塑性变形对其相变产生的体积膨胀进行补偿，因此将产生较大的组织应力。对于淬硬性较强的材料，焊后冷却速度较快时很容易产生这样的组织应力，由于马氏体组织性能较脆，因此在组织应力作用下极易产生裂纹。

当焊缝组织由奥氏体向铁素体转变时，由于焊缝中心的金属含碳量较低而边沿金属含碳量较高，因此，焊缝中心的金属将首先发生奥氏体转变，此时其中的过饱和氢将向中心两侧迁移，由于焊缝冷却速度极快，当过饱和氢迁移到焊缝两侧的熔合线附近时便已没有继续扩散到母材内的温度能量，其将在熔合线附近的马氏体组织或材料的微观孔隙内聚集。聚集到马氏体组织中的氢会使马氏体更加脆化，在焊接应力的作用下导致裂纹的产生。聚集到材料微观孔隙内的氢会结合成氢分子，造成局部高压，这个高压产生的应力与焊接应力交互作用的结果也将产生裂纹，这也是焊接冷裂纹易出现在靠近热影响区的原因。

对碳钢来说，含碳量越高、淬硬性就越强，冷却过程中产生的马氏体量就越多，出现冷裂纹的可能性就越大；对于合金钢而言，由于合金元素的存在，使材料的淬硬性增大，使得其产生冷裂纹的危险性也增加，通常可用碳当量来衡量合金钢产生冷裂纹倾向的大小。图 2-42 所示分别为低碳钢和高合金钢中焊缝中的马氏体组织。

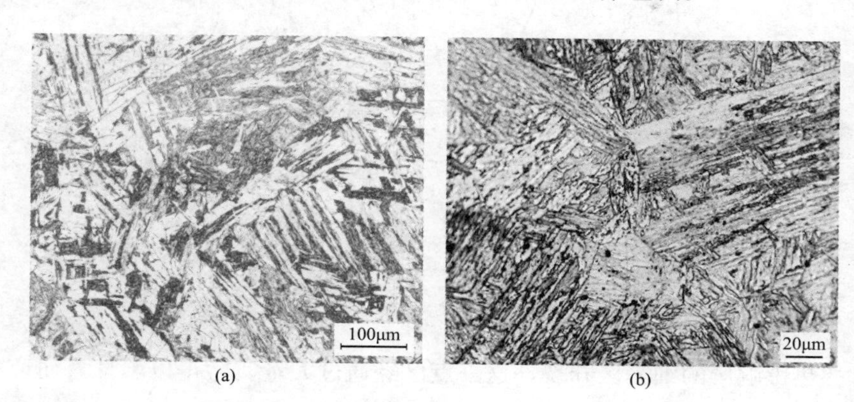

图 2-42 材料焊缝中的马氏体组织

（a）低碳钢；（b）T91 钢

六、电站常用材料焊接质量的检验评定标准

焊接是一个时间短且变化复杂的完整的物理冶金过程，它具有加热温度高、加热速度快、高温停留时间短、局部加热及温差大、冷却条件复杂、偏析现象严重及组织差别大等特点，过程中的各个因素都将直接影响到焊接接头的组织特征和机械性能。焊接接头的金相检验重点检测并分析焊接接头中各区域的组织特征和焊接缺陷等。

一直以来，电站材料的焊接质量评定基本是以传统的无损检测作为唯一的检验评价标准的，对于低等级的碳钢及中低合金钢来说，这样的评价标准和体系还勉强适用。而对于目前大量应用的 9%～12%Cr 等新型耐热钢、奥氏体不锈钢及将来更高参数机组适用的合金含量更高的镍基高温合金而言，由于其合金含量较高、焊接开裂倾向较大、焊缝和热影响区对工艺的敏感性大，单纯使用无损检测对焊接接头进行评价是不恰当也是不全面的，还应包含“使用性能合格”，而使用性能的合格是以焊接工艺质量评定为前提的，这其中重要的一项内容就是对焊接接头的组织状态进行检验评价，这就是电站材料焊接质量标准中的又“使用性能合格”的要求，需引起我们的足够重视，否则很有可能出现焊接接头无损检测合格，却由于焊接工艺不当使得焊缝化学成分或金相组织不合格的情况，从而造成焊接接头的早期失效。

七、9%～12%Cr 钢焊接接头中的各型裂纹

研究人员按照形成位置将焊接接头中的蠕变开裂分为 4 种类型：在焊缝范围内产生的开裂称为Ⅰ型开裂；在焊缝内发生但可延伸到热影响区的开裂称为Ⅱ型开裂；在邻近熔合线的热影响区的晶粒粗大区域产生的开裂称为Ⅲ型开裂；在邻近母材的热影响区的细晶区产生的开裂称为Ⅳ型开裂。各种类型开裂的产生区域如图 2-43 所示。

9%～12%Cr 钢作为马氏体耐热钢在高温长期运行中往往容易在焊接接头的软化区，

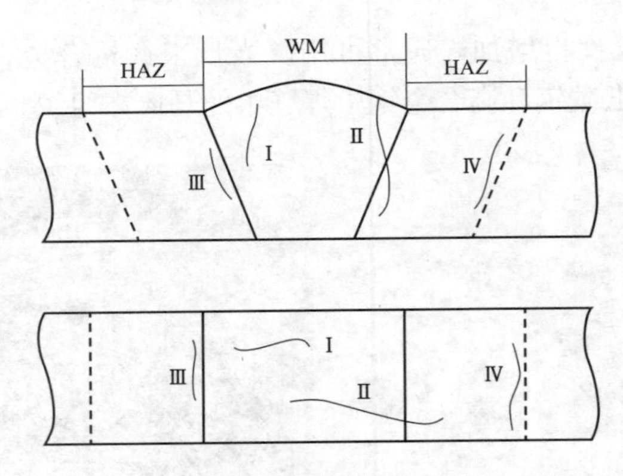

图 2-43　焊接接头蠕变开裂类型示意图

即临近母材的热影响区的细晶区开裂，这一点已经通过大量实验得以验证。研究中，在标准拉伸试样单轴向拉伸蠕变试验以及内压式蠕变断裂试验过程中，可在焊接接头的热影响区观测到一种无明显塑性变形的低应力蠕变开裂，即为Ⅳ型开裂，此类型裂纹直接导致焊接接头的蠕变断裂寿命低于母材。Ⅳ型开裂往往形成于焊接接头一侧的热影响区，其破坏方式属于蠕变破坏的性质，为典型的脆性断裂，断面平滑且平行于熔合线。

国外的 0.5Cr-0.5Mo-0.25V 和 2.25Cr-1Mo 材质的高温管道在 565℃温度下、经过 60000h 运行服役时也出现过Ⅳ型开裂。关于Ⅳ型开裂的研究，已积累了许多有价值的数据，从低 Cr-Mo 钢到高 Cr-Mo 钢都可能产生。一般认为，铁素体系耐热钢焊接接头中Ⅳ型开裂的形成与蠕变的温度和应力有关。图 2-44 为 P92 钢的Ⅳ型开裂显微组织照片和扫描电子显微镜照片。

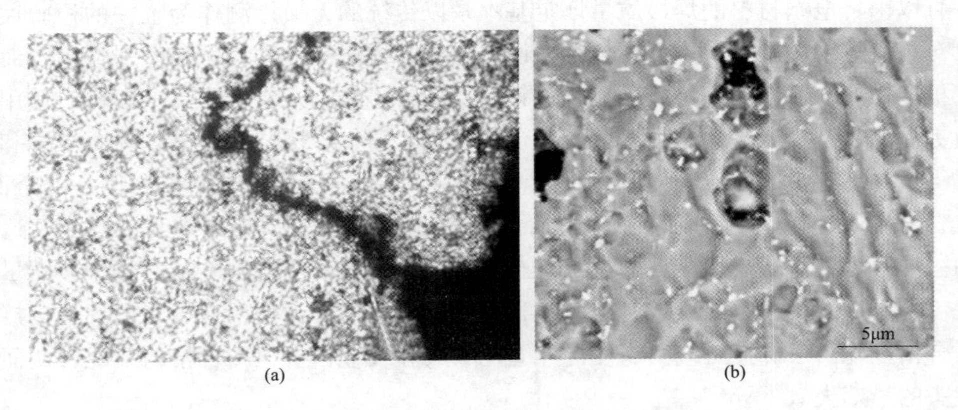

图 2-44　P92 钢焊接接头Ⅳ性蠕变开裂

(a) 显微组织（100×）；(b) SEM 照片（2000×）

第三章　金属在高温长期运行过程中的变化

第一节　蠕 变 和 松 弛

一、金属的蠕变现象

金属在高温下，即使其所受的应力低于金属在该温度的屈服点，在这样的应力长期作用下，也会发生缓慢的但是连续的塑性变形，这样的一种现象称为蠕变现象，所发生的变形称为蠕变变形（或蠕胀）。由这种变形最后导致金属材料的断裂称为蠕变断裂。蠕变在较低的温度下也会发生，如碳钢温度超过 300℃、合金钢温度超过 400℃时，就必须考虑蠕变的影响。

二、蠕变曲线

金属材料的蠕变过程通常用变形与时间之间的关系曲线来表示，这种曲线称为蠕变曲线。尽管不同的金属和合金在不同条件下所得到的蠕变曲线不尽相同，但它们都有一定的共同特征，把这些共同特征表示出来的蠕变曲线就叫做典型蠕变曲线。典型蠕变曲线见图 3-1，它描述在恒定温度、恒定拉应力下金属的变形随时间的变化规律。

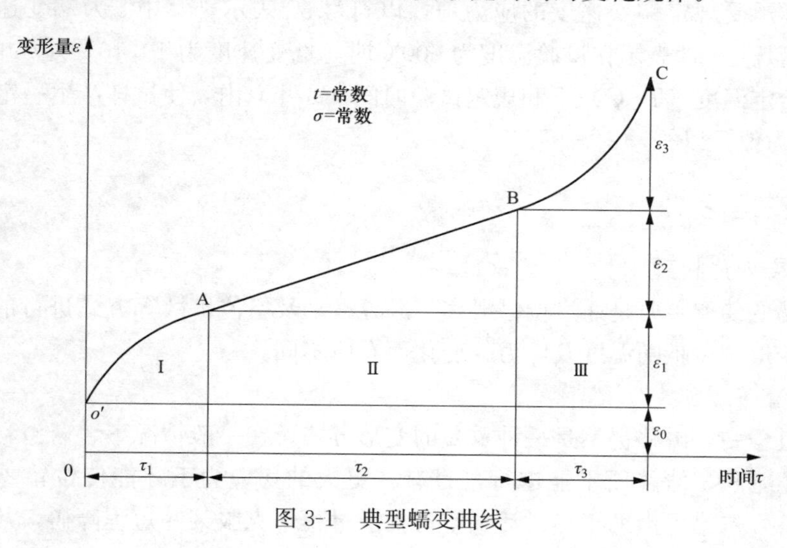

图 3-1　典型蠕变曲线

典型蠕变曲线分为以下四个部分：

(1) 瞬时伸长段 $0O'$ 它是加上应力的瞬间发生的。假如外加应力超过金属在试验温度下的弹性极限，则这部分瞬时伸长中既包括弹性变形，也包括塑性变形。

(2) 蠕变第一阶段（曲线 $O'A$，即Ⅰ），这一阶段的蠕变是非稳定的蠕变，它的特点是开始时蠕变速度较大，但随着时间的推移，蠕变速度逐步减小，到 A 点，金属的蠕变速度达到该应力和温度下的最小值并开始过渡到蠕变的第二阶段。由于这一阶段蠕变有着减速的特点，因此也把蠕变第一阶段称为蠕变的减速阶段。

(3) 蠕变的第二阶段（曲线 AB，即Ⅱ），这一阶段的蠕变是稳定阶段的蠕变，它的特点是蠕变以固定的但是对于该应力和温度下是最小的蠕变速度进行，在蠕变曲线上表现为一具有一定倾斜角度的直线段。蠕变第二阶段又称为蠕变的等速阶段或恒速阶段。

(4) 蠕变的第三阶段（曲线 BC，即Ⅲ），当蠕变进行到 B 点，随着时间的进行，蠕变以迅速增大的速度进行，这是一种失稳状态。直到 C 点发生断裂。至此，整个蠕变过程结束。由于蠕变第三阶段有蠕变不断加速的特点，所以也被称为蠕变的加速阶段。

一般认为，在正常的使用条件下，高温金属部件的使用期限应当在蠕变第三阶段发生以前。长期以来，人们总是把蠕变第二阶段终了时的蠕变变形量作为金属在使用时的极限变形量。但考虑到蠕变第三阶段的时间与总的时间相比，占的比例较大，因此，对于电站的某些高温部件，例如主蒸汽管道，它们的允许变形量并不受外界条件的限制（这与某些部件因机械结构的公差限制不允许过量变形是有区别的），而是由金属本身的变形能力所支配，对于这样的高温金属部件，认为它们只能使用到第二阶段终了时的看法是值得商榷的。

三、蠕变极限

蠕变极限又称蠕变强度，是在规定温度下，引起试样在一定时间内蠕变总伸长率或恒定蠕变速率不超过规定值的最大应力。蠕变极限一般有两种表示方法：一种是在给定温度 T 下，使试样承受规定蠕变速度的应力值，以符号 σ_{ε}^{T} 表示，其中 ε 为蠕变速度，用%/h 表示。例如 $\sigma_{1\times10^{-5}}^{600}$，即表示在试验温度为 600℃时，蠕变速度为 1×10^{-5}%/h 的蠕变极限。另一种是在给定温度（T,℃）下和规定试验时间（t，h）内，使试样产生一定蠕变变形量（δ,%）的应力值，以符号 $\sigma_{\delta/t}^{T}$ 表示。

四、蠕变理论

（一）蠕变变形机理

金属的蠕变变形主要是通过位错滑移、晶界滑动及空位扩散等方式进行的。各种变形方式对蠕变变形的贡献随温度及应力的变化而有所不同。

1. 位错滑移蠕变

在蠕变过程中，滑移仍然是一种重要的变形方式。在一般情况下，若滑移面上的位错运动受阻产生塞积，滑移便不能进行，只有在更大的切应力下才能使位错重新增殖和运动。在高温下，位错可借助于热激活和空位扩散过程来克服某些短程障碍，从而使变形不断产生。热激活的变形机理有多种，如螺型位错的交滑移、刃型位错的攀移、带割阶位错的运动等。通过螺型位错的交滑移运动和刃型位错的攀移，可使异号位错不断相消，而且也促进位错的重新组合和排列并形成亚晶界，这就是回复过程。高温下的回复过程主要是刃型位错的攀移。由于蠕变初期，晶格畸变能较小，位错攀移不能顺利进行，故回复过程不太明显，蠕变速率$\left(\varepsilon=\frac{d\varepsilon}{dt}\right)$不断下降。

在稳态蠕变阶段，刃型位错通过攀移形成亚晶界，或正负刃型位错通过攀移后相互消失，回复过程能充分进行。与此同时，因蠕变变形使位错增殖造成强化，两者达到平衡时，蠕变速率遂为一常数。

2. 晶界滑移蠕变

在常温下晶界的变形是极不明显的，可以忽略不计。但在高温条件下，由于晶界上的原子容易扩散，受力后易产生滑动，故促进蠕变进行。随温度升高、应力降低、晶粒度减小，晶界滑动对蠕变的作用越来越大。但总的说来，它在总蠕变量中所占的比例并不大，一般为10%左右。

3. 扩散蠕变

扩散蠕变是高温时的一种变形机理。它是在高温条件下空位的移动造成的。在不受外力的情况下，空位移动是没有方向性的，因而宏观上不显示塑性变形。但当晶体两端有拉应力作用时，出现较多空位，从而在晶体内部形成一定的空位浓度。空位向受力方向的两侧流动，原子向受力方向流动，从而使晶体产生伸长的塑性变形。这种现象就称为扩散蠕变。

扩散蠕变是金属在接近熔点温度、应力较低的情况下产生的。其蠕变速率既与外加应力成正比，也取决于金属的自扩散速率。

（二）蠕变断裂机理

金属材料在高温长期应力作用下的断裂，大多为沿晶断裂。一般认为，这是由于在晶界上空洞的形成和长大及其相互连接成裂纹后所引起的。实验观察表明，在不同的应力与温度条件下，晶界裂纹形成的方式有两种：

1. 在三晶粒交会处形成楔形裂纹

这是在高应力和较低温度下，由于晶界滑动在三晶粒交会处受阻，造成应力集中而形成空洞。若空洞相互连接便形成楔形裂纹。

2. 在晶界上由空洞形成的晶界裂纹

这是较低应力和较高温度下产生的裂纹。这种裂纹出现在晶界上的突起部位和细小的第二相质点附近，由于晶界滑动而产生空洞，空洞长大便形成裂纹。

以上述两种方式形成的裂纹，进一步依靠晶界滑动、空位扩散和空洞连接而扩展，最终导致沿晶断裂。

蠕变断裂断口的宏观特征，一是在断口附近产生大量的塑性变形，在变形区域附近有很多裂纹，使断裂部件表面出现龟裂现象；另一个特征是由于高温氧化，断口表面往往被一层氧化膜所覆盖。

五、单轴拉伸蠕变试验方法

金属材料的高温蠕变断裂强度（高温持久强度）可用单轴拉伸蠕变试验方法获得，其试验标准为 GB/T 2039—2012《金属材料　单轴拉伸蠕变试验方法》。标准规定了用于测定金属材料性能的金属拉伸蠕变试验方法，尤其是在指定温度下的蠕变伸长和蠕变断裂时间。该标准适用于光滑试样和缺口试样的持久试验。持久试验通常在试验过程中不记录试样的伸长，只记录在给定试验力下的断裂时间或者在给定试验力下超出的预计试验时间。

单轴拉伸蠕变试验原理是将试样加热至规定温度，沿试样轴线方向施加恒定拉伸力或恒定拉伸应力并保持一定时间获得规定蠕变伸长（连续试验）、适当间隔的残余塑性伸长值（不连续试验）和蠕变断裂时间（连续或不连续试验）的结果。

有两个定义：一个是蠕变极限，指在规定温度下使试样在规定时间产生一定蠕变伸长率（总伸长率或塑性伸长率）或稳态蠕变速率不超过规定值的最大应力；还有一个定义是蠕变断裂强度（持久强度），指在规定的试验温度 T，在试样上施加恒定的拉伸力，经过一定的试验时间（蠕变断裂时间 t_u）所引起断裂的应力 σ_0。

蠕变断裂强度用符号 R_u 表示，并以蠕变断裂时间 t_u（h）作为第二角标，试验温度 T（℃）为第三角标的符号来表示。例如：对于蠕变断裂时间 t_u＝100000h、试验温度 T＝550℃所测定的蠕变断裂强度用以下简短符号表示：$R_{u100000/550}$。

试样的形状和尺寸应满足 GB/T 2039—2012 的要求。试验中，试样应通过机加工的方法使得试样表面缺陷或残余变形降到最低。试样在加工过程中不应因发热或加工硬化而改变材料的性能。

对试验设备同样具有较高的要求，试验机应能提供施加轴向试验力并使试样上产生的弯矩和扭矩最小。试验前应对试验机进行外观检查以确保试验机的加力杆、夹具、万向节和连接装置都处于良好状态。试验力应均匀平稳无震动地施加在试样上。试验机应远离外界的震动和冲击。试验机应具有试样断裂时将震动降到最小的缓冲装置。

为了保证试验机和夹具能够对试样准确地施加试验力，应定期校准试验机的力值和加载同轴度，试验机的加载同轴度不应超过 10%。试验设备两次校准/检定的时间间隔依据设备类型、试验条件、维护水平和使用频次而定，除非另有规定，校准/检定周期不超过 12 个月，试验机的校准/检定参考 JJG 276《高温蠕变、持久强度试验机检定规程》。如果能够证明试验设备在更长的时间内能够满足相关规定的要求，那么可以延长两次校准/检定之间的时间。

试验所用的引伸计应每年校准一次，除非试验时间超过一年。如果预期试验时间超过校准周期，应在蠕变试验开始前对引伸计重新校验。

试验程序分为如下步骤。

1. 试样的加热

试样应加热至规定的试验温度。试样、夹持装置和引伸计都应达到热平衡。试样应在试验力施加前至少保温 1h，除非产品标准另有规定。对于连续试验保温时间不得超过 24h。对于不连续试验，试样保温时间不得超过 3h，卸载后试样保温时间不得超过 1h。

升温过程中，任何时间试样温度不得超过规定温度所允许的偏差。如果超出，应在报告中注明。

对于安装引伸计的蠕变试验，可以在升温过程中施加一定的初负荷（小于试验力的10%）来保持试样加载链的同轴。

2. 施加试验力

试验力应以产生最小的弯矩和扭矩的方式在试样的轴向上施加。试验力至少应准确到±1%。试验力的施加过程应无振动并尽可能地快速。应特别注意软金属和面心立方材料的加力过程，因为这些材料可能会在非常低的负荷下或室温下发生蠕变。当初始应力对应的载荷全部施加在试样上时作为蠕变试验开始并记录蠕变伸长。

3. 试验中断

为了获得足够多伸长数据，可以多次周期性地中断试验。

多试样串联试验：一支试样断裂后，允许将其从试样链中取出并更换为新试样后按规定继续试验。对于意外中断：对每次试验意外中断的原因，如加热中断或停电，应在试验条件恢复后，记录在试验报告中。应确保不因试样收缩而导致试样上试验力的超载。建议在中断期间保持试样上的初始负荷。

4. 温度和伸长的记录

（1）温度：在整个试验过程中充分记录试样的温度来证实温度条件满足加热装置温度的允许偏差要求，这一点是非常重要的。

（2）伸长：整个试验过程中应连续记录或记录足够多的伸长数据来绘制伸长率—时间曲线。当只测定规定时间的蠕变伸长时，不必绘制伸长率—时间曲线，只测量初始和最终的伸长量。

对于不连续试验，周期性间断的次数，应力求通过在伸长率-时间曲线上采用内插的方法测定残余伸长率时，保证足够的精度。对于连续试验，应测定初始塑性伸长率。

5. 数据处理

按照 GB/T 2039—2012 执行即可。

六、蠕变与温度和应力的关系

不同材料在不同条件下的蠕变曲线是不相同的，同一种材料的蠕变曲线也随应力的大小和温度的高低而异。在恒定温度下改变应力，或在恒定应力下改变温度，蠕变曲线的变化分别如 3-2 所示。由图 3-2 可见，当应力较小或温度较低时，蠕变第二阶段持续时间较长，甚至可能不产生第三阶段。相反，当应力较大或温度较高时，蠕变第二阶段便很短，甚至完全消失，试样将在很短的时间内断裂。

七、金属的松弛

金属在高温和应力状态下，如维持总变形不变，随着时间的延长，应力逐渐降低的现象叫做应力松弛。松弛过程可以用一个数学表达式来表示，当温度为常数时，满足

$$\varepsilon_0 = \varepsilon_p + \varepsilon_e = 常数$$

式中 ε_0——松弛开始时金属所具有的总变形；

ε_p——塑性变形；

ε_e——弹性变形。

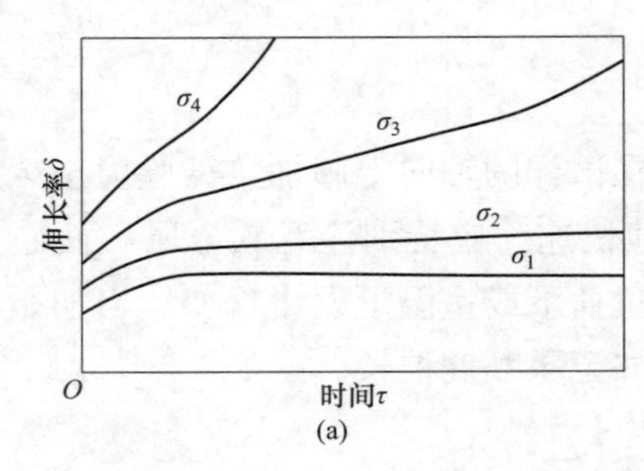

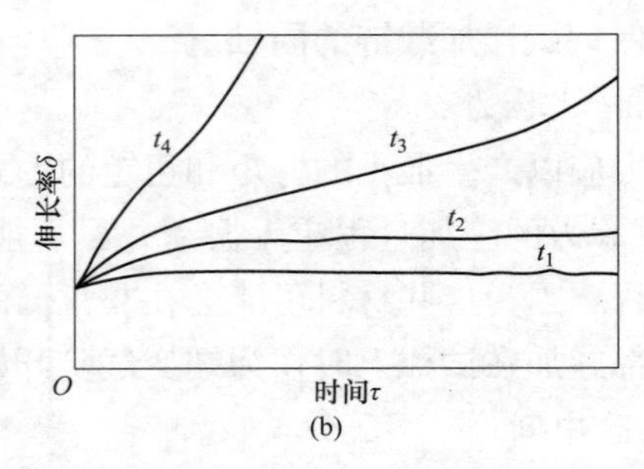

图 3-2 应力和温度对蠕变曲线的影响

(a) 恒定温度下改变应力（$\sigma_4>\sigma_3>\sigma_2>\sigma_1$）；(b) 恒定应力下改变温度（$t_4>t_3>t_2>t_1$）

松弛过程中，ε_0＝常数，$\varepsilon_p\neq$常数，$\varepsilon_e\neq$常数，即由于总变形量不变，而其中的弹性变形转变为塑性变形，因而零件中的应力随时间而降低。

因此，金属的松弛过程就是金属在高温下弹性变形转变为塑性变形的过程。

1. 应力松弛

应力松弛分两个阶段：第Ⅰ阶段应力随时间急剧降低，第Ⅱ阶段应力下降缓慢并趋向恒定，如图 3-3 所示。恒定值为松弛极限，因为松弛极限小，通常不用它来评定材料的抗松弛能力，而用一定时间内，材料中应力的降低值 $\Delta\sigma$ 来表征材料抗松弛性能。

2. 松弛的塑性应变速度

低碳钢只与应力有关，合金钢在第Ⅰ阶段与应力和总应变有关，在第Ⅱ阶段只与应力有关，如图 3-3 所示。

3. 应力松弛与蠕变的关系

松弛与蠕变有差别也有联系。

(1) 差别：蠕变是恒定应力下，塑性变形随时间的延长而不断增加的过程；松弛是恒定变形下，应力随时间的延长不断降低过程，此时塑性变形的增加是与弹性变形的减小等量同时发生。

(2) 联系：本质相同，松弛也可看作是应力不断降低时的多级蠕变。

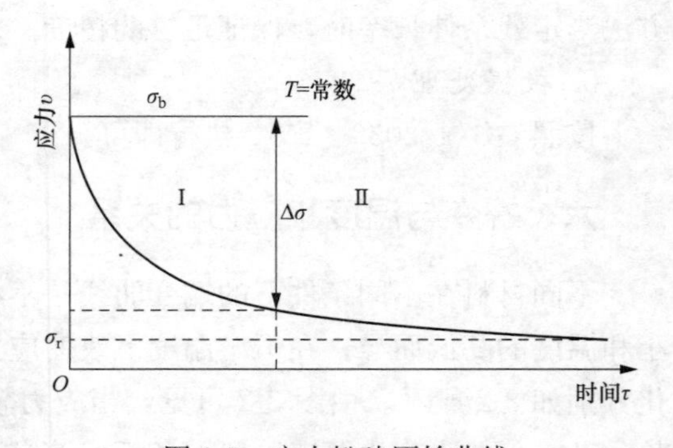

图 3-3 应力松弛原始曲线

第二节 持久强度和持久塑性

一、持久强度

持久强度又称为持久极限，是指材料在规定温度下，达到规定时间而不断裂的最大应力。常用符号为σ_b^t带有一个或两个指数来表示。例如，$\sigma_{b/1000}^{700}$表示在试验温度为700℃时，持久时间为1000h的应力，即所谓的高温持久极限。

二、持久塑性

用蠕变断裂后试样的延伸率和断面收缩率来表征。它反映了材料在温度和应力长期作用下的塑性性能，是衡量材料蠕变脆性的一个重要指标，用$A(\%)$表示。

$$A = D\sigma^{K/T}\exp\left(\frac{b_n + c_n\sigma}{T}\right) \tag{3-1}$$

式中 A——持久塑性变形，%；

σ——应力；

T——绝对温度；

K、D、b_n、c_n——反映材料性能和蠕变过程本质的系数；对电站用钢，$K=-800$。

在火力发电厂高温部件的长期运行中，持久塑性很重要，运行中即使强度稍稍不够，持久塑性好也不会出现突然的脆性破坏。

持久塑性与运行时间有密切的联系：在恒定的温度下，开始时，持久塑性随运行时间增加而逐渐减少，但当达到一最小值后，运行时间再增加，持久塑性便会逐渐增加。持久塑性最小值的出现与持久强度随试验时间出现的转折点现象是相对应的。试验温度越高，钢的持久塑性越高，则最小值出现的时间越早。不同成分的合金钢其持久塑性随断裂时间变化有所不同。低合金Cr-Mo钢的持久塑性比Mo钢和Mo-V钢的高，Cr-Mo钢和Mo-V钢的最低持久塑性值出现在较长的断裂时间内，表明Cr-Mo钢和Mo-V钢的组织在高温下比Mo钢更为稳定。

钢的持久塑性一般希望大于3%。

三、持久强度试验方法

1. 持久强度极限

试样在规定温度下达到规定的试验时间而不产生断裂的最大应力，用σ_τ^t表示。

2. 持久断后伸长率

持久试样断裂后，在室温下计算长度部分的增量与原始计算长度的百分比，用公式$\delta=\frac{L_u-L_o}{L_o}\times100\%$计算；

当标记标在计算长度之外时，则为原始标记长度的增量与原始计算长度的百分比，用公式$\delta=\frac{L_c-L_o}{L_o}\times100\%$计算。

注：对圆形横截面试样，L_c与L_o之差不应超过L_o的10%；对矩形横截面试样，L_c与L_o之差不应超过L_o的15%。

3. 持久断面收缩率

持久试样断裂后，在室温下横截面积的最大缩减量与原始横截面积的百分比，用公式

$\varphi=\frac{S_o-S_u}{S_o}\times 100\%$计算。

4. 持久缺口敏感系数

在缺口试样与光滑试样试验应力相同的条件下，持久断裂时间的比值，用 K_σ 表示，$K_\sigma=\frac{\tau'}{\tau}$。

在缺口试样与光滑试样断裂时间相同的条件下，试验应力的比值，用 K_τ 表示，$K_\tau=\frac{\sigma'}{\sigma}$。

5. 持久强度极限的测定

在 5 个以上适当的应力水平进行等温持久试验，建议至少有 3 个应力水平每组做出 3 个数据，在单对数或双对数坐标上用作图法或最小二乘法绘制出应力—断裂时间曲线。用内插法或外推法求出持久强度极限。

6. 持久强度极限与温度的关系至少用 3 个温度确定。

对只要求蠕变塑性伸长率的试验，可用“标记法”测定，但应保证测量误差在“蠕变变形测量仪器的最小分度值应不大于 1μm，误差一般应不大于总蠕变伸长的±1%”的规定范围内。

7. 试验结果处理

当出现下列情况之一时，试验结果无效，应补做试验。试验结果满足材料技术条件要求时除外：

（1）试样断在标记上或计算长度之外。

（2）试样断口处有明显缺陷。

（3）温度超过规定范围上限或试样受力异常。

持久断后伸长率及断面收缩率修约间隔为 1%，修约方法按 GB 8170 执行。

对所采用的外推方法应详细地说明，外推出的稳态蠕变速率应不小于最低蠕变速率的 1/10，外推出的时间应不大于最长试验时间的 10 倍。外推时，对于材料在温度、应力及时间作用下的组织变化应予充分考虑。

计算所用符号及名称见表 3-1。

表 3-1　　持久强度试验计算所用符号及名称

符号	名称	单位
d_0	圆形横截面试样原始直径	mm
d_u	圆形光滑试样断后最小直径	
a	矩形横截面试样厚度	
b	矩形横截面试样宽度	
L_0	试样原始计算长度	
L_e	试样原始标记长度	
L_u	试样断后标记长度	
L_t	试样总长度	

续表

符号	名称	单位
S_0 S_u	试样计算长度内原始横截面积 试样断后最小横截面积	mm^2
F	试验力	N
σ σ'	试验应力（$\sigma=F/S_0$） 缺口试样试验应力	MPa（N/mm^2）
t	试验温度	℃
τ τ'	试验时间 缺口试样试验时间	h
ε_i ε_e ε_p ε_t δ ψ	蠕变起始伸长率 蠕变弹性伸长率 蠕变塑性伸长率 蠕变总伸长率 持久断后伸长率 持久断面收缩率	%
v	稳态蠕变速度	%/h
K_σ、K_τ	持久试样缺口敏感系数	

四、影响持久塑性的因素

1. 合金元素的影响

在合金元素中，Cr、Si 对珠光体耐热钢的持久塑性起有利作用，而 V、Mo 使钢的持久塑性降低。

2. 晶粒大小的影响

粗晶粒的奥氏体钢的持久塑性较低，大于 3 级晶粒度的奥氏体钢的持久塑性已很低。晶粒大小对珠光体钢的持久塑性影响不显著。

3. 金相组织对持久塑性的影响

金相组织对钢的持久塑性有较大的影响。贝氏体组织的持久塑性最低，珠光体+铁素体组织的持久塑性最高，马氏体组织的其次。因此从综合强度和塑性考虑，片面追求贝氏体组织是不恰当的。

发电厂的高温部件经长期运行后，钢的组织性质发生变化，其持久塑性也会发生相应的改变。

第三节　珠光体球化和碳化物的聚集

一、概述

珠光体的球化和碳化物的聚集是所有珠光体耐热钢（如 20、15CrMo、12CrMo 和 12Cr1MoV 等）最常见的组织变化。珠光体球化是指钢中原来的珠光体中的片层状渗碳体（在合金钢中称合金渗碳体或碳化物）在高温长期应力作用下，随时间的延长逐步改变自己的形状和尺寸而成为球状的现象。球化后的碳化物继续增大自己的尺寸，使小直径的球变成大直径的球，这就是碳化物的聚集。在某一温度下，达到某种球化程度所需的时间 t 符合如下关系

$$t = Ae^{B/T}$$

式中 T——金属的热力学温度；

A——与钢的化学成分和组织状态相关的常数；

B——常数。

珠光体晶粒中的铁素体及渗碳体是呈薄片状相互间夹的。片状珠光体是一种不稳定的组织，其中的片状渗碳体有自行转变成球状并聚集成球团的趋势。当珠光体钢在高温下长期使用时，由于温度较高时原子活动力强，扩散速度增加，珠光体中的片状渗碳体会逐渐变成球状渗碳体，并缓慢聚集长大成球团。由珠光体球化机理可以看出，珠光体球化过程不是瞬间完成的，而是要经过一个珠光体中的碳化物分散、聚集、成球的过程。珠光体球化的过程如图 3-4 所示。由图可见，图 3-4（a）所示为钢的原始组织，由铁素体和片层状珠光体组成；在高温环境中运行一段时间后，片层状的珠光体中的碳化物会慢慢分散，如图 3-4（b）所示；随着时间的推移，珠光体中分散的碳化物变成球状物，片层状的珠光体逐渐消失，如图 3-4（c）所示；随后小的球状物会慢慢变大，片层状珠光体明显消失，最终变成球化组织，如图 3-4（d）所示。

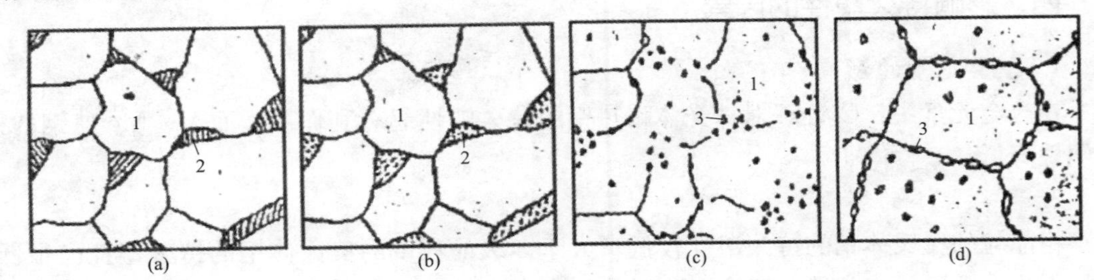

图 3-4 珠光体球化过程示意图

（a）原始组织；（b）珠光体分散；（c）成球；（d）球化组织

珠光体球化的结果使材料的常温强度及高温强度显著降低，包括材料的屈服点、抗拉强度、冲击韧性、蠕变极限和持久极限各指标全面下降，塑性、韧性变差，材质老化。

温度的增高将加快珠光体球化转变过程。珠光体球化转变要通过碳原子扩散来实现。因此，凡是影响碳原子扩散的因素都将影响珠光体球化和碳化物聚集。低碳钢的珠光体球化趋势比低合金钢显著。有些合金元素对珠光体球化起着阻滞作用。例如，钼能溶于渗碳体中，形成复合碳化物 $(Fe, Mo)C_3$，提高渗碳体的稳定性，从而使珠光体球化和碳化物聚集过程得到延缓。因此，钼是低合金耐热钢中最常用的合金元素。铬、钒、钨和钛也具有与钼类似的作用。

二、20G、15CrMoG、12Cr1MoVG、2. 25Cr-1MoG 的球化评级

（一）电站常用珠光体（贝氏体）耐热钢

按 GB 5310《高压锅炉用无缝钢管》供货的 20G 和 15CrMoG 钢是电站中广泛使用的钢种，无缝钢管用于制造高压和更高蒸汽参数的锅炉管件，正常供货状态的显微组织为铁

素体加珠光体。

一般来说，20G主要用于壁温不超过450℃的锅炉受热面管、蒸汽管道和集箱。国外锅炉管件材料中，与按GB 5310标准供货的20G钢管相类似的主要有德国的St45.8/Ⅲ和日本的STB42钢管。美国用SA 106 B作锅炉集箱和管道，用SA-210C作水冷壁、过热器及再热器管。

通常15CrMoG钢主要用于蒸汽参数为510℃的高中压管道、导汽管、管壁温度为550℃的过热器管等。它在500～550℃使用具有较高的热强性能。当使用温度高于550℃时，其热强性能显著降低。国外同类型钢种有苏联的15XM，美国牌号T12、P12，日本牌号STBA22、STPA22和德国牌13CrMo44等。

15CrMoG钢在工作温度500～550℃范围长期运行过程中，会产生珠光体的球化、合金元素在固溶体和碳化物间的再分配及碳化物相结构的改变，但无石墨化倾向。15CrMoG钢的热强性能和力学性能随着珠光体球化程度和固溶体中合金元素贫化程度的加大而逐渐降低，以致材质渐趋劣化甚至失效。因此，长期以来15CrMoG钢组织中珠光体的球化程度常作为该类钢使用可靠性的重要判据之一。

按GB 5310标准供货的12CrlMoVG钢是国内电站锅炉部件广泛采用的钢种，供货状态一般为正火加回火，其正常金相组织为铁素体加贝氏体。主要用作蒸汽参数不超过540℃的集箱、蒸汽管道，金属壁温不超过580℃的过热器、再热器管及部分铸锻件，相对应的苏联材料牌号为12X1MΦ。

12CrlMoV钢在高温长期使用过程中，组织中的珠光体（贝氏体）将发生球化现象，即珠光体（贝氏体）中的渗碳体（碳化物）的形态逐渐转变成为粒状碳化物。伴随球化现象的发生，其材料的力学性能也发生变化。碳化物的形态发生球化现象是部件材料老化的重要特征，是评判部件使用状态的重要依据之一。

按GB 5310标准供货的12Cr2MoG钢相当于原联邦德国的10CrMo910钢，是国内电站锅炉部件广泛采用的钢种，供货状态一般为正火加回火，其正常金相组织为铁素体加贝氏体。主要用作蒸汽参数不超过570℃的集箱、蒸汽管道等部件，金属壁温不超过580℃的过热器、再热器管。

(二) 20G、15CrMoG、12Cr1MoVG、2.25Cr-1MoG的球化评级

球化级别的评定采用与标准图谱对比的方法，在金相显微镜200～700倍的倍率下进行球化级别的评定；必要时，亦可在更高倍率下观察珠光体（贝氏体）的细节。

为了规范电站常用珠光体（贝氏体）耐热钢的球化级别评定，现行下列各标准：

20G的评级是DL/T 674—1999《火电厂用20号钢珠光体球化评级标准》，15CrMo的评级是DL/T 787—2001，12Cr1MoV的评级是DL/T 773—2016，2.25Cr-1Mo的评级是DL/T 999—2006。

1. 20号钢的球化级别评定方法

采用与标准图谱对比的方法，在金相显微镜250倍或500倍的倍率下进行球化级别的评定；必要时，亦可在更高倍率下观察珠光体的细节。

球化级别：从原始状态至完全球化共分为5个级别，组织特征列于表3-2。

表 3-2　　20 号钢珠光体球化组织特征

球化程度	球化级别	组织特征
未球化（原始态）	1 级	珠光体区域中的碳化物呈片状
倾向性球化	2 级	珠光体区域中的碳化物开始分散，珠光体形态明显
轻度球化	3 级	珠光体区域中的碳化物已分散，并逐渐向晶界扩散，珠光体形态尚明显
中度球化	4 级	珠光体区域中的碳化物已明显分散，并向晶界聚集，珠光体形态尚保留
完全球化	5 级	珠光体形态消失，晶界及铁素体基体上的球状碳化物已逐渐长大

评定时，首先在显微镜下对试样进行全面观察，选择具有代表性的视场与标准评级图谱进行比较。在同一检查面上所选择的视场数应不少于 3 个。

若所观察到的球化级别介于两个级别之间，允许用半级来表示，如 1.5 级、2.5 级等。

若试样中发现有球化不均匀现象，经全面观察后，如属个别现象，而占优势的球化级别视场面积不少于 90%，则可以占优势的球化级别作为评定结果；如果不均匀现象较为普遍，则以球化程度严重的球化级别作为评定结果，并以文字表述不均匀性。

具体对比图谱，可参照 DL/T 674—1999。

2. 15CrMo 钢的球化级别评定方法

球化级别评定采用与标准图谱对比的方法。在金相显微镜 500 的倍率下进行球化级别的评定。必要时，也可在更高倍率下观察珠光体形态的细节。

球化级别：从原始状态至完全球化共分为 5 个级别，组织特征见表 3-3。

表 3-3　　15CrMo 钢球光体球化组织特征

球化程度	球化级别	组织特征
未球化（供货态）	1 级	球光体区域明显，珠光体中的碳化物呈层片状
倾向性球化	2 级	珠光体区域完整，层片状碳化物开始分散，趋于球状化，晶界有少量碳化物
轻度球化	3 级	珠光体区域较完整，部分碳化物呈粒状，晶界碳化物的数量增加
中度球化	4 级	珠光体区域尚保留其形态，珠光体中的碳化物大部分呈粒状，密度减小，晶界碳化物出现链状
完全球化	5 级	珠光体区域形态特征消失，只留少量粒状碳化物，晶界碳化物聚集，粒度明显增大

评定时，应首先在显微镜下对试样进行全面观察，选择具有代表性的视场与标准评级图谱进行比较，在同一检查面上所选择的视场数应不少于 3 个。

若所观察到的球化级别介于两个级别之间，允许用半级来表示。如：1.5 级，2.5 级等。

在试样观察中，若发现有球化不均匀现象，如属个别现象，应以占优势（即相同级别的视场面积≥90%时）的球化级别作为评定结果；若不均匀性现象较为普遍，则以球化程度严重的球化级别作为评定结果，并以文字表述不均匀性。

具体对比图谱可参照 DL/T 787《火电厂用 15CrMo 钢珠光体球化评级标准》。

3. 12Cr1MoV 钢的球化级别评定方法

采用标准图谱对比的方法，在金相显微镜 400 倍或 500 倍的放大倍率下进行球化评级，必要时可在更高倍率下进行观察。球化级别：从原始状态到严重球化，球化级别分为 5 级，各级的组织特征见表 3-4、表 3-5。

表 3-4　铁素体加珠光体球化组织特征

球化程度	球化级别	显微组织特征	图号
未球化	1 级	珠光体区域形态清晰，呈聚集形态，碳化物呈片层状	图 1
轻度球化	2 级	聚集形态的珠光体区域已开始分散，珠光体形态仍较清晰，边界线开始变得模糊；部分碳化物呈条状、点状，晶界上开始析出颗粒状碳化物	图 2
中度球化	3 级	珠光体区域已显著分散，仍保留原有的区域形态，边界线变模糊，碳化物全部聚焦长大呈条状、点状；晶界上颗粒状碳化物增多、增大且呈小球状分布	图 3
完全球化	4 级	仅有少量的珠光体区域痕迹，碳化物明显聚集长大呈颗粒状，部分碳化分布在晶界及其附近，晶界上碳化物有的呈链状、条状分布	图 4
严重球化	5 级	珠光体区域形态已完全消失，晶内碳化物显著减少，组织为铁素体加碳化物；粗大的碳化物在晶界呈链状、球状分布，出现双晶界现象	图 5

表 3-5　铁素体加贝氏体或贝氏体球化组织特征

球化程度	球化级别	显微组织特征	图号
未球化	1 级	贝氏体区域形态清晰，呈结构紧密的粒状、小岛状，有的呈方向性分布	图 6
轻度球化	2 级	贝氏体区域仍存在，粒状结构开始变疏松，方向性开始消失，但贝氏体形态仍较清晰；晶界上开始析出颗粒状碳化物	图 7
中度球化	3 级	贝氏体区域破碎化，边界线变模糊，粒状结构变得更疏散，方向性明显消失，但仍保留原有的区域形态，碳化物聚焦长大；晶界上颗粒状碳化物增多、增大	图 8
完全球化	4 级	仅有少量的贝氏体区域痕迹，碳化物明显聚集长大，大部分碳化物呈颗粒状分布在晶界及其附近	图 9
严重球化	5 级	贝氏体区域形态已完全消失，晶内碳化物显著减少，组织为铁素体加碳化物；粗大的碳化物分布在晶界和晶内，晶内碳化物呈球状、链状分布；晶界上碳化物呈链状、长条状分布，且局部出现双晶界现象	图 10

评级时，应选择具有代表性的视场与标准图谱准进行比较评级，统一检查面选择视场数目不小于 3 个。

对于介于两个级别之间的组织球化状态，允许使用半级表示，如 1.5 级、2.5 级等。

如果试样中存在有球化不均匀现象，就应以球化程度严重的球化级别为评定结果，并以文字表述其不均匀性。

具体对比图谱，请参照标准 DL/T 773《火电厂用 12Cr1MoV 钢球化评级标准》。

4. 2.25Cr-1Mo 钢的球化级别评定方法

采用标准图谱对比的方法，在金相显微镜 250～500 倍的放大倍率下选择球化最严重的部位进行球化评级，必要时可在更高倍率下进行观察。

球化级别：从原始状态到完全球化，球化级别分为 5 级，各级的组织特征见表 3-6。

表 3-6　2.25Cr-1Mo 钢球化组织特征

球化程度	球化级别	组织特征
未球化（原始态）	1	聚集形态的贝氏体，贝氏体中的碳化物呈粒状
倾向性球化	2	聚集形态的贝氏体区域已分散，部分碳化物贝氏体尚保留其形态
轻度球化	3	贝氏体区域内的碳化物已明显分散，碳化物成球状分布于铁素体晶界上，贝氏体形态基本消失
中度球化	4	大部分碳化物分布在铁索体晶界上，部分呈链状
完全球化	5	晶界碳化物呈链状并长大

注　当 2.25Cr-1Mo 钢供货态有少量珠光体存在时，珠光体的球化也可按此表规定评级。

评级时，应首先在显微镜下对整个试样做全面观察，选择具有代表性的视场与标准图谱进行比较评级，在同一检查面选择视场数目不小于3个。

对于介于两个级别之间的组织球化状态，允许使用半级表示，如1.5级、2.5级等。

在试样观察中，若发现有球化不均匀现象，应根据不均匀情况区别对待。对个别不均匀，应以占优势（即相同级别的视场面积大于或等于90%时）的球化级别作为评定结果；对普遍不均匀性，则以球化程度严重的球化级别作为评定结果，并在评定结论中以文字表述其不均匀性。

具体对比图谱，可参照DL/T 999《电站用2.25Cr-1Mo钢球化评级标》。

三、不同级别球化状态对各钢种理化性能的影响

珠光体（贝氏体）钢的球化结果将导致钢的室温强度、蠕变强度和持久强度的下降，影响高温金属部件的安全经济运行，因此应加强金属监督。具体数据可参考相应球化标准的附件。

这些试验数据说明了珠光体（贝氏体）钢的球化对其理化性能的影响。需要说明的是，这些数据只反映变化趋势和幅度，是由某一试样得出的结果，只能参考，不宜代入计算。

四、18Cr-8Ni系列奥氏体不锈钢锅炉管显微组织老化评级

18Cr-8Ni系列奥氏体不锈钢包括07Cr19Ni10、07Cr19Ni11Ti、07Cr18Ni11Nb、08Cr18Ni11NbFG等中国牌号的钢及与这些钢化学成分相同或相近的其他国家牌号的钢，广泛应用于火力发电厂过热器管和再热器管。18Cr-8Ni系列奥氏体不锈钢分为两种，一种是稳定化奥氏体不锈钢，指含有一定量稳定化元素Nb或Ti的奥氏体不锈钢；另一种是非稳定化奥氏体不锈钢，指不含稳定化元素Nb和Ti的奥氏体不锈钢。

18Cr-8Ni系列奥氏体不锈钢在长期高温服役后组织会出现老化，为了评估其能否满足继续使用要求可对组织老化程度进行等级评定。

对18Cr-8Ni系列奥氏体不锈钢老化评级，首先应进行试样制备，需要以下步骤：试样切取，试样平整与磨光，试样抛光与浸蚀等，浸蚀剂应采用可清晰显示晶界和第二相的试剂，常用的浸蚀剂见表3-7。

表3-7　18Cr-8Ni系列钢的常用浸蚀剂

类别	名称	成分	备注
黑白金相	王水	硝酸：盐酸=1∶3	—
	硝酸盐酸水溶液	硝酸：盐酸：水=1∶1∶1	—
	氯化铁盐酸水溶液	三氯化铁：5g，盐酸：30mL，水：100mL	—
	苦味酸盐酸酒精溶液	苦味酸：4g，盐酸：5mL，酒精：100mL	—
	硫酸铜盐酸水溶液	硫酸铜：20g，盐酸：100mL，水：100mL	—
彩色金相	焦亚硫酸钾＋氯化铁盐酸水溶液	焦亚硫酸钾：3g，氯化铁：2g，盐酸：50mL，水：50mL	5～30s
第二相染色	碱性高锰酸钾水溶液	高锰酸钾：4g，氢氧化钠：4g，水：100mL	60～90℃热蚀，时间：1～10min

因18Cr-8Ni系列奥氏体不锈钢分为两种，老化级别评定方法也分为两类：

一类是非稳定化奥氏体不锈钢的老化评级，从原始状态至完全老化分为5个级别，各级别的组织特征文字描述见表3-8。非稳定化奥氏体不锈钢管中的第二相主要为碳化物（$M_{23}C_6$、M_7C_3）和金属间化合物（σ相）两类；在服役初期，析出的第二相主要为$M_{23}C_6$和M_7C_3，随着服役时间的延长，σ相也逐渐析出和长大。

另一类是稳定化奥氏体不锈钢的老化评级，从原始状态至完全老化分为5个级别，各级别的组织特征文字描述见表3-9。稳定化奥氏体不锈钢管中的第二相主要为碳化物（$M_{23}C_6$、M_7C_3、NbC、TiC）和金属间化合物（σ相、Laves相）；在服役初期，析出的第二相主要为碳化物，随着服役时间的延长，σ相也逐渐析出和长大，Laves相在σ相后析出和长大。对比图谱可参见DL/T 1422—2015《18Cr-8Ni系列奥氏体不锈钢锅炉管显微组织老化评级》的附件。

表3-8　非稳定化奥氏体不锈钢组织老化特征

老化程度	老化级别	组织特征
未老化（原始态）	1	晶内和晶界分布有少量细小的第二相
轻度老化	2	晶内存在较多细小的第二相，晶界附近有大量第二相偏聚；晶界上有少量尺寸稍大的第二相
中度老化	3	晶内存在较少的第二相，晶界附近有较多的第二相偏聚；晶界上存在略多尺寸稍大的第二相
重度老化	4	晶内存在少量的第二相；晶界上有较多粗化的第二相，一些呈链状分布；部分"三叉晶界"处存在粗大第二相，晶界粗化
完全老化	5	晶内存在少量的第二相；晶界上有大量严重粗化的第二相，大多呈链状分布；较多"三叉晶界"处存在粗大第二相

表3-9　稳定化奥氏体不锈钢组织老化特征

老化程度	老化级别	组织特征
未老化（原始态）	1	晶内和晶界分布少量细小的第二相
轻度老化	2	晶内存在较多细小的第二相；晶界上有少量第二相
中度老化	3	晶内存在较多稍粗化的第二相；晶界上有略多粗化的第二相
重度老化	4	晶内存在较多稍粗化的第二相；晶界上有较多明显粗化的第二相，一些呈链状分布
完全老化	5	晶内存在一些稍粗化的第二相；晶界上有较多严重粗化的第二相，大多呈链状分布；较多"三叉晶界"处存在粗大第二相

评级中需要注意以下几点：

（1）通过显微镜进行显微组织的观察和老化级别的评定，一般视场中直径或对角线长度范围内应有4～15个晶粒。

（2）老化级别评定应采用以文字表述为主、图像对比为辅的方法。

（3）评级时，应首先进行全面观察，再选择具有代表性的区域与老化特征文字表述和标准图谱进行综合比较。在同一检查区域选择的视场数目不少于3个。

（4）如果试样中存在有老化不均匀现象，应根据具体情况区别对待。对局部不均匀，应以占优势（相同级别视场面积占总观察面积的90%以上时）的老化级别作为评定结果。

对普遍不均匀，应以老化程度严重的作为评定结果，并在评定结论中以文字表示其不均匀性。

（5）对介于两个级别之间的组织老化状态，可使用半级表示，如1.5级、2.5级等。

18Cr-8Ni系列奥氏体不锈钢的老化评级具体方法按DL/T 1422—2015《18Cr-8Ni系列奥氏体不锈钢锅炉管显微组织老化评级》执行。

第四节 石 墨 化

一、石墨化的概念

石墨化是指钢中渗碳体分解成为游离态的碳，并逐渐以石墨形式析出的现象。石墨化使钢中形成了石墨夹杂，导致钢的脆性急剧增大。

火力发电厂用低碳钢和不含铬的低碳钼钢（如0.5%Mo钢）等珠光体耐热钢，在高温长期运行过程中均会产生石墨化现象。石墨化现象可用下列反应式表示

$$Fe_3C \longrightarrow 3Fe + C\text{（石墨）} \quad (3\text{-}2)$$

钢的石墨化过程如图3-5所示。其中，图3-5（a）为钢的石墨化示意图；图3-5（b）为中温中压机组管道20G的石墨化照片，图中黑色的团絮状物即为析出的石墨。石墨化过程是以原子扩散的方式进行的，钢在高温下长期运行中，由于原子活动能力的增加，在渗碳体分解的同时产生了一些石墨的核，然后在渗碳体不断的分解下这些石墨核心不断长大，形成了大的石墨球。

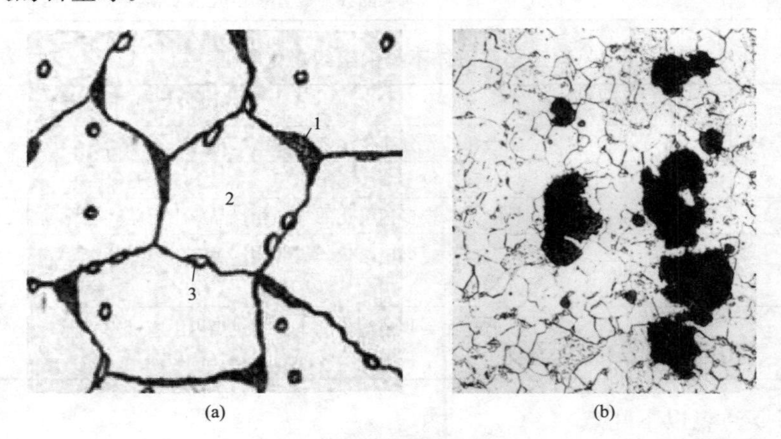

图3-5 钢的石墨化

（a）石墨化示意图；（b）20G主蒸汽管的石墨化金相组织（放大500倍）

1—石墨；2—铁素体晶粒；3—已球化的渗碳体

二、石墨化对性能的影响

石墨化来自于钢中渗碳体的分解，渗碳体的减少，会使得强度下降。析出的石墨通常呈球状和团絮状，石墨本身的强度极小，在钢中可以把它看成是孔洞和裂缝。石墨的存在

一方面破坏了金属基体的连续性，缩小了真正承担载荷的有效面积；另一方面，它产生缺口作用，导致应力集中。特别危险的是，石墨呈链状分布时，它的周围会形成复杂的应力状态，使金属处于脆性状态。产生石墨化的钢材，一般其常温和高温下的强度都会有所下降，冲击韧性的下降尤为显著。图 3-6 所示为 20G 的拉伸断口上石墨形态，石墨以球状“夹杂”形式存在于韧窝中，在钢中起到割裂基体的作用，该材料的硬度为 HB115，抗拉强度为 365MPa，相当于 20G 发生 5 级球化的性能，但塑性仍保持 24%，下降并不显著。

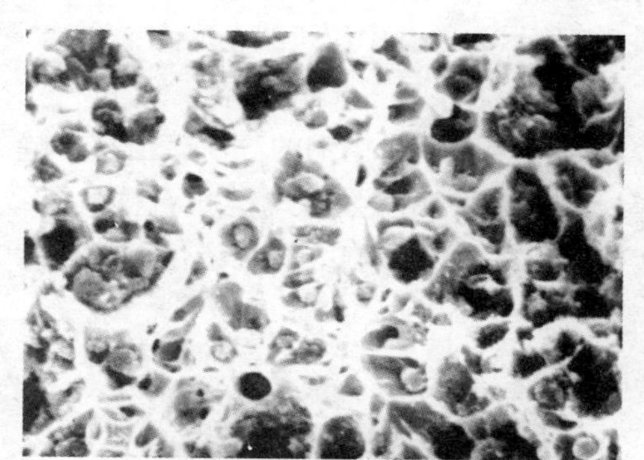

图 3-6　断口石墨形态

据资料介绍，当石墨化 1 级时，对管子的强度极限 R_m 影响不明显；当石墨化 2～3 级，管子钢材的强度极限较原始状态降低了 8%～10%；当石墨化 3～3.5 级时，管子钢材的 R_m 比原始状态低 17%～18%。

石墨化对钢的弯曲角和钢室温时冲击韧性值 A_{kv} 的影响见表 3-10。当石墨化严重时，钢的弯曲角、冲击值下降明显。

表 3-10　石墨化对钢的弯曲角及冲击韧性值 A_{kv} 的影响

石墨化级别	弯曲角（°）	室温冲击值 A_{kv}（J）
1 级	＞90	＞60
2 级	50～100	30～70
3 级	20～70	20～40
4 级	＜30	＜20

三、影响石墨化的因素

石墨化过程是以原子扩散方式进行的，因此影响原子扩散的因素均是影响石墨化的因素，包括温度、时间、合金元素及钢中的缺陷状况等。

1. 温度与时间的影响

与热强钢的其他微观组织结构的变化相仿，石墨化现象只有在较高温度长期作用下才能形成。一般认为，碳钢要高于 450℃，0.5%钼钢要高于 480℃；随着时间的延长，石墨化加剧。

当温度过高，到约 700℃时，非但不出现石墨化现象，反而会促使已生成的石墨与铁化合成渗碳体。

产生轻度石墨化的管材可以用热处理的方法（加热到临界点 A_{c3} 以上保温）使组织得以恢复。

2. 合金元素的影响

Ni、Al 和 Si 是促进钢材石墨化的元素。当冶炼碳钢和 Mo 钢时，脱氧时加 Al 量达到 0.6～1kg/t 时，大多数情况下会产生石墨化；加 Al 量控制在 0.25kg/t，不发生石墨化。

钢中加入 Cr、Ti、V、Nb 等碳化物形成元素，可以阻止钢的石墨化倾向。其中 Cr 是降低石墨化倾向最有效的元素。12CrMo、15CrMo无石墨化倾向。

3. 晶粒大小和冷变形

由于石墨常沿晶界析出，因此粗晶粒钢比细晶粒钢的石墨化倾向小。

冷变形会促使石墨化过程。为此在现场安装管道时，对有石墨化倾向的钢管在弯管后必须进行热处理。另外，金属中的裂纹、重皮等缺陷也常常是最容易产生石墨化的地方。图3-7所示为中温中压机组20G导汽管弯管处的石墨化组织，其石墨化程度高于相邻直管。

4. 焊接对石墨化的影响

通常，碳钢或钼钢的高压管道在焊缝的热影响区最容易产生石墨化。实践中发现，在焊缝热影响区往往会出现链状石墨，易致使管道造成脆裂。图3-8所示为中温中压机组20G管道焊缝热影响区的石墨化组织。

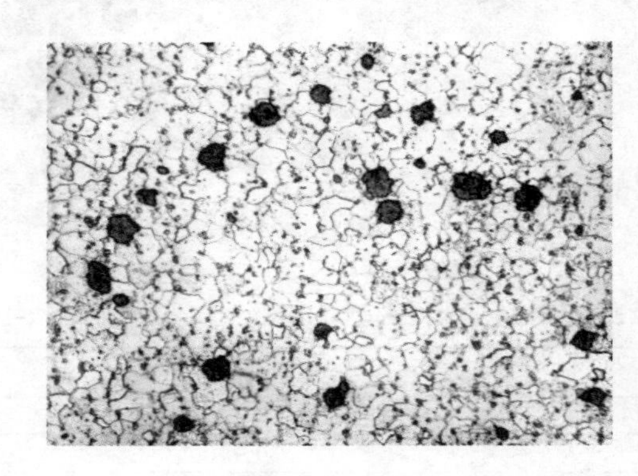

图3-7　20G弯管石墨化金相组织（放大500倍）

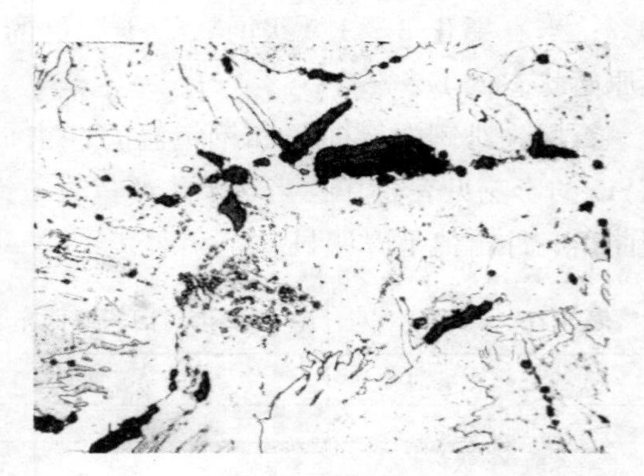

图3-8　20G焊缝热影响区石墨化金相组织（放大500倍）

四、石墨化和球化的关系

对于珠光体耐热钢，在长期的高温下运行均会产生珠光体球化现象，它是珠光体中片层状碳化物向粒状碳化物改变的过程，是以扩散作基础的。但在所有珠光体耐热钢中，只有不含铬的珠光体耐热钢，如：碳钢、0.5%Mo钢，还会在高温下长期运行过程中发生石墨化，石墨化是渗碳体变为石墨的过程，也是以扩散为基础。

由于共有的影响因素，如温度、时间、晶粒大小和冷变形等均对球化和石墨化有相同的影响。因此，对于具有石墨化倾向的钢，二者通常会共同存在。但是，由于炼钢时加铝量的影响，并非同钢号的每炉钢都有石墨化的倾向，对于采用非Al脱氧或Al量控制在0.25kg/t以下的钢，则不会发生石墨化。因此，并不是完全球化的钢都会同时出现石墨化，但球化总会伴随高温运行发生。

五、石墨化检验与监督

依据DL/T 438《火力发电厂金属技术监督规程》和DL/T 786《碳钢石墨化检验及评级标准》：对于工作温度不低于450℃的碳钢、钼钢蒸汽管道和受热面管，当运行时间达到或超过10万h时，应进行石墨化普查，以后的检查周期为5万h。焊接接头的熔合线和热影响区部位、弯管及变截面管的内壁、外壁附近，以及温度较高、应力较大部位石墨化程度较严重，是检验的重点部位。允许选择温度较高、应力较大部位（不少于焊缝、弯头总数的1/3）进行重点检查，发现问题应扩大检验范围甚至割管检验。普查方法以覆膜金相、硬度为主，必要时进行超声检验。

对于运行时间超过20万h的管道，在石墨化普查基础上，如需要可割管进行鉴定，割管部位应包括焊接接头和母材（直管或弯管）。割管检验项目包括金相、力学性能和游离碳含量测定等。金相检验部位包括母材、弯头及焊缝熔合线、热影响区等部位（在500×下观察）。力学性能试验包括纵向拉伸、冲击、弯曲等检验项目。冲击试样的V形缺口开在外壁，弯曲试样的弯曲面为外壁表面。

石墨化程度分为四级，各级的金相组织特征见表3-11。评级时应综合考虑石墨面积百分比、石墨链长度、石墨形态等结果。力学性能试验结果仅作参考，见表3-10。石墨化评级示意图见图3-9，其中的第一标准级别示意图［图3-9（a）～图3-9（d）］与实际图片第二标准组织级别图［图3-9（e）～图3-9（h）］具有同等效用。

对于石墨化达4级的管子，应及时予以更换。

表3-11 石墨化组织特征表

级别	面积百分比（%）	石墨链长 L（μm）	组织特征	名称
1	<3	$L<20$	石墨球小，间距大，无石墨链	轻度石墨化
2	≥3～7	$20\leqslant L<30$	石墨球大，比较分散，石墨链短	明显石墨化
3	>7～15	$30<L\leqslant 60$	石墨球呈链状，石墨链较长，或石墨聚集呈块状，石墨块较大，具有连续性	显著石墨化
4	>15～30	$L>60$	石墨化呈聚集链状或块状，石墨链长，具有连续性	严重石墨化

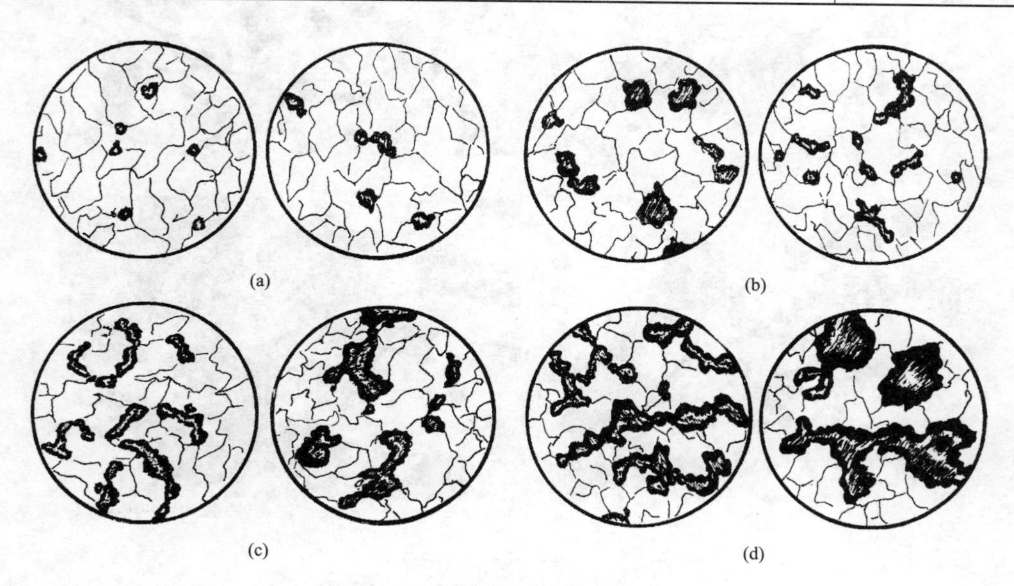

图3-9 碳钢石墨化评级图（一）

（a）第一标准级别示意图（500×）1级；（b）第一标准级别示意图（500×）2级；
（c）第一标准级别示意图（500×）3级；（d）第一标准级别示意图（500×）4级

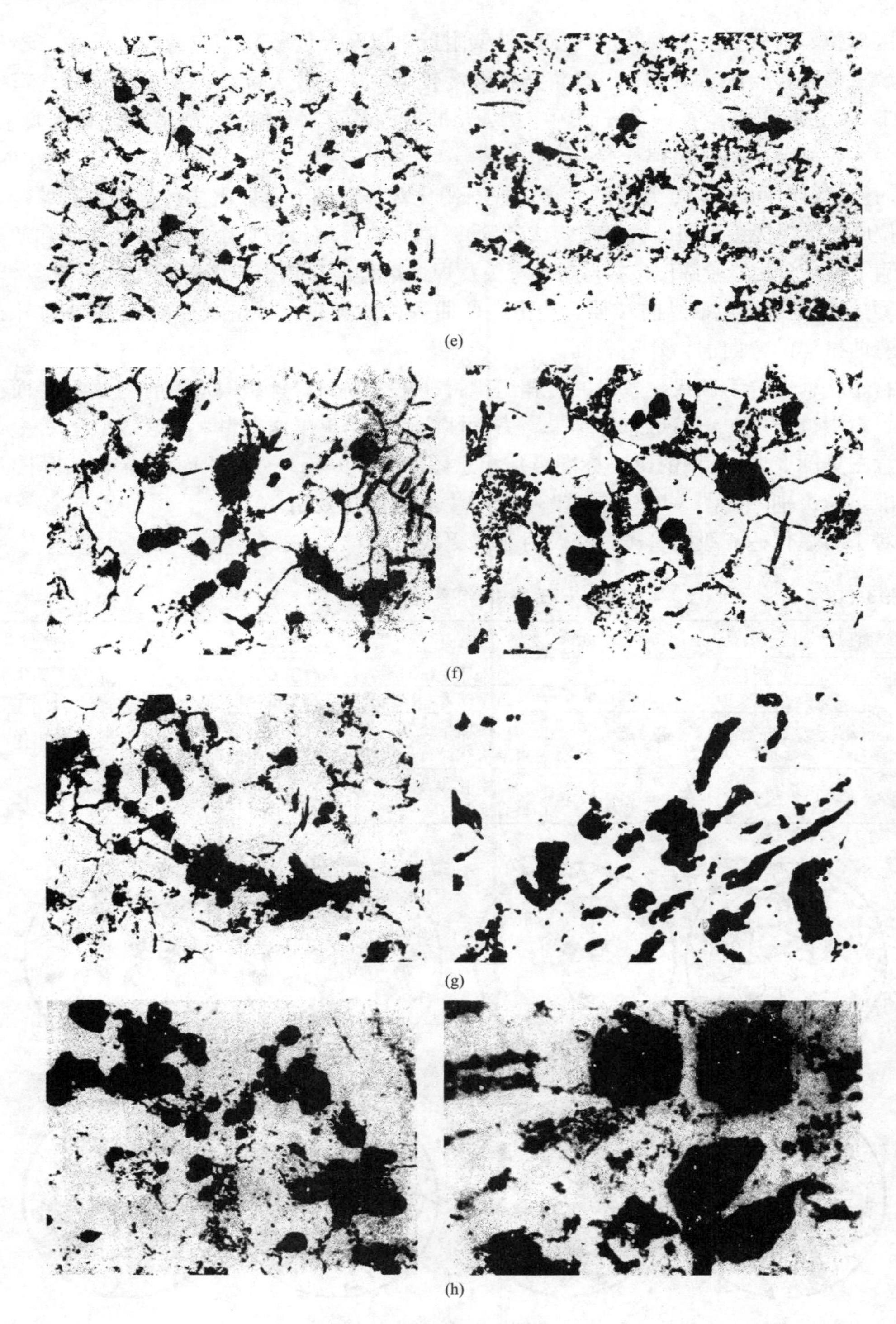

图 3-9　碳钢石墨化评级图（二）

（e）第二标准组织级别图（500×）1级；（f）第二标准组织级别图（500×）2级；
（g）第二标准组织级别图（500×）3级；（h）第二标准组织级别图（500×）4级

第五节　热　脆　性

一、热脆性的概念

某些钢材长时间停留在400～550℃区间，在冷却到室温后，其冲击值显著下降的现象称为热脆性。呈现热脆性的钢在高温下冲击值并不低，只有在室温时才出现脆性。热脆性发生后，微观组织变化并不明显，强度等性能变化不大，但冲击韧性急剧下降，一般能使钢的冲击值下降50%～60%，个别甚至降低80%～90%。

目前，对钢的热脆性机理的研究工作还在继续，通常认为珠光体钢的热脆性和第二类回火脆性有共同点，热脆性的产生与钢中晶界或晶内析出脆化元素（如P）或析出碳化物、氮化物等有关。热脆性和第二类回火脆性均为可逆的组织变化过程。

差不多所有的钢都有产生热脆性的趋势，但较易产生热脆性的钢有：低合金铬镍钢、锰钢和含铜钢（含铜量≥0.04%）。高温螺栓如25Cr2Mo1V在运行中易产生热脆性现象，室温冲击韧性显著降低，甚至发生脆断。

珠光体钢和奥氏体钢热脆性表现不同，珠光体钢仅表现为冲击韧性的下降，强度和塑性基本不变；而奥氏体钢，则同时存在强度和塑性的下降。

对易产生热脆性的部件（如蒸汽管道），必要时应保持停运蒸汽管道的温度在100℃以上；检修时避免猛烈冲击等。

二、影响热脆性的因素

热脆性发展的速度取决于钢的化学成分和原始热处理状态，即决定于组织特性和它的稳定性。

1. 化学成分

含有Cr、Mn、Ni等元素的钢易有热脆性，当加入Mo、W、V等元素时可使热脆性倾向降低。P的存在使热脆性倾向加大。当在晶界或晶内析出脆化元素P或析出碳化物、氮化物时，会促进热脆性的发生。

2. 运行时间

运行时间越长，热脆性发展的影响也越大。

3. 蠕变的塑性变形和新相的产生

在很多情况下，蠕变的塑性变形促进热脆性的发展，特别是当固溶体在运行时析出强化相，如金属间化合物（σ相等）、氮化物及碳化物时就更促进热脆性的发展。

4. 钢的组织特征和稳定性

热脆性的发展程度和速度及其发生的温度范围也取决于钢的组织特征和其稳定性。组织稳定的钢对热脆性的敏感性小，相反，随温度和时间的作用，组织不太稳定的钢对热脆性的敏感性就较高。例如，珠光体钢热脆性温度范围就要比奥氏体钢低一些，而在同一温度下，奥氏体钢出现热脆性所需时间要比珠光体钢长得多。对于每一种钢都有自己特定的热脆性温度范围（即热脆性敏感温度）。在此温度范围内长期加热会出现热脆性，而在此温度范围以外长期加热，并不出现热脆性现象。即使在此特定的热脆性温度范围内的各温度，热脆性的发展程度也不一样。当处于热脆性温度范围内的越高温度处，且时间越长，热脆性发展的影响越大。

第六节　时　　效

一、时效的概念

时效是指耐热钢或耐热合金在长期运行过程中，随着运行时间的推移而从组织中过饱和固溶体内析出一些强化相质点而使金属的性能发生变化的现象。时效过程本质上也就是新相形成的过程，析出的分散相一般是碳化物、氮化物或金属间化合物。在新型的9%～12%%Cr钢中，时效中析出的新相为Cr_2N、Fe_2（Mo、W）。

当耐热钢和耐热合金中的固溶体由于热处理时从高温冷却较快或别的原因，使固溶于其中的合金元素来不及析出，则就成为不稳定的过饱和固溶体，在今后的运行中就会发生时效。

在含有Cu、B、V、Ti、Nb等合金元素的奥氏体钢中，时效现象比较明显，而在珠光体耐热钢中，时效现象是不明显的。

影响时效过程的主要因素是温度，如图3-10所示，温度越高则时效过程进行的时间越短。

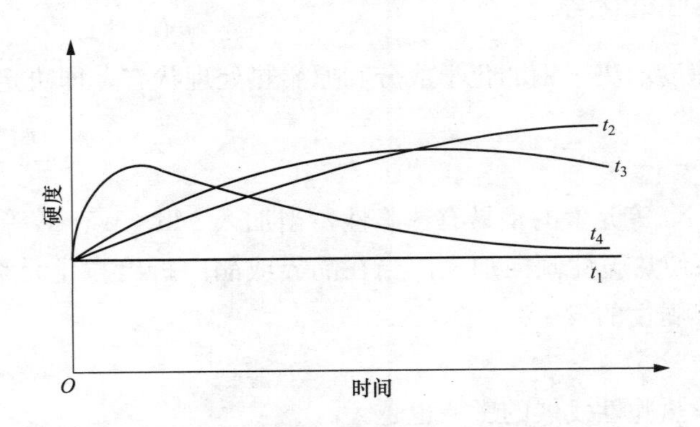

图3-10　淬火钢的硬度随时效温度的变化示意图（$t_1 < t_2 < t_3 < t_4$）

二、时效对性能的影响

时效可分成三个阶段：第一阶段是时效过程在金属晶格中的准备阶段，它仅有一些物理性能如电阻等的变化，强度和硬度几乎不发生变化；第二阶段在组织上析出了分散的强化相质点，使钢的强度、硬度和蠕变极限升高，并使塑性、韧性降低，这就是图3-10中t_2、t_3、t_4曲线上硬度随时间升高的部分；在时效的第三阶段，即时效的最后阶段，是这些析出的分散相的聚集。由于这些细小的、分散的质点聚集成为大的质点，因而强化作用消失，钢和合金的强度、硬度降低。表现在 t_3、t_4 曲线上硬度随时间下降的部分。由于这一阶段的软化作用，致使钢和合金的蠕变极限和持久强度也显著降低，对耐热钢和耐热合金的运行是不利的。

在研究新相的形成问题时要特别注意 σ 相的形成。σ 相是铁素体高铬钢、奥氏体一铁素体钢和镍铬奥氏体不锈钢在某一温度下长期加热过程中产生的新相。σ 相是铁和铬的金属化合物，性质硬脆，可以 FeCr 表示。σ 相可使钢的蠕变极限和持久强度降低，并且在所有情况下都使钢的室温和高温的冲击韧性及塑性降低。σ 相的形成，对某些耐热钢（如超高温超高压的镍铬奥氏体钢过热器或蒸汽管道）的运行起不良的影响。应当尽量避免 σ 相在运行过程中产生。

在 NiCr 奥氏体不锈钢中加入铁素体形成元素，如 Cr、Si、Al、Nb、Ti、Mo、W 等会加速 σ 相的形成；而加入奥氏体形成元素，如 Ni、N、C 则会减慢 σ 相析出过程的速度。

第七节 合金元素在固溶体与碳化物相之间的重新分配

金属材料中合金元素随时间由一种组织组成物向另一种组织组成物转移的现象称为合金元素的再分配。火力发电厂用珠光体、马氏体、奥氏体耐热钢，在高温长期运行过程中，均会发生固溶强化合金元素不断脱溶向碳化物中迁移的现象。

耐热钢中合金元素的迁移，既包括固溶体和碳化物中合金元素含量的变化，还包括碳化物数量、结构类型和分布形态的变化，从而使耐热钢中合金元素的固溶强化和沉淀强化的作用减弱，使钢的热强性能降低。碳化物结构类型和分布的变化是伴随合金元素的迁移同时进行的。研究结果表明，当晶粒内部析出细小的针状 Mo_2C 时，钢的热强性提高；当细小的 Mo_2C 聚集成粗大的 Mo_2C 时，钢的热强性降低。当粗大的 Cr_7C_3 和 Mo_2C 转变为 $Cr_{23}C_6$，并伴随 $Cr_{23}C_6$ 的聚集时，钢的热强性进一步降低；当钢中出现较多的稳定的 M_6C 时，钢的热强性达到最低点。粗大的碳化物沿晶界析出和聚集会造成钢的脆性破坏，存在于三个晶粒交界处的粗大碳化物会引起钢的蠕变断裂。在蠕变过程中，碳化物结构类型见表 3-12、表 3-13。

表 3-12 蠕变过程中碳化物结构类型的变化

钢种	运行条件		碳化物结构类型
	温度（℃）	时间（h）	
12MoCr	未运行	未运行	$Fe_3C(M_3C)$ ＋少量 M_2C
	510	90329	$Fe_3C(M_3C)+M_2C$ 为主，$(Cr，Mo)_7C_3$＋少量 M_6C 为次
	510	107675	$Fe_3C(M_3C)+M_2C$＋少量 M_6C
12Cr1MoV	540	90000	Fe_3C＋VC 为主，为次
	540	101794	Fe_3C＋VC 为主，$Mo_2C+Cr_7C_3$ 为次
	540	106000	Fe_3C＋VC 为主，Cr_7C_3 为次，M_6C 少量
	540	110660	$Fe_3C+Cr_7C_3$＋VC 为主，$Cr_{23}C_6+Mo_2C$ 为次

续表

钢种	运行条件		碳化物结构类型
	温度（℃）	时间（h）	
102(12Cr2MoWVTiB)	620		$VC+M_7C_3+M_{23}C_6$ → $VC+M_7C_3$ → M_6C
2.25Cr-1Mo			M_3C → (M_3C+M_2C) → M_7C_3 → M_6C；(M_3C+M_2C) ↔ $M_{23}C_6$ → M_6C

表 3-13　(9%～12%)Cr-Mo-VNb 钢析出物的变化（耐热钢 P201）

钢种	热处理后	蠕变中
(9%～12%)Cr-1Mo-VNb	M_7C_3，$M_{23}C_6$，Nb(C，N)，V(C，N)	$M_{23}C_6$，M_7C_3，Nb(C，N)，V(C，N)，Cr_2N，Fe_2Mo
(9%～12%)Cr-2Mo-VNb	$M_{23}C_6$，Nb(C，N)	$M_{23}C_6$，Nb(C，N)，V(C，N)，Fe_2Mo，Cr_2N，M_6C

影响钢中合金元素再分配的主要因素是温度、运行时间、应力状态和钢的原始组织。温度越高，原子的活动能力增加，合金元素再分配的速度越快；时间长，再分配过程进行的越充分；运行中受拉应力作用，会加速再分配进程。

第四章　电站机组主要部件的失效

第一节　失效分析的意义和作用

一、失效分析概述

1. 失效分析的概念和特点

凡产品丧失规定功能的现象，称为失效。

失效又称故障、损坏、事故等。被认为已失效的部件，应符合以下三个条件之一：

(1) 完全不能工作。例如，一根轴发生了断裂，完全不能使用，这就是失效。

(2) 已严重损伤，不能继续安全可靠运行，需修补或更换。例如，电站锅炉中，受热面管出现腐蚀磨损，壁厚减薄，不能安全可靠运行，这也是失效。

(3) 虽然仍能工作，但不能再完成所规定的功能。例如，一台机床失去了加工精度，这也是失效。

为了找出失效的原因，确定失效的模式和机理，并采取补救或预防措施，以防止失效再度发生的技术活动与管理活动，叫做失效分析。

2. 失效分析的发展过程

失效分析的发展最早可追溯到19世纪中期。由于当时制造出的宝剑很容易发生脆断，为了制造出不易脆断的宝剑，提出了失效分析。这一问题的提出，反过来也推动了金属学的发展。

到20世纪初期，火车的出现推动了失效分析的发展。由于当时火车的车轴容易发生低应力断裂事故，为解决这个问题，众多研究人员对疲劳断裂进行了研究，并提出了疲劳极限的概念。

再后来，到第一次、第二次世界大战时期，火箭、导弹等航天技术出现后，频繁出现断裂事故，这在一方面推动了断裂力学的发展，同时促进了失效分析的发展。

到20世纪五六十年代，随着扫描电子显微镜的出现及应用，为失效分析提供了先进的分析手段，使失效分析逐步成熟起来。

20世纪七八十年代以后，材料学、断裂力学、工程力学、断口学、摩擦学、腐蚀学、无损检测等使失效分析有了良好的科学基础，使其能真正做到找到失效的原因，并提出解决措施。现在，失效分析已成为各个行业中的重要技术之一。

我国的失效分析技术是从20世纪七八十年代才开始走上正轨的。在此之前，我国的主要行业虽然也有很多失效事故，但一直未引起人们的重视。因为当时的主要精力还忙于“有”与“无”的问题，还无暇顾及失效问题的解决与研究。虽然在航天领域已注意到失效的问题，但十年动乱破坏了失效分析技术的发展。直到70年代，许多部门才真正开始开展失效分析工作；80年代，我国成立了材料学会，在全国范围内集中讨论了失效分析技术。据当时召开的专业学术会议提交有论文311篇，其中有300篇是关于失效分析的。从此，我国的失效分析工作走上正轨。

3. 失效分析的特点

失效分析是一门综合性的技术学科，它涉及航空、航天、电力、机械、石化等领域，涉及断裂力学、工程力学、断口学、摩擦学、腐蚀学、无损检测学科等。因此，失效分析的特点就要求失效分析技术人员的知识面要广，要有一定的生产经验，而且往往一个失效分析要由多专业多学科的技术人员共同来完成。

例如，轴的断裂问题，技术分析人员要懂得材料学、加工工艺学、断口学、热处理、力学等知识；锅炉受热面管问题，技术分析人员除懂得材料学、断口学、腐蚀学等知识，还应懂得与运行有关的如锅炉燃烧等知识。

对于电力工业的失效分析，还有一个显著的特点是：要求完成失效分析的时间很短。某一部件出现失效问题，造成停机，要求在很短的时间内找出失效原因，并提出有针对性的预防措施，以便于维修或更换。对于常见的失效形式，如炉内受热面爆管，凭借经验和爆口形貌即可初步断定问题所在，但对于有些复杂情况，很难在短时间内找出真正的原因，而需要较长时间的勘查、试验研究及分析过程。

另外，电站是一个庞大的能源转换系统，任何一个部件的失效，都应考虑其原因可能与整个系统的状态有关，不能只局限于一个狭窄的专业范围内，这也是电站设备失效分析的复杂性所在。

二、失效分析的作用

在部件的失效分析中，利用各种手段，通过研究部件失效的特征、过程、形式等，查明部件破坏的直接原因，以提出预防事故的措施和对策。因此，失效分析对保证部件正常运行和安全生产有着重要的意义和重大的作用。

主要表现在以下几个方面：

（1）有助于提出预防措施。通过分析，查明失效的原因，包括直接原因和间接原因，或者主要原因和次要原因。这样就可以针对这些原因找到防止同类失效的相应措施，例如：

1）从设计、选材、加工、装配、维护不完善而造成失效的教训中，找到改进的具体措施。

2）从部件质量不良引起的教训中，找到改变部件制造工艺、消除缺陷的具体措施。

3）从部件使用不当发生事故的教训中，找到正确操作、合理维护的具体措施。

4）理顺设备管理上的疏忽，制订具体的管理措施。

（2）有助于查明责任主体。失效分析可以查明失效原因，并根据问题性质、情节轻重、损失大小明确相关责任主体并进行追责。对于质量问题，还可以为仲裁提供技术依据。

（3）失效分析还可以为材质鉴定和在役机组的寿命预测提供重要的技术依据。例如：要利用测量过热器管内壁氧化皮厚度预测过热器的寿命技术，就要充分了解该过热器历史上的爆管情况和分析结果，为寿命预测提供依据。

（4）失效分析可以积累宝贵数据为制订标准提供依据。

（5）失效分析可以为企业提高技术管理水平提供依据。

部件事故失效分析有统计分析和事故过程（直接原因）分析两类。

三、部件失效的统计分析

统计分析以某一类设备或某一部门或地区为分析目标，根据事故统计的原因数据资料，从所发生的大量事故案例中分析探索这一类设备或地区的各种事故因素，并总结出预防设备事故发生的有效措施。

统计分析是宏观分析方法，有关管理部门或领导机构可以从大量的设备事故中进行分类统计，摸清事故规律，找出主要矛盾，最后作出决策。

主次图（帕累托图方法又称排列图），最先是意大利经济学家 Pareto 用以统计社会财富的占有分布情况，所以也称 Pareto 曲线。这种分析方法目前已在质量管理分析、可靠性分析、事故统计分析等许多方面得到广泛的应用。

主次图是按照发生频率大小顺序绘制的直方图，表示有多少结果是由已确认类型或范畴的原因所造成。它是将出现的质量问题和质量改进项目按照重要程度依次排列而采用的一种图表。可以用来分析质量问题，确定产生质量问题的主要因素。按等级排序的目的来指导如何采取纠正措施，我们应首先采取措施纠正造成最多数量缺陷的问题。从概念上说，帕累托图与帕累托法则一脉相承，该法则认为相对来说数量较少的原因往往造成绝大多数的问题或缺陷。

（1）要统计分析范围内的事故，需先列出按不同的目的进行分析统计的分类，分类的方法则根据分析的目的而定，例如按技术原因分类或管理原因分类，也可以按失效设备或构件的用途或形式分类。

（2）计算出各类项目的相对百分数和按大小顺序的累积百分数。计算方法是：

某一事故项的相对百分数＝某项事故构件数/累积事故总数×100％

累积百分数＝前若干项的事故件数/累积事故总数×100％

累积事故总数＝统计分析范围内的总事故件数。

（3）作出失效主次图。在横坐标上列出各分类项目，在纵坐标上标注事故件数和累积相对百分数，在坐标内用直方图表示各分类项目的件数，并按各若干项目的累积相对百分数的 坐标点连成折线。

（4）从主次图上可以直接分出事故的主次因素。通常的划分方法是：累积百分数在80%以内的为主要因素；80%～90%之间的为次要因素；90%～100%之间为一般因素。

（5）针对主要因素制定预防事故的主要措施或方法。

四、失效分析的发展方向

失效分析是一门综合性的技术学科，在各行各业中起着越来越重要的作用。通常，失效原因分析可以有效避免同类事故的发生，从根本上减少损失。失效分析与先进的检测手段相结合，为失效分析开拓了广阔的发展前景，主要体现在以下几个方面：

（1）断口的定量分析应用于失效分析。断口的特征花样与应力状态、环境和材料的断裂韧性有关，如果事先把这些关系理清楚，在失效分析中，只要测量出断口特征花样的数值，就可以分别估算材料的断裂韧度、疲劳裂纹扩展速率、裂纹尖端的应力峰值等参量。

（2）分析材料的质量、受力状态、结构、环境和表面状态对部件失效的影响，以便把失效类型和失效原因分析得更彻底，提出更有效的预防和改进措施。

（3）研究复合断裂机理及影响因素。

（4）把故障树分析法（FTA）应用于失效和未失效的分析，采用该方法对已失效的部件进行失效原因分析，对未失效的部件则评估其失效的可能性。

故障树分析法是美国贝尔电报公司电话实验室于1962年开发的。该方法采用逻辑的方法，形象地进行危险的分析工作，特点是直观明了、思路清晰、逻辑性强，可以作定性分析，也可以作定量分析。它体现了以系统工程方法研究安全问题的系统性、准确性和预测性，是安全系统工程的主要分析方法之一。一般来讲，安全系统工程的发展也是以故障树分析为主要标志的。

故障树将一个部件的失效分为以下几级：

1）第一级：顶事件，即失效或故障事故。

2）第二级：导致顶事件发生的直接原因的故障事件。

3）第三级：导致第二级故障事件发生的直接原因的故障事件。

如此进行下去，一直到底事件。

（5）失效分析的另一分支——失效预测或寿命评估，包括可靠性损害分析等，失效分析是针对零部件失效之后，而失效预测则是在失效之前估算它的失效损伤程度，预测残余寿命。

五、失效分析的注意事项

（1）失效分析应以科学为依据，做到实事求是。

（2）对失效分析的主要原因应有主证和旁证，避免分析技术上的局限性。

例如：长期过热爆管，其主证要分析金属微观组织，爆口形貌；旁证还要分析化学成分，力学性能等，以排除其他原因，如是否因错用钢材而爆管等。

（3）全面了解事故的背景资料，失效分析者应亲自参加所有残骸的分析，选取有代表性的样品。

但是，这一点有时很难做到，因为电力设备事故调查一般都很着急，留给分析的时间很短，一般是委托单位将试样送到分析单位分析，那么，就使分析者不能全面看到现场的情况，不能保证样品具有代表性。

（4）在破坏性取样以前，应认真制定一个失效分析的程序，以避免因没有试样，而无法继续失效分析。

（5）克服失效分析者本身的知识的局限性，重大的事故分析，往往需要多学科联合研究才能解决。

（6）重视失效分析的反馈作用和社会效益。

第二节　电站锅炉主要部件的失效形式

电站金属部件的失效通常是先从部件的某个最薄弱部位开始，进而使整个部件失去原有的功能。失效的部位保留着部件失效过程中的宝贵信息。通过对失效部件的分析，可以明确失效类型，找出失效原因，采取改进和预防措施。

失效类型的分类很多，也比较复杂。但针对电站部件的特殊性，可以分为过量变形、疲劳、腐蚀、蠕变、磨损、脆性断裂、塑性断裂等。

一、过量变形失效

部件承受的载荷增大到一定程度时，变形量超过设计的极限值，使部件失去原有的功能而失效的现象称为过量变形失效。

过量变形失效又可分为过量弹性变形失效和过量塑性变形失效。过量塑性变形失效较为常见，如汽轮机转子，在长期停机不盘车时，转子的自重使轴发生弯曲，造成过量变形而无法正常使用。过量弹性变形失效在锅炉安全门的弹簧失效中也较常见，如安全门的弹簧经长期运行后高度降低，弹力减小。

过量变形失效常见的有扭曲、拉长、高温下的蠕变、弹性元件发生永久变形等。其主要影响因素有：

（1）热冲击：突然升温或降温，产生的热应力。

（2）部件自重：部件自重可产生永久变形，大型部件放置应科学合理。

（3）残余应力：存在残余应力的大型部件在高温运行中，由于残余应力发生变化，破坏了原来部件内部的应力平衡，造成永久变形。

（4）异常工况的影响：如转子超速运行会造成弯曲，主汽门门杆的卡涩会造成门杆变形等。

（5）材料问题：高温材料性能下降后，会造成其屈服强度下降。如：εИ-723 钢螺栓，长期高温运行会引发蠕变，使汽缸漏汽。

（6）设计的安全系数不够，会使部件发生变形。

二、疲劳失效

部件在工作过程中承受交变载荷或循环载荷的作用，引发交变应力，在这种交变应力的作用下发生断裂的现象叫做疲劳断裂。部件在交变应力载荷的作用下，造成其疲劳断裂的应力水平低于材料的抗拉强度，有时也低于材料的屈服强度。因此，疲劳断裂部件一般无明显的塑性变形。

疲劳失效种类很多，分类方式极为复杂，按载荷分，有拉伸疲劳、拉压疲劳、弯曲疲劳、扭转疲劳和各种混合受力的疲劳；按载荷交变频率分，有高周疲劳和低周疲劳；按应力大小分，有高应力疲劳和低应力疲劳；在复杂环境条件下还有腐蚀疲劳、高温疲劳、热疲劳、微振疲劳、接触疲劳等。

疲劳断裂也有一个时间过程，分为裂纹的萌生、裂纹的扩展和最终的瞬时断裂三个阶段。典型的疲劳断口都是由这三个部分组成的，其具有典型的“贝壳”或者“海滩”状条纹，如图 4-1 所示。

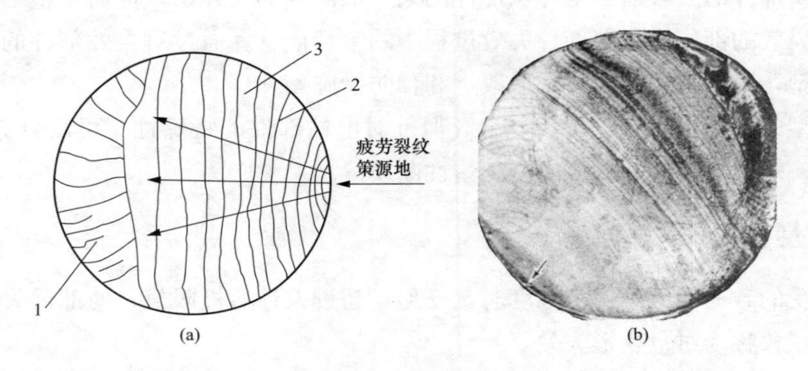

图 4-1　典型疲劳断口示意

(a) 疲劳断口的宏观形貌；(b) 断口中的贝壳状条纹

1—最后断裂区；2—前沿线；3—扩展区

这种特征给失效分析带来了极大的帮助。在这三个阶段内，载荷经历了一定的循环周次。需要指出的是，疲劳的最终断裂是瞬时的，它的危害性极大。

疲劳断裂的特征一般表现为：

（1）一定存在交变载荷，否则就不会发生疲劳断裂；

（2）对于高周疲劳，交变载荷的最大值低于材料的屈服强度，并无明显的残余宏观变形；

（3）疲劳断裂经历裂纹的萌生，扩展和最后断裂三个过程，这个过程有时会很长；

（4）用扫描电镜观察疲劳宏观断口，可以明显看到疲劳特征辉纹。

在疲劳失效分析中，应重视疲劳源产生条件的分析。部件表面或内部凡是造成应力集中的部位均可能成为疲劳源。例如：部件截面发生突变的部位；加工刀痕处或加工中形成的微裂纹；材料表面或内部的夹杂物；腐蚀裂纹诱导出的疲劳裂纹；铸件的疏松处和锻件的白点发纹处；焊接的引弧处和焊接裂纹；运输和安装时的机械损伤部位；表面处理缺陷处；化学成分的微区偏析处等。

下面介绍几种在电站锅炉中常见疲劳断裂的形式。

1. 高周疲劳断裂

条件：低应力（$\sigma<R_{eL}$），高循环次数（$N>10^5$）。

高周疲劳一般寿命较长，断裂时没有塑性变形，一般也称应力疲劳。高周疲劳一般具有穿晶特征，裂纹呈波动状，裂纹中间没有腐蚀介质和腐蚀产物，裂纹尖端往往较尖锐，疲劳条纹间距较小。

2. 低周疲劳断裂

条件：高应力（$\sigma\geqslant R_{eL}$），低循环次数（$N=10^2\sim10^5$）。

低周疲劳一般寿命较短，断裂时常伴随应变的发生，故也称应变疲劳。断口较为粗糙，断口周围有残余宏观变形。断口仍具有裂纹扩展区和瞬时破断区的特征，但扩展区的“海滩”标志不明显或消失。

3. 腐蚀疲劳断裂

在腐蚀介质和循环应力同时作用下，部件会发生腐蚀疲劳。其断口与一般的高周疲劳断口类似，不同之处是腐蚀断口曾受到腐蚀介质的侵蚀。裂纹源附近往往有多个腐蚀坑，并产生微裂纹。这些微裂纹在扩展过程中会出现细小的分支。分支裂纹尖端较尖锐，裂纹走向呈穿晶或沿晶。

4. 高温疲劳断裂

部件在高温下工作出现的疲劳失效称为高温疲劳失效。高温疲劳失效具有如下几个特征：

（1）当应力幅度起主要作用时，断口具有一般疲劳断口的特征；

（2）当平均应力值起主要作用时，断口具有蠕变疲劳的特征；

（3）断口周围的残余变形随着应力幅度和平均应力值的比值的升高而减少；

（4）高温疲劳的断口表面氧化明显，开裂时间越早，氧化层越厚；

（5）在裂纹金相试样中，裂纹中充满了氧化产物，裂纹尖端较钝，裂纹走向表现为穿晶。

5. 热疲劳断裂

当部件承受交变热应力的作用时就会出现热疲劳断裂。热疲劳断裂具有如下特征：

（1）断口具有一般疲劳断口的宏观断裂特征，一般为横向断口；

（2）有时呈明显的纤维状断口特征，有的疲劳扩展区断面粗糙，并有类似解理的小刻面；

热疲劳裂纹走向为穿晶型，缝隙中充满氧化物。

三、腐蚀失效

金属材料受周围环境介质的化学与电化学作用而引起的失效叫做腐蚀失效。

腐蚀对部件损伤的表现为失重、破坏材料表面完好状态和产生裂纹。

（一）腐蚀类型

腐蚀种类非常多，按机理可将腐蚀失效分为两大分类：化学腐蚀和电化学腐蚀。

1. 化学腐蚀

金属表面与非电解质直接发生纯化学作用而引起的损坏，称为化学腐蚀。

化学腐蚀中不生产电流。其特点是腐蚀产物直接在参与反应的金属表面形成，腐蚀产物往往形成连续的膜。腐蚀产物能减缓腐蚀速度，膜越完整、致密、与基体结合力越强，膜的保护作用越强。

2. 电化学腐蚀

金属表面与电解质相互作用，阳极发生溶解的现象，称为电化学腐蚀。

电化学腐蚀的发生经历两个过程：一个是阳极过程，即 $Me \longrightarrow Me^{2+} \cdot nH_2O + 2e^-$；另一个是阴极过程，即当电解液中存在氧时，$O_2 + 2H_2O + 4e^- \longrightarrow 4OH^-$，当电解液呈酸性时，$2H^+ + 2e^- \longrightarrow H_2 \uparrow$。

电化学腐蚀的特点是：

（1）阳极和阴极过程可在电解液和金属界面的不同区域局部进行；

（2）电化学腐蚀产物在电解液中形成，对阳极金属起不到保护作用；

（3）在电化学腐蚀中电极电位高的金属不受腐蚀；反之，受腐蚀。

在金属部件中造成不同电极电位差的原因有局部化学成分的差异、钝化膜的不均匀与破裂、残余应力的影响、腐蚀介质的浓度不均匀和物理条件的不均匀等。

以上分类方法有助于理解金属材料腐蚀的机理。

除上述分类方法外，还有其他分类方式。按照腐蚀环境分，可分为工业介质的腐蚀和自然环境的腐蚀；按照腐蚀形貌分，可分为均匀腐蚀和局部腐蚀。分布于整个金属部件表面上的腐蚀称为均匀腐蚀。从金属表面萌生以及腐蚀的扩展都是在很小的区域内有选择地进行的腐蚀称为局部腐蚀。在实际腐蚀案例中，局部腐蚀要比均匀腐蚀多见，有资料统计，局部腐蚀约占腐蚀损伤的90%以上。常见的局部腐蚀类型有点蚀、缝隙腐蚀、晶间腐蚀、应力腐蚀开裂、腐蚀疲劳、磨损腐蚀等。

（二）常见腐蚀失效的主要类型

1. 高温氧化

其氧化反应方程式为：$2Me + O_2 \longrightarrow 2MeO$。

一般温度低于570℃时，铁的氧化物为 Fe_2O_3 和 Fe_3O_4；温度高于570℃时生成 FeO。影响金属高温氧化的因素有以下几点：

（1）材料的化学成分和组织状态不同，金属与氧化膜的结合牢固程度也不同，故其直接影响金属的氧化速率。

（2）介质的组成决定氧化物的组成和结构。

（3）随着温度的升高，介质通过氧化膜的扩散速度加快，界面反应速度加快。

（4）各类金属和合金存在一个临界应力值，当外加负荷超过临界应力值时，将加速界面反应速度，促进晶界和氧化膜的破裂和脱落。

2. 低熔点氧化物的腐蚀（高温腐蚀）

劣质燃料中含有 V_2O_5、Na_2O、SO_3 等低熔点氧化物，它们与金属反应生成新的氧化物。这些低熔点氧化物又会与金属表面的氧化物发生反应，生成结构松散的钒酸盐。其化

学反应过程如下

$$4V+5O_2 \longrightarrow 2V_2O_5$$

$$4Fe+3V_2O_5 \longrightarrow 2Fe_2O_3+3V_2O_3$$

$$V_2O_3+O_2 \longrightarrow V_2O_5$$

$$2Fe_2O_3+2V_2O_5 \longrightarrow 4FeVO_4$$

$$8FeVO_4+7Fe \longrightarrow 5Fe_3O_4+4V_2O_3$$

$$V_2O_3+O_2 \longrightarrow V_2O_5$$

TiO_2、AL_2O_3、SiO_2 都具有抗 V_2O_5 腐蚀的作用。

3. 烟气腐蚀

含有较高 SO_2、SO_3 和 CO_2 组分的烟气，当遇到较冷的物体（如省煤器、空气预热器）时，温度降到烟气的露点以下。部件表面凝结的水膜与其中的 SO_2、SO_3 和 CO_2 结合形成酸性溶液，导致锅炉尾部省煤器及空气预热器受热面发生的低温腐蚀。

4. 应力腐蚀

应力腐蚀是材料在腐蚀环境中和静态拉应力的共同作用下产生的损伤。它是断裂中最广泛、最严重的一种损伤形式。应力腐蚀的三个特定条件：特定的腐蚀环境、足够大的拉应力和特定的合金成分和结构。

应力腐蚀具有如下几个特征：

（1）裂纹的宏观走向基本上与拉应力垂直。只有拉应力才能引起应力腐蚀，压应力会阻止或延缓应力腐蚀。

（2）应力腐蚀断裂存在孕育期。

（3）产生应力腐蚀的合金表面都会存在钝化膜或保护膜。腐蚀只在局部区域发生，断裂时金属腐蚀量极小。

（4）断口呈脆性断裂形貌，裂纹走向为穿晶、沿晶或混合型。裂纹一般起源于部件表面的腐蚀孔。

（5）应力腐蚀断裂一般发生在活化一钝化的过渡区的电位范围内，即在钝化膜不完整的电位范围内。

（6）大多数应力腐蚀断裂体系中存在临界应力腐蚀断裂强度因子 K_{ISCC}。当应力腐蚀断裂强度因子小于 K_{ISCC} 时，裂纹不扩展；大于 K_{ISCC} 时，应力腐蚀裂纹扩展。

应力腐蚀开裂有三个阶段：一是材料表面生成钝化膜或保护膜；二是保护膜局部破裂，形成蚀孔或裂缝源；三是缝隙内环境发生变化，裂纹向纵深方向发展。

5. 点蚀或孔蚀

在构件表面出现个别孔坑或密集斑点的腐蚀称为点蚀，又称孔蚀或小孔腐蚀。

点蚀是一种由小阳极大阴极腐蚀电池引起的阳极区高度集中的局部腐蚀形式。每一种工程金属材料，对点蚀都是敏感的，易钝化的金属在有活性侵蚀离子与氧化剂共存的条件下，更容易发生点蚀。如不锈钢、铝和铝合金等在含氯离子的介质中会发生点蚀，碳钢在表面的氧化皮或锈层有孔隙时，在含氯离子的水中也会发生点蚀。缝隙腐蚀是另一种更普遍且与点蚀很相似的局部腐蚀。

点蚀具有如下特征：

（1）点蚀的蚀孔小，点蚀核形成时一般孔径只有 20～30μm，难以发现。点蚀核长大到超过 3μm 后，金属表面才出现宏观可见的蚀孔。蚀孔的深度往往大于孔径，蚀孔通常沿着重力或横向发展。一块平放在介质中的金属，蚀孔多在金属的上表面出现，很少在下表面出现，蚀孔具有向深处发展的趋势。

（2）点蚀只出现在构件表面的局部地区，有的较分散，有的较密集。若腐蚀孔数量少并较为分散，则金属表面其余区域不产生腐蚀或腐蚀很轻微，会形成较高的阴阳极面积比，腐蚀孔向深度穿进速度很快，比腐蚀孔数量多且密集的快得多，危险性较高。而密集的点蚀群，腐蚀深度一般不大，且容易发现，其危险性较低。

（3）点蚀伴随有轻微或中度的全面腐蚀时，腐蚀产物往往会将点蚀孔遮盖，将表面覆盖物除去后，即暴露出隐藏的点蚀孔。

（4）点蚀孔从形成到暴露需经历一个诱导期，但长短不一。

（5）金属在特定的介质中，存在特定的阳极极化电位门槛值，高于此电位则发生点蚀，此电位称为点蚀电位或击穿电位。此电位可作为给定金属材料在特定介质中的点蚀抗力及点蚀敏感性的定量数据。

（6）当构件受到应力作用时，点蚀孔往往易成为腐蚀开裂或腐蚀疲劳的裂纹源。

点蚀的表面形貌可分为开口型和闭口型。开口型的点蚀孔没有覆盖物，闭口型的点蚀孔被腐蚀产物所覆盖。点蚀孔的剖面形貌可分为窄深型、宽浅型、杯型、袋型等。也有由几种形式复合而成的不规则形貌的。各种点蚀孔的形貌如图 4-2 所示。

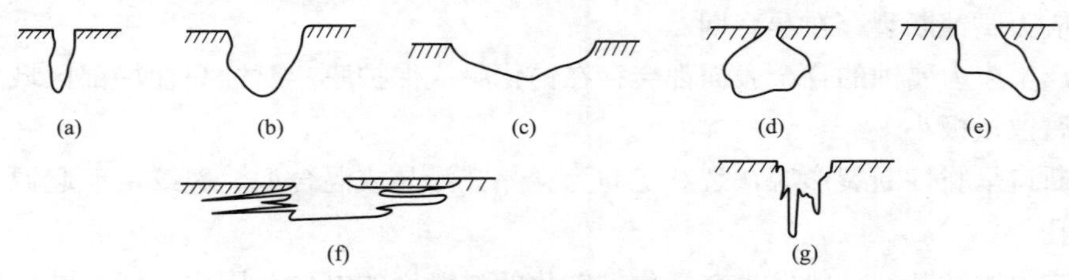

图 4-2　各种点蚀孔的形貌示意图

（a）窄、深；（b）杯形；（c）宽、浅；（d）袋形；（e）斜向扩展；（f）水平扩展；（g）垂直扩展

6. 晶间腐蚀

晶间腐蚀是指部件材料的晶界及其邻近部位优先被腐蚀，而晶粒本身不被腐蚀或腐蚀很轻的一种局部腐蚀。不锈钢的晶间腐蚀要比普通碳钢和合金钢较为普遍。发生晶间腐蚀是由于晶界物质的物理化学状态与晶粒本体的不同所造成的。主要是晶界能量高，易吸附溶质和杂质原子、晶界有异相析出，形成晶界边缘的溶质元素贫乏区、晶界新相本身容易腐蚀、晶粒新相的析出造成晶界的内应力和晶粒与晶界的平衡电位不同。

晶间腐蚀具有如下特征：

（1）腐蚀只沿着金属的晶粒边界及其邻近区域的狭窄部位无规则取向扩展。

（2）发生晶间腐蚀时，晶界及其邻近区域被腐蚀，而晶粒本身不被腐蚀或腐蚀很轻微，整个晶粒会因晶界被腐蚀而脱落。

（3）腐蚀使晶粒间的结合力大为削弱，严重时使部件完全丧失力学性能。对于不锈钢来说，如果发生了晶间腐蚀，其表面看起来还很光亮，但敲击时声音沙哑，其内部已经发生了相当严重的晶间腐蚀。

（4）晶间腐蚀的敏感性通常与部件成型热加工有关。

（5）部件在服役期间和检修期间都难于发现晶间腐蚀。一旦出现晶间腐蚀，导致的失效是很危险的。

7. 黄铜的脱锌腐蚀

黄铜中的脱锌过程中会存在阳极反应和阴极反应。在阳极反应中，锌、铜同时溶解；在阴极反应中，溶液中的氧气和铜离子发生还原和再沉积，其结果会脱锌的黄铜表面形成多孔的铜层。

8. 氧的浓度差电池腐蚀

含氧的水溶液中，由于溶解氧的浓度不同而引起的腐蚀称为氧的浓度差电池腐蚀。水线处易出现该类型腐蚀。氧浓度高的地方为阴极，浓度低的地方为阳极。阳极会受到腐蚀。

9. 垢下腐蚀

由于锅炉给水质量不佳，杂质在高温区的水冷壁管内沉积并形成盐垢，导致此处壁温升高，炉水在沉积物母体中蒸发，使非挥发成分变浓，使垢下的金属材料成为浓差电池和温差电池的阳极，从而受到腐蚀。垢下腐蚀实际上是高压水下的电化学腐蚀。

垢下腐蚀的主要影响因素为：

（1）锅炉给水质量不佳是产生垢下腐蚀的必要条件。

（2）管内沉积物中如果含有氧化铁和氧化铜，在沉积物下会发生反应。

（3）污脏的锅炉易遭受腐蚀。

（4）调峰机组水冷壁管易形成沉积物。

（5）凝汽器管泄漏，水质变差，在锅炉水冷壁的高温区形成矿物酸，引起严重的垢下腐蚀。

（6）由于设计和运行原因，受热面局部热负荷过高或汽水循环不良，加速垢的形成。

10. 氢腐蚀

高压含氢环境中，由于氢原子扩散进入钢中，与钢中的碳结合生成甲烷，使钢出现沿晶裂纹，引起钢的强度和塑性下降的腐蚀现象称为氢腐蚀。

氢对金属的作用往往表现在使金属产生脆性，因而有时把金属的氢损伤统称为氢脆。习惯上把氢与钢的物理作用所引起的损伤叫做氢脆，而把氢与钢的化学作用引起的损伤叫做氢腐蚀。

（1）氢腐蚀具有如下特征：

1）氢与碳生成甲烷的反应是不可逆的。反应式如下

氢原子与游离碳的反应：$4H+C \longrightarrow CH_4$。

氢分子与游离碳的反应：$2H_2+C \longrightarrow CH_4$。

氢分子与渗碳体的反应：$2H_2+Fe_3C \longrightarrow 3Fe+CH_4$。

2）当微隙中聚集了许多氢分子和甲烷分子，就会形成高达数千兆帕的局部高压，使微隙壁承受很大的应力而产生微裂纹。从氢原子在钢构件表面吸附至微裂纹的形成，称为

氢腐蚀的孕育期。该阶段越长，金属耐氢腐蚀的能力越强。孕育期后由于甲烷反应的持续进行，微裂纹逐渐长大、连接、扩展成大裂纹，裂纹的迅速扩展使钢材的力学性能急剧下降，最明显的是断面收缩率的下降，钢材塑性逐渐丧失，而脆性增加，这就是氢腐蚀的快速腐蚀阶段。当钢构件一直置于氢介质中时，甲烷反应将耗尽钢材的碳。在氢腐蚀的某一时段，当构件强度不足时，导致脆性失效。

3）氢腐蚀的主要起因是氢原子与钢材中的渗碳体的碳作用生成甲烷，产生氢腐蚀的构件的脱碳层从表面开始向心部或内部生长，因此测定脱碳层的深度与受氢腐蚀构件的厚度的关系，可分析氢腐蚀的严重性。

（2）影响氢腐蚀的因素：

1）温度和压力。提高温度和氢的分压都会加速氢腐蚀。温度升高，氢分子离解为氢原子浓度高，渗入钢中的氢原子就多，氢、碳在钢中的扩散速度快，容易产生氢腐蚀，而氢压力提高，渗入钢中的也多，且由于生成甲烷的反应使气体体积缩小，因此提高氢分压有助于生成甲烷的反应，缩短氢腐蚀孕育期，加快了氢腐蚀进程。

2）钢的成分。氢腐蚀的产生主要是氢与钢中的碳的作用，因而钢中含碳量越高，越容易产生氢腐蚀。

3）热处理与组织。碳化物球化的热处理可以延长氢腐蚀的孕育期，球化组织表面积小、界面能低、对氢的附着力小，球化处理越充分，氢腐蚀的孕育期就越长。淬硬组织会降低钢的抗氢腐蚀性能，碳在马氏体、贝氏体中的过饱和度都较大，稳定性低，具有析出活性碳原子的趋势，这种碳很容易与氢反应。焊接接头出现淬硬组织有同样作用，冷加工变形使钢中产生组织及应力的不均匀性，提高了钢中碳、氢的扩散能力，使氢腐蚀加剧。

四、蠕变失效

1. 蠕变的概念

蠕变是指金属材料在恒应力长期作用下而发生的塑性变形现象。蠕变可以在任何温度范围内发生，只不过温度高、变形速度大而已。典型蠕变曲线见图 4-3。

应力和温度对蠕变曲线的影响见图图 4-4。

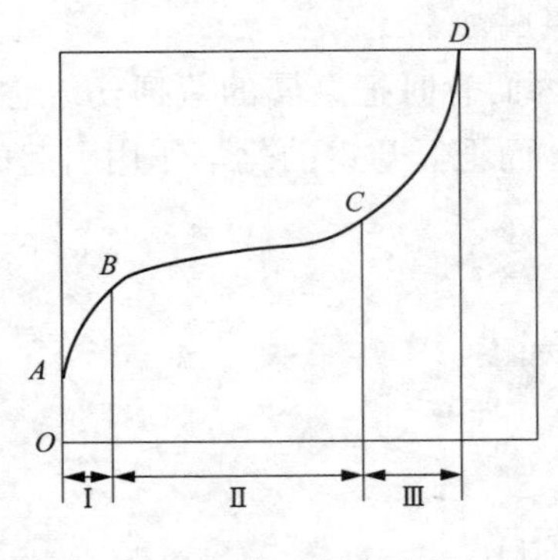

图 4-3　典型蠕变曲线

OA—加载后的瞬时变形；*AB*—Ⅰ，减速蠕变阶段；*BC*—Ⅱ，蠕变速度基本不变；*CD*—Ⅲ，加速蠕变阶段

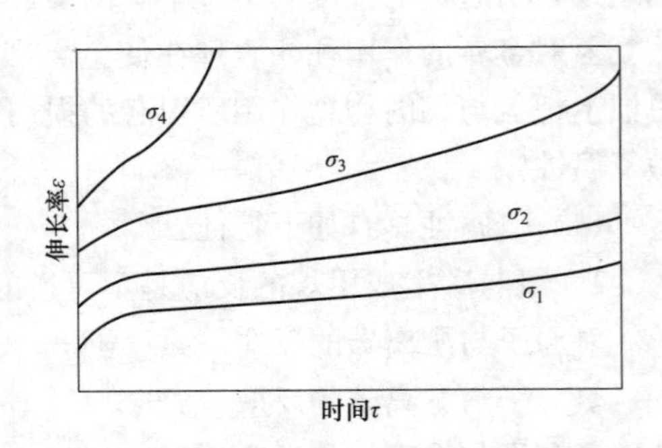

图 4-4　应力和温度对蠕变曲线的影响（恒定温度下的应力曲线，$\sigma_4>\sigma_3>\sigma_2>\sigma_1$）

2. 蠕变过程中金属组织的变化

（1）蠕变和室温变形的基本区别。蠕变中晶内和晶界都参与变形，而室温变形中晶界阻碍变形。在蠕变期间，形变硬化和回复再结晶软化同时进行，而室温变形没有再结晶过程。低温形变机制是滑移和孪生；蠕变中不发生孪生变形，以扩散大大促进变形。

（2）晶界滑动。温度较高时，晶界滑动和迁移是蠕变的一个组成部分，也是导致蠕变沿晶断裂的主要原因之一。由于晶界滑移，使与外力垂直的晶界显著粗化。

（3）滑移。在蠕变整个过程中滑移是蠕变的重要机制。在较低温度的蠕变第一阶段，其形变机制主要是显微镜下易于观察到的粗滑移；随着温度升高，滑移带逐步加宽，滑移带之间充满着精细滑移，此类滑移带在显微镜下不易观察到，蠕变伸长量绝大部分来自精细滑移。

（4）亚结构的形成。在高温下，由于形变不均匀和滑移比较集中，有利于多边化的进行，从而形成亚结构。蠕变第一阶段末期就已形成不完整的亚结构，蠕变第二阶段形成了完整和稳定的亚结构，并保持到蠕变第三阶段。

（5）新相的析出。由于高温下持续应力的作用，加速新相的形核和长大。

（6）碳化物的聚集、球化和合金元素的再分配。由于应力诱导扩散，合金中的固溶原子将沿应力梯度发生定向流动，其结果是使第二相沿某应力方向优先溶解或聚集。

3. 蠕变断裂类型

（1）基本形变型蠕变断裂（M 型蠕变断裂）。当部件受到较大的应力时，在较短的时间内发生的蠕变断裂为基本型蠕变断裂。断裂前整个基体发生形变。断裂部位金属流变明显，形成颈缩，断裂为穿晶型，断口的微观特征是韧窝。这类蠕变断裂对缺口应力集中不敏感。

（2）楔形裂纹蠕变断裂（W 型蠕变断裂）。高温下晶界是黏滞性的，在较大外力作用下，晶界将产生滑动，在晶粒的交界处产生应力集中。如果晶粒的形变不能使应力集中得到松弛，且应力集中达到晶界开裂的临界值时，则在晶粒的交界处产生楔形裂纹。

（3）孔洞型蠕变裂纹（R 型蠕变断裂）。在形变速率小、温度较高的低应力蠕变中，首先在晶界上形成孔洞，然后孔洞在应力作用下继续增多、长大、聚合、联接成微裂纹，微裂纹连通形成宏观裂纹，直至断裂。

晶界上形成孔洞的原因有几个方面：①晶界滑动时，在晶界弯曲和硬质点分布处形成孔洞；②滑移带和滑动晶界的交割形成孔洞；③空位由压应力区扩散和沉淀；④晶界上的夹杂或第二相质点与母体分离。

孔洞型蠕变断裂形貌特点是：属于沿晶断裂，断口处无明显塑性变形，垂直于拉应力轴的晶界上孔洞成核较多。

蠕变过程中临界裂纹的形成过程为：临界的宏观裂纹产生前，在一个宏观应力集中的区域内，有利于形成孔洞的晶界上都可产生孔洞、孔洞链和裂纹，它们可独立产生和发展，而且与金属表面不连通。较大的微裂纹通过合并邻近的小裂纹而长大。形成临界宏观裂纹后，它将成为主裂纹而加速扩展，直至断裂。蠕变裂纹与表面连通后，氧化形成的楔形氧化物，将促进蠕变裂纹扩展。

4. 过热失效

过热失效是材料在一定时间内的温度和应力作用下而出现的失效形式。它是蠕变失效在电站锅炉高温部件的具体表现形式，主要发生在受热面管道上。过热与超温的概念不同，超温就是材料超过其额定使用温度范围运行，主要针对锅炉运行温度而言；过热主要是针对材料的金相组织和机械性能的效果而言。过热是锅炉超温运行的结果，超温是过热的原因。

锅炉管过热失效一般分为长期过热和短期过热，主要表现形式是锅炉受热面管子发生爆破。长期过热是管子在长时间的应力和超温温度作用下导致的爆管，一般超温幅度不大，过程缓慢，常发生在过热器和再热器管上。短期过热是超温幅度较高，在较短的时间内发生的失效现象。有的短期过热的超温幅度会高于相变点，一般发生在水冷壁管上。

五、磨损失效

磨损分为五类：黏着磨损、磨粒磨损、冲蚀磨损、腐蚀磨损和表面疲劳磨损。

决定磨损方式的三个因素为：①零件所处的运动学和动力学状态，零件表面的几何形貌和装配质量；②零件的使用工况及所处的环境状态；③零件材质状态，摩擦副材料的匹配情况，以及材料在磨损过程中的变化等。

下面简述冲蚀磨损和腐蚀磨损的失效方式。

(一) 冲蚀磨损

固体、液体、气体不断地向固体靶面进行撞击而产生的磨损现象，称为冲蚀。

1. 固体粒子冲蚀

冲蚀机制为固体粒子对固体表面撞击造成的损伤。

按冲蚀机制，可分为脆性冲蚀和延性冲蚀两种。

(1) 脆性冲蚀：固体粒子冲击靶面，形成环形裂纹，从表层向表面张开成喇叭形。环形裂纹的半径比接触区的半径要大些。进一步撞击，裂纹相互作用形成碎片而被磨去。只有撞击产生的应力超过靶材的弹性极限时，表面才会损伤。

(2) 延性冲蚀：又可分为两种情况：①锋利的颗粒以切削方式把材料从表面削去；②靶材被固体粒子撞击，使表面材料的挤压唇和唇边材料碎化。

2. 汽蚀

液体相对固体表面急速流动，在某些部位压强下降至低于液体的蒸汽压时，就可能导致气泡形核并长大到一稳定尺寸，当气泡随液体流到高压区时，汽体会突然凝结而使气泡急速破裂，向周围液体发出振动波。当含有一连串气泡的液体向固体表面撞击时，气泡在固体表面破裂，强大的液体冲击波作用于极小的固体表面积上，反复冲击引起固体表面局部变形和被磨去，这一现象称为汽蚀。

(二) 腐蚀磨损

机械作用和环境介质的腐蚀作用同时存在所引起的磨蚀，称为腐蚀磨损。腐蚀磨损的机制可认为是由两个固体摩擦表面和环境的交互作用而引起的，交互作用是循环的和逐步的。在第一阶段是两个摩擦表面和环境发生反应，形成腐蚀产物；在第二阶段是两个摩擦表面相互接触过程中，腐蚀产物被磨去，露出活性的新鲜金属表面，接着又开始第一阶段。如此不断反复，造成腐蚀磨损。常见的腐蚀磨损是氧化磨损。

六、脆性断裂失效

1. 产生条件

材料的脆性是指材料的其他力学性能变化不大，而韧性急剧下降的现象。部件的脆性断裂是指几乎没有塑性变形，断裂过程极快而吸收能量极低的突发性破坏现象。

只有处于脆性状态的零件才能发生脆性损坏。产生脆性断裂的加载条件是：静载荷或冲击载荷。部件发生脆断时的应力大大低于材料的屈服强度，属于平面应变条件下的裂纹失稳扩展。

2. 影响部件处于脆性状态的因素

（1）缺口效应：应力集中、三向拉应力、形变约束、局部的应变速度。

（2）材料的韧性：韧性高的材料，有利于防止脆性断裂，脆性相的析出、条带状组织、偏析、大量夹杂物都会使韧性急剧下降。

（3）温度：对于体心立方金属，降低温度将增大脆性断裂敏感性。部件在脆性转变温度以下工作，容易发生脆性破坏。

（4）形变速度：形变速度升高，体心立方型合金的脆性倾向增大。冲击载荷比静载荷更容易使零件发生脆性破坏。

（5）零件尺寸：零件尺寸增大，发生脆性损坏的可能性也增加，其原因有：构件尺寸大，冶金的不均匀性增大；当存在应力集中时，大构件的应力状态较不利，容易产生严重的三向应力状态。

（6）应力状态：除了缺口产生三向拉应力外，残余拉应力高的部件容易脆断。

七、韧性断裂失效

1. 产生条件

当部件所承受的应力大于材料的屈服强度时，将发生塑性变形；如果应力进一步增加，就可能发生断裂。这种失效称为韧性断裂失效，它一般发生于静力过载或大能量冲击的恶劣工况情况下。

2. 韧性断裂的特征

（1）其断口特征与拉伸、冲击、扭转、弯曲和剪切试验断口相似。

（2）在裂纹或断口附件有宏观塑性变形。

（3）断口微观形貌主要是韧窝。

（4）在裂纹和断口附近有明显的金属流变特征。

3. 韧性断裂的判断依据

（1）宏观的塑性变形。

（2）部件表面覆盖的脆性膜开裂。

（3）部件断口面与部件表面呈45°角。

(4) 断口四周有与部件表面呈45°角的剪切唇。

(5) 具有塑性断口的宏观特征，如断口表面粗糙、色泽灰暗并呈纤维状。

第三节 失效分析的主要方法和设备

一、宏观分析和金相分析方法

1. 宏观分析

宏观分析是把金属的表面或其纵断面或横截面磨制后，经过侵蚀或不经侵蚀，用肉眼或放大镜观察的方法。宏观分析可发现下列缺陷：

(1) 金属中的缺陷，如气孔、裂纹、缩孔、疏松等。

(2) 铸件中的树状枝晶及铸件的晶粒大小以及晶粒度是否均匀。

(3) 锻件中的纤维状组织以及存在于锻件中的裂纹、夹层等。

(4) 金属中的化学成分不均匀，如硫、磷等的区域性偏析。

(5) 焊接接头中的缺陷，如未焊透、气孔、夹杂、裂纹等。

(6) 化学热处理层的深度，如氮化层、渗碳层等。

在进行宏观分析时，样品表面应清洁。有时常将磨制面进行酸浸，这样可以发现比较细小的缺陷。常用的酸浸方法有热酸浸，浸蚀温度一般为65～80℃。酸液成分为50%的盐酸水溶液（盐酸为工业用盐酸，比重1.19)。对于合金结构钢，酸浸时间为15～40min；对于碳素钢，酸浸时间为15～25min，对于不锈钢，酸浸时间为10～20min。热酸浸后的冲洗液为10%～15%的硝酸水溶液。对于不锈钢，还可用5L盐酸＋0.5L硝酸＋250g重铬酸钾＋5L水的溶液进行热酸浸，时间为10～15min，相应的冲洗液为1L硫酸＋500g重铬酸钾＋10L水。通过热酸浸可发现钢中的裂纹、折叠、缩孔、气孔、疏松、偏析、白点等缺陷。对于白点，可用两种酸浸蚀：先用15%的过硫酸铵水溶液浸蚀，然后再用10%的硝酸水溶液浸蚀。

2. 金相分析

金相分析的基本任务是研究金属和合金的组织和缺陷，以确定其性能变化的原因。在火力发电厂中，金相检验的主要任务为：

(1) 在安装阶段，检验金属部件质量，如金属部件的组织和焊缝的组织和质量。

(2) 在运行阶段，检验金属在运行过程中的组织变化，如组织的球化、老化、显微裂纹等。

(3) 在事故分析中，根据组织变化情况来分析事故的发生原因。

(4) 在制造和修配中，检验产品质量，以确定热处理工艺是否合理。

二、断口的宏观分析

断口宏观分析的作用：寻找断裂源和裂纹发展的路径；判断部件是韧性断裂还是脆性断裂；判断引起部件失效的受力状态（含组合应力状态）；粗略地评价设计、制造、运行工况、材质和介质等因素对断裂的影响。

在失效分析中，常按断裂的宏观塑性变形量、裂纹扩展路径、断裂面与最大应力的方向、断裂的速度、断裂的机理、应力状态等进行分类，其中最为重要的是前两项。

按断裂前的宏观塑性变形量分类，可分为韧性断裂和脆性断裂。韧性断裂前变形大，断面呈暗灰色和纤维状，断裂是材料或部件的应力超过强度极限所引起的。韧性断口分为两种：平断口，断面与最大拉应力方向垂直；斜断口，断面与最大拉应力方向成45°交角。脆性断裂前没有或只有少量塑性变形（一般认为不大于1%），断口较平整而光亮。发生脆断时的工作应力往往低于材料的屈服强度。部件脆性断裂的危害极大，因为断裂是突发性的，很难预测。

按裂纹扩展的路径分类，可分为穿晶断裂和沿晶断裂。穿晶断裂是裂纹扩展穿越晶粒。沿晶断裂是裂纹沿着晶界发展。

脆性断裂和韧性断裂都可以是穿晶断裂，而沿晶断裂往往是脆性断裂。

裂纹的路径取决于断裂条件下材料内部晶界及晶内的强度。

在以下条件下易产生沿晶断裂：断裂时环境温度高于等强温度、晶界的夹杂、低熔点物质偏聚、脆性相析出等均降低晶界的结合力、晶界有选择性腐蚀时。

下面介绍几种常见的断口。

1. 静载拉伸断口

（1）断口三要素：圆形光滑拉伸试样的纤维状断口，由形貌不同的纤维区、放射区和剪切唇区构成，这三个宏观断口区域特征为断口三要素，如图4-5所示。

1）纤维区：光滑试样受拉伸时，在形变的缩颈区，由于形变约束的作用，缩颈的中央处在三向应力状态。该区首先形成显微空洞，孔洞的增多、长大、相互连接，形成裂纹，断面呈粗糙的纤维状，属于正断。在三特征区域中，该区生成的裂纹扩展速度最慢。

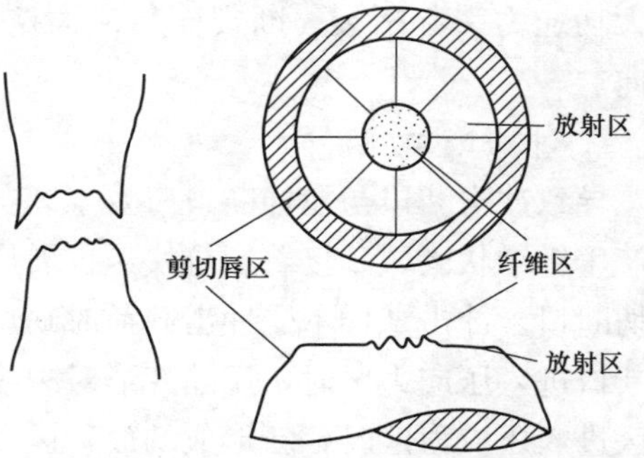

图4-5　圆形光滑拉伸试样断口三要素示意图

2）放射区：在缩颈中央形成纤维区后，裂纹向快速不稳定扩展转变，断面上呈放射状纹路。放射纹路与裂纹扩展方向平行，并逆向于断裂源。放射纹路越粗大，则塑性变形越大，吸收能量越高。对于完全脆性断裂或沿晶断口，放射纹路消失。随着材料的强度升高，塑性降低，放射纹路由粗变细。在平面应变条件下，当裂纹扩展到临界尺寸后，由快速不稳定的低能量撕裂形成放射区。

3）剪切唇区：拉伸断裂的最后区域，与最大拉应力成45°角，呈环形斜断口，属于切断。剪切唇是在平面应力条件下裂纹快速不稳定扩展的结果。

一些试样或零件的静载拉伸断口可能由断口三要素中的一个或两个要素构成，如全剪切断口、纤维区加剪切唇断口等。

（2）断口三要素在断裂原因分析中的作用：

1）根据三要素中纤维区先断而剪切唇最后断的原则，可判断断裂源和断裂的发展方向；

2）根据三要素的分布位置、大小和形态特征，可分析试样或部件断裂时的应力状态、应力大小，试样（或部件）尺寸和缺口效应，温度状态和材料质量。

（3）影响断口三要素的因素：

1）温度。随着试验温度的升高，材料塑性增加，纤维区和剪切唇也增大；反之，放射区增大。

2）试样尺寸。随着试样尺寸的增大，试样的自由表面与体积的比值减少，塑性也相应地降低，放射区面积增大。

3）试样形状。光滑矩形试样拉伸断口三个区域的特征不同于圆形试样。矩形试样的纤维区呈椭圆形，放射区出现人字形花样，人字形的尖顶指向裂源——纤维区。

4）缺口。缺口处的三向应力和应力集中的作用，使纤维区在缺口处及其附近形成，但断口三要素的断裂顺序仍未变。长方形试样的两侧缺口，放射区的人字形方向与没有缺口的试样相反，人字形尖顶指向裂纹扩展方向。

5）材料强度。对于同一种材料，随着材料强度极限的升高，韧性降低，纤维区和放射区占比减少，而剪切唇占比增大。

（4）静力载荷的类型与断面取向的关系：根据断面的取向和材料的韧性可确定材料断裂的应力状态。

（5）判断应力状态的基本原则：材料在拉伸、扭转和压缩等静载条件下，材料的应力分为最大拉伸主应力和最大剪切应力。当材料处于脆性状态（即平面应变条件）时，最大切应力引起断裂，断裂面与最大拉伸主应力方向呈45°交角，而平行于最大切应力方向。

2. 冲击断口

导致冲击断口与拉伸断口三要素差异的两个因素：冲击试样的断裂源在缺口处形成，并产生纤维状区域，接着裂纹快速扩展形成放射状区域，最后在试样的三个自由表面形成剪切断口。冲击试样承受冲击载荷时缺口侧受拉应力，另一侧受压应力。当受拉应力的放射断口进入压应力区时，压缩变形对裂纹扩展起阻滞作用，放射状断口消失。但是，当放射区进入压应力区时，新形成的放射区和拉应力区的放射区不在一个平面上，而且新放射区的放射纹路变粗。

3. 疲劳断口

疲劳断口有三个特征区域：疲劳源、疲劳裂纹扩展区和瞬时破断区。

（1）疲劳源：

1）疲劳源的特点：疲劳源是疲劳断裂的起点，通常产生于表面，该区域尺寸较小，一般为10mm数量级。

2）疲劳源的影响因素：表面残余拉应力有助于疲劳源的产生，使疲劳第一阶段变短。交变应力幅度大、缺口应力集中系数高以及腐蚀和磨损均会促进疲劳源的形成。

（2）疲劳裂纹扩展区：

疲劳裂纹扩展区常呈海滩状形貌（或称贝壳纹），设备启停时，疲劳裂纹的前沿位置

（或称疲劳前沿线）垂直于疲劳裂纹扩展方向，呈弧形向四周推进，常见于低应力高周疲劳断口。根据“海滩”形貌的特征，可定性地评定裂纹扩展速度和循环经历。

疲劳台阶在多源疲劳断裂中较多见，各裂源处在不同的平面上。随着裂纹的扩展，不同平面的裂纹相互连接成台阶，称为一次疲劳台阶。一次疲劳台阶多，则表示部件受力水平高或应力集中系数大。在一些轴类部件中，多源疲劳断口呈棘轮状形貌。在疲劳裂纹扩展的后期，会出现疲劳裂纹加速扩展区域，在该区域会产生二次疲劳台阶，这是静载和疲劳两种断裂方式交替作用的结果。

（3）瞬时断裂区（最终断裂区、静力断裂区）：裂纹扩展到临界尺寸后，发生快速失稳断裂，其特征与静载拉伸断口中快速断裂的放射区及剪切唇相同，有时仅出现剪切唇，对于非常脆的材料，此区域为解理或结晶状的脆性断口。瞬时断裂区的塑性和脆性断裂特征取决于材料、截面大小和环境因素。

4. 解理和晶间断口

晶间断裂与解理断裂均属脆性断裂，其宏观特征为：纯解理或纯晶间断裂的断口不存在纤维区和剪切唇，而且断面上的放射状条纹消失。粗晶材料晶间断裂的断口呈冰糖块特征；细晶材料的断口呈结晶状，颜色较纤维断口明亮，比解理断口灰暗。

解理断口由许多结晶面（或称小刻面）构成，当断口在强光下转动时，可见到闪闪发光的特征。

5. 断口宏观特征的分析

断口宏观特征的分析依据以下八个方面：

（1）准确地找到断裂源点。根据断口的宏观特征、部件几何形状和应力状态等，正确找到断裂源的位置，从断裂源的性质，可初步评价各种因素对断裂的影响。

（2）观察断口上是否存在裂纹不稳定扩展或快速扩展的特征。解理断口表征了裂纹的快速的失稳扩展。放射线和人字纹，除表征裂纹快速扩展外，还可以沿逆射线方向或沿人字纹尖顶追溯到断裂源的位置。

（3）估算断口上放射区与纤维区相对比例。断口中纤维区越大，韧性越好；放射区越大，脆性越大。根据冲击断口上纤维区的大小，可粗略地推测材料的韧性水平。

（4）观察断口上是否存在弧形线。断口上的弧形线显示裂纹在扩展过程中的应力状态和环境影响的变化。根据弧线的特征，可确定断裂的性质，载荷的均匀性。裂纹以恒定的方式扩展时，断口上无此种特征。

（5）比较断口的相对粗糙程度。不同的材料、不同的断裂方式，断口的粗糙度有极大的差别。断口越粗糙（即表征断口的特征花纹越粗大），则剪切断裂所占比重越大；如果断口齐平，多光泽，或者特征花样越小，则晶间断裂和解理断裂起主导作用。

（6）断口的光泽与色彩。构成断面的许多小断面往往具有金属所特有的光泽和色彩，当不同断裂方式所造成的这些小断面集合在一起时，断口的光泽和色彩将发生微妙的变化。

（7）估算断裂面与最大正应力方向的交角。不同的应力状态、不同的材料及外界环境，断口与最大正应力方向的交角是不同的。在平面应变或平面应力条件下，断口与最大正应力方向垂直或呈45°交角，可依此来推测部件断裂时的应力状态。

(8) 材料缺陷在断口上所呈现的特征。材料内部存在缺陷，则缺陷附近会形成应力集中，影响裂纹的扩展，因而在断口上留下缺陷的痕迹。不同的断裂方式，材料缺陷在断口上所呈现的特征不同。

三、断口的微观分析

1. 韧窝

金属部件或试样因过载而产生塑性变形，在颈缩处由于材料内部存在夹杂、第二相质点和材料的弹塑性差异，形成显微孔洞。初期孔洞较少，并相互隔断。随着变形量的增加，孔洞不断增多、长大、聚集和连通，最终造成断裂。微观形貌显示断口由许多凹坑组成，称为韧窝。在韧窝坑底往往存在夹杂和第二相粒子。

2. 滑移

晶体材料受到外力作用时，晶体会沿着一定的结晶面发生滑移。滑移的特征是：滑移流变导致线状花样，夹杂物不影响断裂途径，纯滑移开裂与最大主应力呈45°交角。多晶体材料，因晶粒间的位向不同，滑移受到约束和牵制，结果在约束严重处产生开裂。

3. 解理

解理断裂是金属材料在正应力作用下，由于原子间结合键的破坏而造成的穿晶断裂。通常沿一定的晶面（解理面）断裂，有时也可沿滑移面或孪晶界发生断裂。

解理断裂是沿着一簇相互平行的、位于不同高度的晶面解理，不同高度的平行解理面之间的连接产生的台阶称为解理台阶。

在解理断裂过程中，还伴随着舌状花样和鱼骨状花样。解理裂纹扩展过程中，众多的台阶相互汇合，形成河流状花样。河流“上游”存在许多较小的台阶，“下游”存在许多较大的台阶，共同形成河流花样。河流的流向与裂纹扩展方向一致。

分析断口时，常利用扫描电子显微镜寻找这些典型特征。不同的显微组织形态，其解理断口特征也不同。铁素体的解理断口具有典型的河流特征；贝氏体的解理面比铁素体圆些，而外形不规则；马氏体的解理面由许多小刻面组成，每个小刻面表示一个马氏体针叶的断面。珠光体和贝氏体的断裂路径受铁素体控制。在珠光体、贝氏体和马氏体的解理面断口上常常呈现显微组织的特征。层状显微组织的解理形貌，有时易与疲劳条纹混淆，应引起注意。

4. 准解理

准解理断裂包含显微孔洞聚集和解理的混合机理，属解理断裂范畴。

5. 疲劳断口

疲劳断口的主要特征表现在扩展区上，即疲劳条纹（辉纹、条带）和疲劳斑片（小断面），其形貌如图4-6所示。疲劳斑片一般是长条状，长度方向就是裂纹的扩展方向；疲劳条纹分布在疲劳斑片上，每一条纹就代表一次循环载荷。

6. 沿晶断口

沿晶断口的最基本特征是有晶界小刻面的冰糖状形貌。

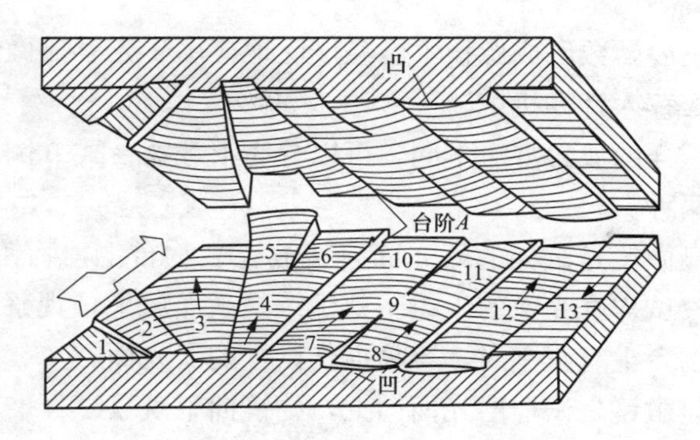

图 4-6　疲劳条纹和疲劳斑片示意图

7. 混合断裂

实际的失效断口，不会是单一的断裂过程，它一般包含两种或两种以上的断裂机理的交互作用：

（1）韧窝＋解理；

（2）韧窝＋撕裂；

（3）解理＋撕裂；

（4）疲劳条纹＋韧窝；

（5）疲劳条纹＋解理；

（6）疲劳条纹＋沿晶断裂；

（7）沿晶断裂＋撕裂；

（8）疲劳条纹＋撕裂；

（9）沿晶断裂＋解理；

（10）沿晶断裂＋韧窝。

四、光学显微镜

光学显微镜是一种利用透镜产生光学放大效应进行观察的显微镜。

由物体入射的光被至少两个光学系统（物镜和目镜）放大。首先，物镜产生一个被放大实像，人眼通过相当于放大镜的目镜观察这个已经被放大了的实像。一般的光学显微镜有多个可以替换的物镜，观察者可以按需要更换放大倍数。

18 世纪，光学显微镜的放大倍率已经达到 1000 倍，使人们能用眼睛看清微生物体的形态、大小和一些内部结构。直到物理学家发现了放大倍率与分辨率之间的规律，人们才知道光学显微镜的分辨率是有极限的，分辨率的这一极限限制了放大倍率的提高，1600 倍成了光学显微镜放大倍率的最高极限，使得光学显微镜在许多领域的应用受到了限制。

金相显微镜与生物显微镜的主要不同之处在于：

（1）用生物显微镜观察时，试样放置于光源与物镜之间；

（2）金相显微镜由于金属试样不透明因而只能反射光，即光源与物镜位于试样的同一侧，光线通过物镜投射到试样上，然后由试样反射回到物镜。

随着电子技术的发展，数码成像技术已经广泛地应用于光学显微镜。通过摄像头，将图像转化成数码信号，存入计算机中。

金相显微镜按其试样的放置方法不同，可以分为上载物台式（倒立式光程）和下载物台式（直立式光程）两种。

上载物台式金相显微镜是试样的磨光面直接放在载物台上，物镜朝上置于载物台下，并从载物台的孔中观察试样磨光面的组织。其优点是试样放平，观察方便，但由于磨光面与载物台接触，当载物台上有灰尘时，容易损伤试样的磨光面。

下载物台式金相显微镜是试样磨光面向上，物镜向下观察试样磨光面。其优点是试样磨光面不和其他物件接触，因此易于保证其清洁和完好；缺点是当试样下表面与磨光面不平行时，需要将试样用软塑料（如橡皮泥等）垫衬，以使得磨光面能处于水平位置。

金相显微镜种类繁多，还可以分为卧式和立式两类。卧式显微镜一般是多用途的，可以用于明场、暗场、偏光等多种场合。

光学显微镜受照明光线（可见光）波长的限制，无法分辨出小于 0.2μm 的图像及显微结构。

五、电子显微镜

电子显微镜是根据电子光学原理，用电子束和电子透镜代替光束和光学透镜，使物质的细微结构在非常高的放大倍数下成像的仪器。

电子显微镜的分辨本领已远胜于光学显微镜。分辨能力是电子显微镜的重要指标，它与透过样品的电子束入射锥角和波长有关。可见光的波长为 300～700nm，而电子束的波长与加速电压有关。当加速电压为 50～100kv 时，电子束波长为 0.0037～0.0053nm。由于电子束的波长远远小于可见光的波长，所以即使电子束的锥角仅为光学显微镜的 1%，使得电子显微镜的分辨本领远优于光学显微镜。

电子显微镜按结构和用途可分为透射电子显微镜、扫描电子显微镜、发射式电子显微镜等。

透射电子显微镜常用于观察那些用普通显微镜所不能分辨的细微物质结构；扫描电子显微镜主要用于观察固体表面的形貌，也能与 X 射线衍射仪或电子能谱仪相结合，构成电子微探针，用于物质成分分析；发射电子显微镜用于自发射电子表面的研究。

透射电子显微镜因电子束穿透样品后，再用电子透镜成像放大而得名。它的光路与光学显微镜相仿。在这种电子显微镜中，图像细节的对比度是由样品的原子对电子束的散射形成的。样品较薄或密度较低的部分，电子束散射较少，这样就有较多的电子通过物镜光栏，参与成像，在图像中显得较亮。反之，样品中较厚或较密的部分，在图像中则显得较暗。如果样品太厚或过密，则像的对比度就会恶化，甚至会因吸收电子束的能量而被损伤或破坏。有的透射电子显微镜还附带有电子衍射附件，可用于研究金属中的第二相粒子的结构。

透射式电子显微镜镜筒的顶部是电子枪，电子由钨丝热阴极发射出，通过第一、第二两个聚光镜使电子束聚焦。电子束通过样品后由物镜成像于中间镜上，再通过中间镜和投影镜逐级放大，成像于荧光屏或照相干版上。

中间镜主要通过对励磁电流的调节，放大倍数可从几十倍连续变化到几十万倍；改变中间镜的焦距，即可在同一样品的微小部位上得到电子显微像和电子衍射图像。为了能研究较厚的金属切片样品，法国杜洛斯电子光学实验室研制出加速电压为3500kV的超高压电子显微镜。

扫描电子显微镜的电子束不穿过样品，仅在样品表面扫描激发出二次电子。放在样品旁的闪烁体接收这些二次电子，通过放大后调制显像管的电子束强度，从而改变显像管荧光屏上的亮度。显像管的偏转线圈与样品表面上的电子束保持同步扫描，这样显像管的荧光屏就显示出样品表面的形貌图像，这与工业电视机的工作原理相类似。

扫描电子显微镜的分辨率主要决定于样品表面上电子束的直径。放大倍数是显像管上扫描幅度与样品上扫描幅度之比，可从几十倍连续地变化到几十万倍。扫描式电子显微镜不需要很薄的样品；图像有很强的立体感；能利用电子束与物质相互作用而产生的二次电子、吸收电子和X射线等信息分析物质成分。

扫描电子显微镜的电子枪和聚光镜与透射电子显微镜的大致相同，但是为了使电子束更细，在聚光镜下又增加了物镜和消像散器，在物镜内部还装有两组互相垂直的扫描线圈。物镜下面的样品室内装有可以移动、转动和倾斜的样品台。

目前，主流的透射电镜镜筒是电子枪室和由6～8级成像透镜以及观察室等组成。阴极灯丝在灯丝加热电流作用下发射电子束，该电子束在阳极驱动高压的加速下向下高速运动，通过第一聚光镜和第二聚光镜的会聚作用使电子束聚焦在样品上，透过样品的电子束再经过物镜、第一中间镜、第二中间镜和投影镜四级放大后在荧光屏上成像。电镜总的放大倍数是这四级放大透镜各级放大倍数的乘积，因此透射电镜有着更高的放大倍数(200×～1000000×)。

20世纪70年代，透射电子显微镜的分辨率约为0.3nm（人眼的分辨本领约为0.1mm)。现在电子显微镜最大放大倍率超过300万倍，而光学显微镜的最大放大倍率约为2000倍，所以通过电子显微镜就能直接观察到某些重金属的原子和晶体中排列整齐的原子点阵。

在试样制备过程中，电子显微镜对试样有明确的要求：试样可以是块状或粉末颗粒，在真空中能保持稳定，含有水分的试样应先烘干除去水分，或使用临界点干燥设备进行处理。表面受到污染的试样，要在不破坏试样表面结构的前提下进行适当清洗，然后烘干。新断开的断口或断面，一般不需要进行处理，以免破坏断口或表面的结构状态。有些试样的表面、断口需要进行适当的侵蚀，才能暴露某些结构细节，则在侵蚀后应将表面或断口清洗干净，然后烘干。对磁性试样要预先去磁，以免观察时电子束受到磁场的影响。试样大小要满足仪器专用样品座的尺寸，不能过大，样品座尺寸各仪器不尽相同，一般小的样品座直径为3～5mm，大的样品座直径为30～50mm，分别用来放置不同大小的试样，样品的高度也有一定的限制，一般为5～10mm。

扫描电子显微镜的块状试样制备是比较简单的。对于块状导电材料，除了大小要适合仪器样品座尺寸外，基本上不需进行什么处理，用导电胶把试样黏结在样品座上，即可放在扫描电子显微镜中观察。对于块状的非导电或导电性较差的材料，要先进行镀膜处理，在材料表面形成一层导电膜，以避免电荷积累，影响图像质量。并可防止试样的热损伤。

粉末试样的制备：先将导电胶或双面胶纸黏结在样品座上，再均匀地把粉末样撒在上面，用洗耳球吹去未黏住的粉末，再镀上一层导电膜，即可上电镜观察。

镀膜的方法有两种：一是真空镀膜，另一种是离子溅射镀膜。

扫描电子显微镜主要用于表面形貌的观察，在失效分析工作中具有非常重要的作用。扫描电子显微镜和光学显微镜及透射电子显微镜相比，具有以下特点：

（1）能够直接观察样品表面的结构，样品的尺寸可大至120mm×80mm×50mm。

（2）样品制备过程简单，不用切成薄片。

（3）样品可以在样品室中作三维空间的平移和旋转，因此，可以从各种角度对样品进行观察。

（4）景深大，图像富有立体感。扫描电子显微镜的景深较光学显微镜大几百倍，比透射电镜大几十倍。

（5）图像的放大范围广，分辨率也比较高。可放大十几倍到几十万倍，它基本上包括了从放大镜、光学显微镜直到透射电子显微镜的放大范围。分辨率介于光学显微镜与透射电子显微镜之间，可达3nm。

（6）电子束对样品的损伤与污染程度较小。

（7）在观察形貌的同时，还可利用从样品发出的其他信号作微区成分分析。

六、X射线衍射仪

X射线衍射仪是进行晶体结构分析的主要设备，主要由X射线发生装置、测角仪、记数（记录）装置、控制计算装置组成。它利用分析晶体将不同波长的X射线分开，也可以利用硅渗锂探测器与多道分析器把能量不同的X射线光子分别记录下来。

X射线衍射仪的主要功能及其用途：X-射线定性物相分析、X-射线定量物相分析、点阵常数的精确测定、晶体颗粒度和晶格畸变的测定、单晶取向的测定。

在电厂部件事故失效分析中，X射线衍射仪可用来分析：

（1）长期运行后钢中碳化物的变化、金属间化合物的析出等；

（2）断口腐蚀产物的结构；

（3）测定部件的残余应力；

（4）相结构分析、相含量分析、亚晶尺寸分析及微观应力分析、晶胞参数测定；

（5）高温相变分析、薄膜结构分析等。

第四节　失效分析的步骤

一、原始情况的调查与技术资料的收集

首先应对与故障相关的原始情况进行了解，内容包括以下几个方面。

1. 技术资料

(1) 材料的技术要求、强度计算等；

(2) 制造及热处理工艺、生产工艺流程和标准的要求；

(3) 失效部件在设备中的位置，与周围零部件的关系，如爆管的位置，是否为燃烧过热的位置等；

(4) 设备型号、参数等；

(5) 有关的设备出厂资料、检验记录等。

2. 运行历史

工作温度、工作压力、工作介质、累计运行时间、停机次数、水质情况等、故障前后的运行情况、修补或更换情况等。

3. 现场调查

分析人员应亲自到现场进行调查，只听用户的介绍往往可能忽略某些至关重要的细节。应了解的情况有：

(1) 事故前后的工况和异常情况；

(2) 炉管爆管时，要查清有无管内堵塞和管外结焦；

(3) 疲劳断裂时，是否存在异常的振动；

(4) 轴类事故时，要了解轴承情况和对中情况；

(5) 要了解事故是特例还是经常发生的。

4. 取样

在对故障有一定了解的基础上进行取样。取样应考虑取样部位、取样方法和取样数量等。

取样时，应注意对样品的保护，避免人为的机械损伤、腐蚀和氧化等。应标明取样部位。对于重大或疑难问题，有可能存在多个失效起始部位和存在几种不同的失效方式，对此应特别予以注意。

取样的选择原则：

(1) 能足以表达失效特征；

(2) 样品数量应足够；

(3) 应把失效部件与未失效部件进行比较；

(4) 应检查与失效部件相接触的部件；

(5) 应注意收集沉积物和腐蚀产物。

二、样品的检查、试验与分析

1. 外观检查和宏观分析

对样品的外观，如氧化腐蚀表面、磨损表面、断裂表面及部件变形等情况进行肉眼或低倍放大镜观察，往往可以找出失效原因及失效方式的重要线索，有时可以得出初步结论。

例如：某一断裂表面存在宏观疲劳条纹，便可初步判断该故障为疲劳所致。

2. 金相检验

金相检验有如下作用：①判断失效部件的组织是否符合规定，如不符合，就要分析这种组织与不适当的化学成分或热加工是否有关，组织是否会导致部件的早期失效。②提供部件的冶炼、加工、热处理、表面处理的信息。③提供运行工况效应的信息，如腐蚀、氧化、磨损等。如果异常组织与服役条件有关，则要研究组织与服役条件的关系，这对于预防部件失效和提高安全可靠性具有重大作用。④提供裂纹存在的特性和扩展路径。⑤可配合显微硬度试验检验表面处理效果、进行疑难组织的判断。⑥含有裂纹末端的试样可提供裂纹扩展是沿晶还是穿晶。

（1）金相低倍检验：疏松、缩孔、偏析、裂纹等，对于焊件，可以检验是否存在气孔、夹渣、未熔合、未焊透等缺陷。

（2）金相高倍检验：可检测材料的显微组织、晶粒度、第二相、表面处理、磨损、氧化、腐蚀、断裂表面沿深度方向的变化与其显微组织的关系、裂纹扩展与显微组织的关系、蠕变孔洞等有关信息。

（3）夹杂物的检查：可进行夹杂物的类型、数量、大小、分布和等级评定的检验。

3. 成分检测

（1）化学成分：定性定量分析钢材宏观化学成分，定量测定钢中微量元素含量，定量测定钢中气体含量，测定钢中第二相、夹杂物含量等。

（2）能谱分析：可进行钢中基体、第二相、夹杂物成分分析；表面层（磨损、氧化、腐蚀、涂层、表面处理和断裂表面）成分分析。

（3）波谱（电子探针）分析：除可进行能谱分析各项检测外，还可对钢中的轻元素进行定性分析。

（4）俄歇谱仪表面分析：可以进行晶界微区微量合金元素偏聚成分分析。

（5）离子探针分析：可定性的对极薄层的表层进行全元素分析。

4. 力学性能检查

包括室温、高温拉伸、冲击、硬度、扭转、疲劳、断裂力学、磨损、蠕变、持久等。

5. 断口检查

利用扫描电子显微镜对断口微观形貌进行检测。试验中要注意断口的保护，避免受到碰撞、过热、腐蚀。运输中，应覆盖一层布或棉花，避免用手触摸和擦拭断口，也不要试着将两个断口相配对齐。

6. 无损检测

7. 其他

如应力测量、相结构分析等。

三、结论与反事故措施

失效分析的结论要简洁、明确。失效分析的目的不仅在于查明故障类型、原因，还应当提出预防故障的措施。在提出反事故措施时，要注意以下几个方面：

（1）根据故障原因的分析结果，提出相应的改进措施，如合理选材、改进设计，正确热处理，避免加工制造缺陷，改进冶金质量等。

（2）根据部件服役情况，系统研究材料的成分、组织、工艺、结构设计等对部件各种抗失效能力的影响，以提高部件的可靠性。

（3）对重要设备部件，如锅炉、压力容器、汽轮机等进行严格的质量检验，防患于未然。

（4）对超期服役的部件进行风险评估或采取有效措施监控运行。

四、报告的编制

1. 基本要求

（1）条理清晰、简洁，叙述和分析符合逻辑，不能自相矛盾。

（2）无关的数据应删去，采用的数据应经得起质疑。

（3）结论要明确，应把基于试验的测试结果和基于推测的结论区别开来。

（4）反失效措施的建议应结合现场实际，明确具体。

2. 基本内容

（1）事故的背景材料，如设备概况，失效部件在设备中的位置及作用，失效前的服役史等。

（2）事故过程和事故前的运行工况。

（3）事故现场损伤检查情况。

（4）失效部件的材质鉴定材料。

（5）失效机理的叙述。

（6）断裂金相分析材料。

（7）分析载荷、环境、形状尺寸和材料等方面的因素对失效的影响。

（8）断裂失效部件的应力状态分析，强度校核和断裂力学分析。

（9）防止同类事故发生的反失效措施和建议。

第五节　常见电站重要部件的失效

一、汽包的失效

下面简述汽包失效的几种形式和失效的特征、原因和预防措施。

1. 苛性脆化

（1）特征：主要发生于汽水品质较差的低压锅炉汽包，产生裂纹的部位：常见于铆钉孔和胀口的汽包钢板上；腐蚀具有缝隙腐蚀的特征，为阳极溶解型的应力腐蚀，初始裂纹从缝隙处产生，从表面无法看到，初始裂纹具有沿晶和分叉的特点，裂纹的内部没有坚固的腐蚀产物，金属组织未发生变化，断口具有冰糖状花样，为脆断形貌。

（2）原因：局部的应力超过材料的屈服点，包括胀管和铆接产生的残余应力、开孔处的边缘应力和热应力；炉水的碱性大，缝隙部位由于炉水杂质的浓缩作用，NaOH 的浓度偏高。

（3）预防措施：改进汽包结构，把铆接和胀管改为焊接结构，消除缝隙，改善锅炉启停和运行工况，减少热应力，提高汽水品质。

2. 脆性爆破

（1）特征：断裂速度极快，汽包往往破碎成多块；断裂源为陈旧性裂纹，如焊接裂纹、应力腐蚀裂纹和疲劳裂纹等，裂纹尺寸往往较大；爆破时的汽包温度较低，往往在水压试验时发生，属于低应力脆断；一些中低压锅炉汽包曾在运行时发生爆破；宏观断口具有放射纹和人字形纹路特征，断口的宏观变形小；断口的微观形貌为解理花样。

（2）原因：汽包的裂纹尺寸超过临界裂纹尺寸，发生的低应力下的脆断，断裂部位的应力集中和形变约束严重。

（3）预防措施：防止汽包在运行中产生裂纹；加强汽包的无损检测，及时发现裂纹并处理；提高汽包材料的质量，使韧性转变温度低于室温；改善汽包结构，防止严重的应力集中；改进汽包焊接工艺，消除焊接裂纹，降低焊接后的残余应力。

3. 低周疲劳

（1）特征：启停频繁和工况经常变动的锅炉汽包易产生疲劳裂纹；常见于容易在给水管孔、下降管孔，且与最大应力方向垂直；在纵焊缝，环焊缝及人孔焊缝处也可能产生；断口宏观形貌具有一般疲劳断口的特征；腐蚀对裂纹的产生和扩展起很大作用。

（2）原因：汽包的温差造成的热应力是主要原因，启动停炉的温度变化越快，热应力越大，越容易形成疲劳裂纹；汽包局部区域的应力集中；焊接缺陷和裂纹往往是低周疲劳裂纹的源点。

（3）预防措施：降低热冲击，正常启停；锅炉平稳运行，避免温度和压力的大幅度波动；减少启停次数；改进汽包结构，降低应力集中；采用抗低周疲劳的材料；提高焊接质量。

4. 应力氧化腐蚀裂纹

（1）特征：在汽包水汽波动区的应力集中部位易产生裂纹，如人孔门焊缝；断口不具有疲劳特征；裂纹内部充满坚硬的氧化物，楔形的氧化物附加应力对裂纹扩展起很大作用；在裂纹边缘有脱碳、晶粒细化、晶界孔洞等特征；裂纹尖端和周围有沿晶的氧化裂纹；裂纹发源于焊接缺陷和腐蚀坑处。

（2）原因：由高压水引起的应力腐蚀断裂；局部的综合应力超过屈服点；使表面的 Fe_3O_4 膜破裂，发生 $Fe+4H_2O \longrightarrow Fe_3O_4+8H$ 和 $C+4H \longrightarrow CH_4$ 反应；内表面的缺陷，在水汽界面波动区，易造成缝隙处的炉水杂质的浓缩。

（3）预防措施：提高焊接质量；降低焊接残余应力；控制启停时的温度变化速度；保证汽包中的汽水品质；保证焊缝表面的平滑，发现焊缝处有尖锐腐蚀坑，应修磨至圆滑过渡。

5. 内壁腐蚀

（1）特征：主要发生于汽包下部内表面。汽与水接触的部位；点蚀易发生在焊缝和下降管的内壁上。腐蚀区没有过热现象，基本上没有结垢覆盖；在应力集中区域，腐蚀坑沿管轴方向变长，可能产生腐蚀裂纹；单纯的点蚀发展会引起穿透而泄漏。点蚀的进一步发展可能诱导出应力腐蚀裂纹或疲劳裂纹。

（2）原因：管内的水由于氧的去极化作用发生电化学腐蚀，在管内的钝化膜破裂处发生氧腐蚀；应力集中会促进点蚀的产生；受到热冲击时，会使内壁中性区域产生疲劳裂纹；停炉时存在积水也会产生内壁腐蚀。

（3）预防措施：加强炉管使用前的保护；新炉启动前应进行化学清洗，去除铁锈和脏物；新炉启动前管内壁应形成一层均匀的保护膜；运行中保持水质的纯洁，严格控制 pH 值及含氧量；注意停炉保护。

二、主蒸汽管道的失效

主蒸汽管道管系受力情况比较复杂。管系在运行中承受三类应力：①由内压和持续外载产生的一次应力；②由热胀冷缩等变形受约束而产生的二次应力；③由局部应力集中而产生的一次应力和二次应力的增量——峰值应力。

在火力发电厂高温高压管系中，一次应力加峰值应力过高是造成蠕变损坏的主要原因，多次交替的二次应力加峰值应力过高是造成疲劳损伤的主要原因。

1. 石墨化

（1）特征：碳钢在 450℃以上，钼钢在 485℃以上长期运行，会发生石墨化；石墨化和珠光体的球化同时进行，石墨核心优先在三晶角界处形成，长大的石墨呈团絮状；焊缝热影响区的不完全重结晶区石墨化最严重；粗晶钢比细晶钢石墨化倾向小。

（2）原因：在长期运行中，钢中的渗碳体分解为铁和石墨；铝、硅促进石墨化。

（3）预防措施：在钼钢中加入 0.3%～0.5%Cr；炼钢时不用铝和硅脱氧；防止超温运行；定期进行石墨化检查，更换石墨化超标的管子。

2. 内壁的点蚀

在水平段直管和弯头处易产生点蚀坑；腐蚀的性质、原因和预防措施同汽包的内壁腐蚀；点蚀坑的进一步发展，可诱导出热疲劳裂纹或应力腐蚀裂纹。

3. 蠕变断裂

（1）特征：蠕变断裂主要发生于弯头的外弧面、三通的内壁肩部和外壁腹部、阀壳的变截面处；蠕变裂纹分布于应力集中区域，表面层有许多小裂纹，只有少数几根大裂纹向内扩展；蠕变裂纹走向为管系的轴向；蠕变开裂的断口一般为沿晶形貌，断口处无明显变形，垂直于拉应力轴向的晶界孔洞成核较多；断裂处蠕胀较小。

（2）原因：由于一次应力和峰值应力过高，造成蠕变断裂；错用等级较低的合金，发生早期蠕变断裂；表面缺陷成为蠕变裂纹的起源。

（3）预防措施：调整支吊架，尽量降低管系的局部应力；提高管件的制造质量，消除表面缺陷；改进管件的结构，使截面过渡圆滑；采用中频弯管，控制椭圆度；正确进行热处理，保证管件的性能；正确选用钢材；防止超温运行。

4. 疲劳断裂

(1) 特征：裂纹主要形成于：管孔处，裂纹沿周向发展，管件的应力集中区；管道内外壁受低温水侵入的区域，前二者属于低周疲劳，后者为热疲劳；低周疲劳裂纹的走向一般是垂直于气流方向，热疲劳裂纹往往呈龟裂状；断口具有一般疲劳断口的特征；断裂的路径为穿晶型，裂纹内部充满氧化腐蚀产物。

(2) 原因：在应力集中区域，由于反复的二次应力作用，产生低周大应变的疲劳断裂；腐蚀对裂纹扩展起促进作用。

(3) 预防措施：管道外表面应加包镀锌铁皮保护层，防止水穿透保温层；防止从排汽管中的冷凝水回流；调整支吊架，降低管系的局部应力；稳定运行工况，防止热冲击。

5. 焊缝裂纹

(1) 特征：

1) 焊接裂纹易发生的部位有：主管道与小管之间的角焊缝、异径管之间的对接焊缝、管段与铸锻件之间的焊缝、异种钢之间的焊缝。

2) 焊接裂纹的类型：①应力松弛裂纹，在热影响区的粗晶贝氏体区出现，呈环向开裂，因残余应力松弛而产生裂纹；②焊缝横向裂纹，走向沿管道轴向，裂纹数量较多，与焊缝的成分偏析、热处理不当及韧性差有关；③R型裂纹，主要发生在热影响区的低温相变区，蠕变孔洞型断裂，由系统应力造成。

3) 腐蚀对裂纹扩展起促进作用；异种钢焊接接头中，高温下碳向高合金侧扩散，低合金侧发生脱碳而开裂；焊缝的蠕变损伤起源于外部。

(2) 原因：焊接质量不佳，存在较大的残余应力，成分偏析，热处理不良，焊接缺陷和裂纹；焊接接头的结构不良，造成较大的应力集中；由一次应力、二次应力和峰值应力构成的组合应力值过高；焊接接头处存在材料的强度或韧性的薄弱区域。

(3) 预防措施：提高焊接质量，消除表面缺陷和裂纹；改善焊接接头的结构，降低应力集中；焊前预热，焊后适当处理；及时采用合适的焊条，避免异种钢之间的增、脱碳现象；分析产生焊缝裂纹的主要应力类型，并采取针对性措施，降低该应力值；加强焊后的无损检测，不合格的焊缝应及时处理。

6. 铸件泄漏

(1) 特征：主要发生在铸造三通的肩部和阀壳等铸件的应力集中部件；发生泄漏处存在严重的疏松或缩孔缺陷；缺陷处盐垢浓度高。

(2) 原因：铸造质量不良，存在严重的疏松和缩孔等缺陷；应力集中，启停的热冲击及停炉期间的氧腐蚀使缺陷处产生裂纹而泄漏。

(3) 预防措施：采用热压三通；提高铸件的质量；对铸件的疏松等缺陷采取挖补处理；改进结构，降低应力集中。

三、受热面的失效

锅炉四管爆漏是造成电厂非停的最普遍、最常见的失效形式，一般占机组非停的50%

以上，最高可达80%。由于其严重影响了机组的安全性和经济性，因而备受电厂重视。要防止锅炉“四管”爆漏，首先要了解“四管”爆漏的种类和形式，这样才能有针对性地提出预防措施。

1. 过热爆管

过热爆管分为长期过热和短期过热。虽然都是由于超温造成的，但其性质完全不同。

(1) 短期过热。短期过热的特征：管径有明显的胀粗，管壁减薄呈刀刃状，一般爆口较大，呈喇叭状，典型薄唇形爆破；断口微观为韧窝；管壁温度在A_{c1}以下，爆管后的组织为拉长的铁素体和珠光体，管壁温度为A_{c1}～A_{c3}或超过A_{c3}，其组织决定于爆破后喷射出来的汽水的冷却能力，可分别得到低碳马氏体、贝氏体及珠光体和铁素体；爆破口周围管材的硬度显著升高。

短期过热最常发生在水冷壁管上，如图4-7所示。其主要原因是锅炉工质流量偏小，炉膛热负荷过高或炉膛局部偏烧、管子堵塞等。短期过热也会发生在过热器管、再热器管上。

(2) 长期过热。长期过热的特征为：在过热器、再热器管的烟汽侧发生爆管；管径没有明显的胀粗，管壁几乎不减薄，一般爆口较小，呈鼓包状，断口呈颗粒状，爆口周围存在纵向开裂的氧化皮，典型的厚唇形爆破；典型的沿晶蠕变断裂，在主断口附近有许多平行的沿晶小裂纹和晶界孔洞，珠光体区域形态消失，晶界有明显的碳化物聚集特征。

长期过热主要发生在过热器管、再热器管上。其爆口粗糙不平整，开口不大，爆口边缘无明显减薄，管子内外壁存在较厚的氧化皮，如图4-8所示。其金相显微组织可见明显球化、蠕变孔洞和蠕变裂纹，如图4-9所示。其主要原因是由于运行工况异常而造成的长期超温或者管子超寿命状态服役等。

长期过热也会发生在水冷壁管上。

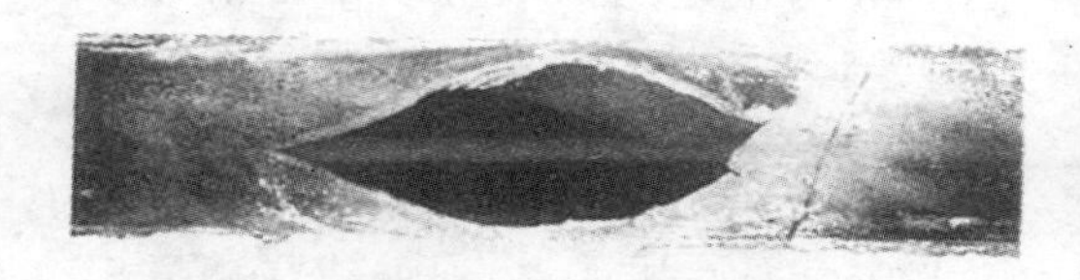

图4-7 短期过热爆管宏观形貌

图4-8 长期过热爆管宏观形貌

(3) 原因：锅炉管长期处于超设计温度下运行，超温的原因有：过负荷；汽水循环不良；蒸汽分配不均匀；燃烧中心偏差；内部严重结垢；异物堵塞管子；错用钢材。

(4) 预防措施：稳定运行工况；去除异物；进行化学清洗，去除沉积物；改善炉内燃烧；改进受热面，使汽水分配循环合理；严防材料错用。

2. 原始缺陷

近年来，各生产和制造单位都做了不少工作来控制管材的质量，但材料原始缺陷造成的泄漏还是时常发生。

图 4-9 长期过热组织微观特征

（1）焊口爆漏。焊口爆漏的主要原因是焊接质量不佳，在焊缝上存在焊接缺陷，或者焊缝成型不良，造成过大的应力集中所致。

（2）管材缺陷。管材质量不好，如重皮、过大的加工沟槽等，会产生较大的应力集中，在高温高压下工作，会造成管子开裂，直至泄漏，如图 4-10 所示。其爆口一般呈纵向开裂，爆口较直，无减薄、胀粗，张口极小，并在裂纹两端可见开裂现象。在拔制加工中，管子两端温度较低，易出现此类型缺陷。

3. 垢下腐蚀

（1）氢脆腐蚀。氢脆腐蚀的特征为：盐垢为比较致密的沉积物，盐垢下有沿管轴方向的裂纹产生；微裂纹旁脱碳明显，当腐蚀严重时，表面出现全脱碳层；爆口呈窗口状，没有塑性变形和胀粗现象，为脆性损伤；腐蚀裂纹区的氢含量明显升高，机械性能下降。

氢脆腐蚀造成的泄漏一般出现在水冷壁管上，其爆口特征一般无明显减薄，管子内部存在裂纹，裂纹两侧有脱碳现象。爆口形状像开了窗户一样，如图 4-11 所示。发生氢腐蚀的原因是管子内壁产生垢下酸性腐蚀，这一般与不适当的酸洗或不合格的水质有关。

图 4-10 由于管材缺陷造成泄漏的外观形貌

图 4-11 氢脆腐蚀形成的“窗口式”爆口

（2）延性腐蚀。延性腐蚀的特征为：盐垢为多孔沉积物；垢下腐蚀呈坑穴状，为均匀腐蚀；腐蚀坑处没有裂纹；在腐蚀过程中，金属的组织和机械性能没有明显的变化；大多数发生在炉水高碱度处理状态。

（3）原因：凝结水和给水的 pH 值不正常，炉水受酸或碱污染，使盐垢在受热面管子内壁沉积，产生垢下腐蚀。

延性腐蚀和氢脆腐蚀损坏具有相似的腐蚀条件，不同之处是后者的腐蚀速度快，使阴极反应的氢来不及被水流带走，而进入金属基体所致。

（4）预防措施：保持管子内壁的洁净，使均匀的保护膜不受破坏；保证给水品质，防止凝汽器泄漏；定期进行锅内的化学清洗，去除管内壁的沉积物；稳定工况，防止炉管的局部汽水循环不良和超温。

4. 高温腐蚀

（1）特征：在过热器、再热器及其吊挂和定位管的向火面发生腐蚀，腐蚀沿向火面的局部浸入，呈坑穴状，严重的，腐蚀速度达 0.5～1mm/年。腐蚀区的沉积层较厚，呈黄褐色到暗褐色，比较疏松和粗糙，其他区域为浅灰褐色沉积物，比较坚实。腐蚀处金属组织没有明显的变化，可能发生表面晶界腐蚀现象，腐蚀层中有硫化物存在。

对于水冷壁管，当受到火焰冲刷时，管子外部出现一层厚厚的沉积物，沉积物下面的管壁表面呈黑色或孔雀蓝，同时管子明显减薄。金相组织明显老化。在沉积物中可发现较高的含硫量。这就是在高温和硫的作用产生的高温腐蚀，如图 4-12 所示。

（2）原因：燃煤或燃油中含有较多的硫、钠、钒等的化合物，金属管壁温度高，腐蚀严重。

（3）预防措施：控制金属壁温不超过 600～620℃；使烟气流程合理，尽量减少烟汽的冲刷和热偏差；在煤中加入 $CaSO_4$ 和 $MgSO_4$ 等附加剂；在油中加入 Mg、Ca、Al、Si 等盐类附加剂；采用表面防护层。

5. 点蚀

（1）特征：省煤器、过热器、给水管的内壁易产生点状或坑状腐蚀；腐蚀区没有过热现象，基本上没有结垢覆盖；在弯头内壁的中性区附近容易产生腐蚀坑，弯头的椭圆度大，应力集中明显，腐蚀坑沿管轴方向变长，可能产生腐蚀裂纹；省煤器和给水管主要在运行中产生这类腐蚀，过热器和再热器主要在停炉时产生；单独的点蚀发展会引起穿透而泄漏。

当管子内壁或外壁存在腐蚀介质时（含硫量高、水的含氧高），管子表面在腐蚀产物下面出现点状的腐蚀坑，如图 4-13 所示。

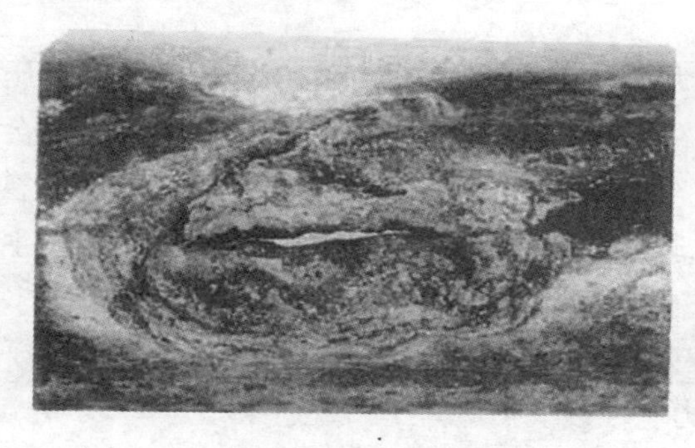

图 4-12　高温腐蚀造成泄漏的外观形貌

图 4-13　管子的点蚀坑

（2）原因：管内的水，由于氧的去极化作用，发生电化学腐蚀，在管内的钝化膜破裂处发生氧腐蚀；从制造到安装、运行都可能发生氧腐蚀；弯头的应力集中促使点蚀的产生；弯头处受到热冲击，使弯头内壁中性区产生疲劳裂纹；下弯头在停炉时积水也会引起点蚀。

（3）预防措施：加强炉管使用前的保护；新炉启动前，应进行化学清洗，去除铁锈和脏物；新炉启动前管内壁应形成一层均匀的保护膜；运行中，保持水质的纯洁，严格控制pH值和含氧量；注意停炉保护。

6. 低温腐蚀

（1）特征：空气预热管的受热面发生溃蚀性大面积的腐蚀，属于化学腐蚀。腐蚀最严重的区域为温度处于水蒸气凝结温度附近（低酸浓度强腐蚀区）；即酸露点以下10～40°区域（高浓度强腐蚀区）；腐蚀区黏附灰垢，堵塞通道。

（2）原因：燃用含硫量高的煤或油，烟气露点较高，空气预热器的低温段管温度低于露点而凝结酸液，使管壁腐蚀。

（3）预防措施：提高预热器冷段温度；采用低氧燃烧，减少SO_2生成量，降低烟气露点；定期吹灰，保持受热面洁净；采用耐腐材料，如表面渗铝；在燃料中掺加MgO、CaO、白云石等，抑制SO_2生成量，降低烟气露点。

7. 腐蚀疲劳

（1）特征：在受热面管的向火面产生裂纹，裂纹沿管圆周发展，局部区域往往有许多相互平行的疲劳裂纹，从外表面向里发展；裂纹短而粗，裂纹中充满腐蚀介质和产物，呈楔形；腐蚀介质中含有较高的硫，在裂源处有熔盐和煤灰沉积，具有硫化物腐蚀的特征；裂纹处金属组织的球化程度比背火侧严重，向火面管壁超温；裂纹走向为穿晶型，当裂纹扩展慢而腐蚀作用较强时，可观察到晶间侵入裂纹；在裂纹边缘和前端可观察到铁素体的亚晶。

（2）原因：锅炉管遭受低周（由启停引起的热应力）、中周（由汽膜的反复出现和消失引起的热应力）和高周（由振动引起）交变应力而发生疲劳损坏；高温硫腐蚀，促进损伤进程；超温导致管材的疲劳强度严重下降；按基本负荷设计的机组当调峰负荷。

（3）预防措施：改进交变应力集中区域的部件结构；改变运行参数以减小压力和温度梯度的变化幅度；设计时考虑间歇运行造成的热胀冷缩；避免运行时的机械振动；防止管壁超温；定期清除受热面的结垢。

8. 应力腐蚀

（1）特征：裂纹的宏观走向基本上与拉应力垂直。只有拉应力才能引起应力腐蚀，压应力会阻止或延缓应力腐蚀。应力腐蚀断裂存在着孕育期。产生应力腐蚀的合金表面都会存在钝化膜或保护膜。腐蚀只在局部区域，破裂时金属腐蚀量极小。断口呈脆性形貌，裂纹走向为穿晶、沿晶或混合型。裂纹一般起源于部件表面的蚀孔。应力腐蚀断裂一般发生在活化一钝化过渡区存在电位差的范围，即在钝化膜不完整的存在电位差的范围内。大多数应力腐蚀断裂体系中存在临界应力腐蚀断裂强度因子K_{ISCC}。当应力腐蚀断裂强度因子小于K_{ISCC}时，裂纹不扩展；大于K_{ISCC}时，应力腐蚀裂纹扩展。

（2）原因：产生应力腐蚀开裂的三个基本条件：腐蚀介质、高应力和敏感材料。奥氏体对氯离子腐蚀较为敏感，可能有含氯和氧的水团进入钢管在应力作用下产生应力腐蚀开裂。

（3）预防措施：加强材料库存和安装期的保护；降低部件的残余应力；注意停炉时的保护；防止凝汽器泄漏，降低汽水中的氯离子和氧的含量。

9. 热疲劳

（1）特征：热疲劳裂纹容易出现在热应力较大和应力集中部位；带周期性负荷的机组间歇启动时，省煤器进口集箱的温度为汽包的饱和温度（约350℃），而低温给水温度为38～149℃，会产生严重的热冲击，从而在集箱和管接头内壁产生热疲劳裂纹，其他集箱也可能产生这类裂纹；其断口具有一般疲劳断口的特征，大多为横向断口。有时呈明显的纤维状形貌特征，有的疲劳扩展区断面粗糙，并有类似解理的小刻面。热疲劳裂纹走向为穿晶型，缝隙中充满氧化物。

（2）原因：由于温度变化引起热胀冷缩，产生交变的热应力；机械约束作用，在应力集中处产生裂纹；裂纹中的楔形氧化物会促使裂纹发展。

（3）预防措施：改进部件的结构，以适应热负荷的剧烈变化；启停时，提高进入集箱的给水温度；控制减温器的减温幅度；降低机械约束，降低部件的应力集中水平。

10. 磨损

（1）特征：高温段省煤器磨损较严重；磨损的性质属于固体粒子冲蚀，主要磨粒是SiO_2、Fe_2O_3、Al_2O_3等；部件表面与飞灰冲角为30°～45°时，磨损最大；磨损的局部性较明显，在飞灰堵塞的部位冲蚀严重；引起磨损减薄，直至爆漏；在过热器、再热器烟气进口处，有时也会发生磨损失效。

磨损是锅炉“四管”泄漏中较为常见的一种形式。管排与管排之间、管排与夹持管之间，或者夹持不牢由振动引起的摩擦、吹灰器对管子的吹损、喷燃器摆动角度不当造成的吹损、炉膛漏风漏烟引起的吹损等，都会造成非停，如图4-14所示。

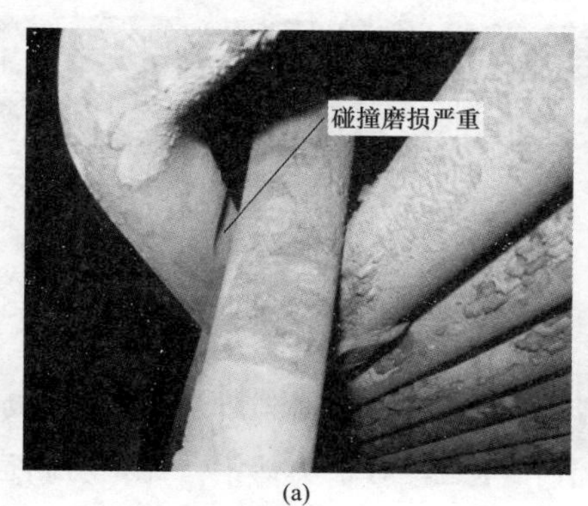

(a)

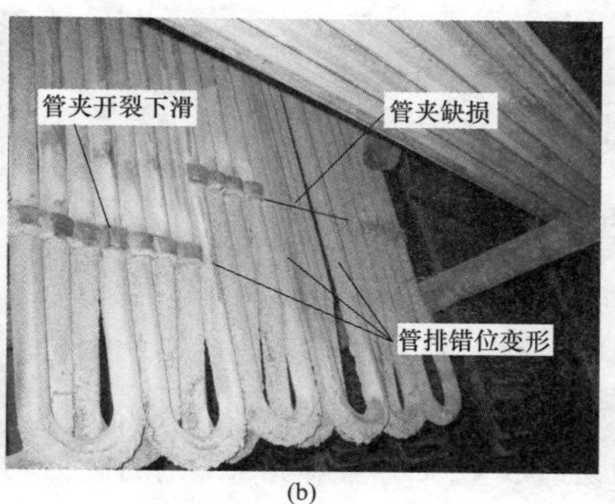

(b)

图4-14 常见锅炉磨损形式

（a）管子与管子的碰损；（b）管子与管卡的磨损

（2）原因：燃煤锅炉（尤其是烧劣质煤的锅炉），飞灰中夹带有坚硬颗粒，会冲刷管子表面，当烟气流速达到30～40m/s时，会产生较为严重的磨损，1～5×10^4h就会使管子磨漏。

(3) 预防措施：选用适于锅炉的煤种；合理设计省煤器的结构；消除积灰，杜绝局部烟速过高；加装均流挡板；加装炉内除尘器；避免过载运行，把过剩空气系数控制在设计值内；管子搪瓷、涂防磨涂料，采用渗铝管；在管子表面加装防磨盖板等。

11. 设计、安装、运行不当造成的泄漏

(1) 焊口拉裂：安装中，经常出现把管卡焊在管子上的情况。在管子上施焊，增大了管子的应力，如果在启停或运行过程中膨胀不畅，就会将管子拉裂，造成泄漏。

(2) 异种钢焊接接头拉裂：随着机组参数的提高，TP304H、TP347H、SUP304H 等新材料已大量使用，不可避免地会出现异种钢的焊接。但由于不同钢种的耐热性能和膨胀系数的巨大差别，常会在接头处出现热胀差，在低等级材料侧出现轻微蠕胀，而引发裂纹，如图 4-15 所示。

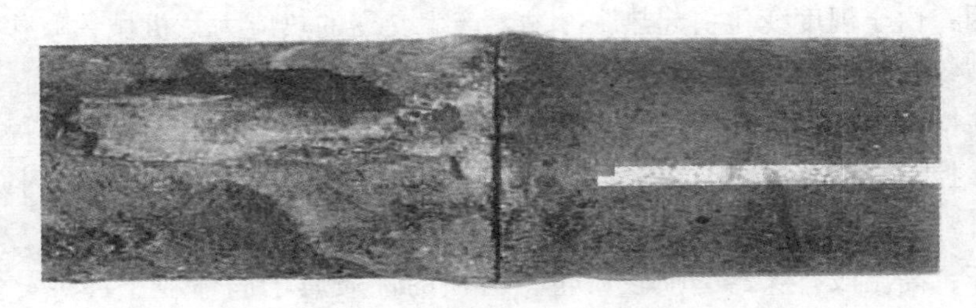

图 4-15　异种钢接头的焊口拉裂

12. 疲劳开裂

锅炉在运行中如果产生振动，在管子某些部位会形成高周机械疲劳。开裂特征是沿管子横断面开裂，如图 4-16 所示。如果吹灰急冷就会引发热交变应力，而形成热疲劳，其开裂特征为在管子外表面分布密布的多处横向裂纹，如图 4-17 所示。

图 4-16　机械疲劳产生的横向断裂

图 4-17　热疲劳产生的横向开裂

13. 错用钢材

管理和检验上的失误，易造成错用钢材。

对于超（超）临界机组，新材料的大量使用，也常会出现错用材料的现象。如使用看谱镜，容易造成 CrMoV 钢与 T91 钢的区分不清。再如，对于不锈钢，光谱分析已经不能区分普通不锈钢和细晶不锈钢了。

四、转子的失效

常见的转子有三种结构形式：整锻转子、套装转子和焊接转子。转子在运行过程中主要承受以下几种应力：转子自重产生的交变弯曲应力、传递功率产生的扭转应力及温度梯度和形变约束产生的热应力。前两者易产生高周疲劳；后者易产生低周疲劳。

带中心孔的转子，中心孔表面的切向应力最大。套装叶轮的中心孔处的切向应力大，在叶轮轴向键槽处产生很大的应力集中。键槽处容易堆集腐蚀介质，是应力腐蚀裂纹的敏感区域。套装叶轮和大轴的紧配合边缘存在应力集中。转子上应力集中较严重的部位还有轴上的环形沟槽、键槽、叶轮盘的缩颈结构、叶轮平衡孔处，轮缘的叶根槽内的小圆角等，这些位置容易产生裂纹。

焊接转子具有结构紧凑、刚性好、承载能力高、不需大型锻件等优点，而且具有优良的抗应力腐蚀性。

下面简要介绍转子失效类型、原因和预防措施。

1. 高周疲劳

(1) 特征：会在轴的外表面产生裂纹，以交变弯曲应力为主时，裂纹走向垂直于轴线；以交变扭转应力为主时，裂纹走向与轴线呈45°交角；裂纹易形成于轴表面的应力集中处，如环形沟槽等部位；轴与叶轮配合面边缘的微动疲劳往往会引起轴的疲劳断裂，断口的宏观形貌为"海滩"标志，断口的微观形貌为疲劳条纹，裂纹的扩展路径为穿晶型。

(2) 原因：交变弯曲应力或扭转应力大；轴的装配不良，产生高的附加应力；成套部件之间在运行中发生微动磨损；局部应力集中严重；异常的振动。

(3) 预防措施：找出主要的动应力来源，并降低其值；提高轴的装配质量；使轴表面的形状圆滑过渡；改进叶轮套装面的形状，降低边缘的接触；消除轴的异常振动。

2. 低周疲劳

(1) 特征：易产生低周疲劳裂纹的部位——高压转子的第一级和高压前汽封处的轴段，再热式机组的中压转子第一级和前汽封处的轴段；断裂具有多源点和宏观疲劳断口的特征；断口的微观特征是韧窝和间断大的条纹。

(2) 原因：在较快的启停过程中，汽流对上述部位的急剧加热或冷却，产生极大的热应力；运行工况的大幅度变化，产生热应力；局部区域的应力集中大，如轴上的环形深槽处的应力集中系数可达3～6。

(3) 预防措施：改进转子的结构，去除深槽，或增大槽底圆角半径；缓慢启停，控制转子材料的温度变化速度；温度运行工况，防止主蒸汽温度和压力大幅度波动；防止凝结水从抽汽口进入转子的高温段。

3. 应力腐蚀断裂

(1) 特征：产生应力腐蚀裂纹的部位在套装叶轮的轴向键槽的圆角处；键槽处富集NaC1和NaOH等腐蚀性介质；蒸汽过渡区（50～120℃）是产生应力腐蚀裂纹的敏感区域；在裂源区有蚀坑，应力腐蚀裂纹发源于蚀坑，具有沿晶和分叉的特征；应力腐蚀裂纹扩展至临界裂纹长度，可导致叶轮飞裂。

(2) 原因：套装叶轮的轴向键槽处，运行时的切向应力接近和超过屈服强度；汽水中的杂质在键槽处浓集。

(3) 预防措施：改进叶轮结构，把轴向键改为径向键；改进内孔型线，降低应力集中；改善汽水品质；提高叶轮材料的应力；提高回火温度，降低S、P等有害杂质；加强对低压叶轮轴向键槽的无损探伤。

4. 腐蚀疲劳

(1) 特征：主要发生于低压转子主轴；裂纹产生于截面改变处或与套装叶轮紧配合的边缘；裂纹往往是一侧产生和扩展，直至飞裂，飞裂前伴随着剧烈振动；裂纹发源于蚀坑，裂纹的走向为沿晶一穿晶混合型；表面含有腐蚀介质；宏观断口具有疲劳特征。

(2) 原因：局部区域的应力集中和腐蚀作用使裂纹萌生；在交变的旋转弯曲应力作用下，裂纹不断扩展，甚至断裂。

(3) 预防措施：增大截面突变处的曲率半径降低局部区域的应力集中；提高汽水品质；对转子进行振动监测；定期检查轴表面的点蚀坑的状态，进行无损检测。

5. 脆性断裂

(1) 特征：材料中的白点或中心孔附近的密集夹杂物群往往是断裂的源点，裂纹扩展速度快，可导致转子突然飞裂；断口具有脆性断裂特征，断面上有平坦白亮的白点或夹杂物密集区；断口的微观形貌是解理花样。

(2) 原因：冶炼和浇注时氢进入液体金属，凝固后，氢聚合成氢分子，产生巨大的内压，形成白点（内裂纹）；铸锭的缩孔和夹杂物多，加工时未能有效去除，残留在中心孔附件；运行中新生的裂纹等这些缺陷串起来，当裂纹长度达到临界裂纹尺寸时就会发生脆性飞裂。

(3) 预防措施：在冶炼和浇注时采用真空除气；对大铸件进行去氢处理；去除铸锭的熔孔，轴的中心孔大小应以能有效地去除密集性夹杂物为宜；提高转子材料的断裂韧性和均匀性，降低 FATT。

6. 电蚀

(1) 特征：电蚀主要发生于转子轴颈和轴承的接触面，有电流灼伤的痕迹；电蚀处，原来光亮的表面变得发乌，与用强酸腐蚀过的表面相似；电蚀附近没有热影响区或只有很小的热影响区，电蚀表面通常有一层黑色的油高温氧化物。电蚀会造成轴瓦损坏，调速系统零件损坏及轴颈磨损。

(2) 原因：随着机组容量的增大，由于制造、检修和运行的原因，使得转子的残磁水平提高，在高速转动时，因自励磁效应产生转子电流，转子电流击穿油膜，产生电蚀。

(3) 预防措施：降低转子的残磁水平，残磁较高时应进行去磁处理；消除或减小其他产生轴电流的原因；保持轴承座良好的绝缘性能；轴接地。

五、叶片的失效

汽轮机叶片的受力非常复杂，工况也极为恶劣。纵观叶片的失效原因，大多是制造缺陷、运行维护不当和外界因素造成的。叶片的失效形式表现为断裂，根据叶片裂纹扩展的性质，可以把叶片失效形式归纳为长期疲劳失效、短期超载疲劳失效、腐蚀失效、高温氧化失效、接触磨损失效、脆性断裂失效等。尽管叶片失效形式复杂，但叶片的断裂，基本上是以疲劳扩展形式表现出来的，即在叶片断口上可明显的观察到疲劳源、扩展条纹和最终断裂区三个区域。本书所讨论的重点是造成疲劳开裂的原因，原因清楚了，才利于有针对性地对叶片进行监督。

就叶片的工况而言，末级、次末级叶片处于过热蒸汽向饱和蒸汽过渡的区域，即末级、次末级叶片处于湿蒸汽区域，由于负荷变化，湿蒸汽区域还将扩大。此外，末级、次末级叶片叶型较长，受力较大，故一般事故发生在末级、次末级叶片上。叶片的固定是靠叶根的紧密装配来实现的，叶片工作面承受的弯应力、扭应力和拉应力都会传递到叶根，因此对叶根的失效形式的分析，意义很大。

1. 腐蚀失效

腐蚀是末级、次末级叶片失效的主要形式，由于叶片处于湿蒸汽区域，蒸汽中的腐蚀介质吸收了蒸汽中水滴形成了电解质，当各种原因使叶片表面的钝化膜破坏时，就会对叶片产生腐蚀。相比之下，在过热蒸汽区域，由于不能形成电解质，因而，很少见到腐蚀失效问题，只有当停机保护不当时，才可能会形成腐蚀。因此看到，叶片的腐蚀大多数为电化学腐蚀，主要有下列几个方面：

(1) 同种材料相接触形成宏观的腐蚀电池，如叶片与拉筋的连接处，镶焊硬质合金部位、补焊区域等。

(2) 材料组织的不均匀性，也可以形成微电池对叶片造成腐蚀，如叶片表面存在夹杂物或成分偏析等。

(3) 残余组织应力也可以形成微电池，如镶焊硬质合金部位、补焊部位在焊接时发生了马氏体转变，形成较大的组织应力。

应该说，形成微电池的因素较多，如电解质的浓度变化、叶片表面质量不良、焊接处存在气孔等缺陷时，都会形成微电池，进而对叶片出现损伤。

当蒸汽品质恶化时，对叶片将会造成严重腐蚀，如凝汽器泄漏、化学水品质控制不善、沿海电站海水泄漏等，会使蒸汽中含有大量具有腐蚀作用的介质，如 Cl^-、Na^+、Fe^{3+}、Cu^{2+}等。对不锈钢叶片来说，Cl^- 是最敏感的腐蚀介质，而阳离子的存在会加速腐蚀进程。

一般情况下，腐蚀失效主要表现为点蚀、应力腐蚀、腐蚀疲劳等形式。

2. 冲蚀

冲蚀是蒸汽对叶片表面造成的一种机械性损伤，常发生在低压叶片区域。其机理如下：

(1) 由于蒸汽到达低压区域时，温度越来越低，湿度越来越大，在末几级叶片处蒸汽中会有小水珠和水滴出现。这些水滴和水珠相对蒸汽流速较慢，当叶片高速转动时，蒸汽中的水滴和水珠形成了对叶片进汽侧背弧面的高速撞击，形成了对叶片的冲蚀，使叶片背弧面被冲刷成凹痕或缺口，而使叶片形成损伤。

(2) 汽轮机在低负荷运行时，末几级的工况变化最大。如果机组不是按调峰机组设计的，当负荷发生变化时，相对于设计工况，蒸汽流量会急剧减小，使流场参数发生很大变化。末几级叶片会在小容积流量、真空工况下运行，叶片底部出现较大的负反动度，结果使动叶片下半部造成大范围的回流区。回流蒸汽中的水滴在高速旋转的情况下，动叶片下半部的出汽边造成了冲蚀。

在实际运行中，冲蚀会造成叶片叶顶的损伤，严重的会使叶顶缺少一大块，冲蚀也使叶片出汽边受损，严重时呈锯齿状。叶片外形的变化会使叶片静频率提高，从而增加共振的倾向。

3. 焊接质量不佳引起的失效

为了防止末几级叶片出现冲蚀失效，常会在叶片背面焊接硬质耐磨合金，如镶焊司太立合金片。但由于焊接质量不佳，常常在焊接部位出现开裂现象。例如，某厂 50MW 机组的末级叶片在运行了 8 万 h 后，叶片与硬质合金片的焊接部位出现了裂纹，需对开裂部位全部进行焊接修复，给形成焊接缺陷增加了可能性。所以，一般在焊接后应把焊接面修平，保证焊缝与叶片母材均匀过渡，减少应力集中倾向，并严格控制合金与母材间不存在缺口。

叶片工作面常常因机械损伤进行补焊处理的情况日益增多，如合金与叶片母材开裂、叶片拉筋套箍脱落后，将叶片表面击伤等，在机组抢修中常使用焊接方法对击伤部位进行补焊处理。在补焊中如工艺控制不当，在补焊区热影响区极易出现粗大的马氏体组织，并在晶界有大量碳化物析出，而使晶界脆化。在运行中叶片表面的脆化组织在应力作用下极易开裂，使叶片出现沿晶断裂。

4. 水冲击

当汽缸抽汽管道存在结构不合理或抽汽管道止回阀出现问题时，如未加装止回阀或止回阀失灵，而使疏水管堵塞，在抽汽管内积有大量的水，当机组负荷降低时，汽轮机内压力突然下降，会引起积水倒流，突然进入汽缸，对叶片造成水冲击。水冲击强度很大，可直接使叶片开裂，在以后的运行中裂纹在周期载荷的作用下逐渐扩展，最终导致疲劳开裂。严重时，水冲击可直接冲断叶片，在断口上不表现疲劳扩展现象。

5. 接触疲劳失效

叶片的振动传递到叶根，会使叶根与轮缘接触部位产生微动，由此使叶根产生接触疲劳失效。接触疲劳的特征是叶根与轮缘槽的接触面间存在因振动形成的微量往返的位移。在很高的局部压力作用下，两接触表面会产生微动，在滑动时会发生黏结，并从一个表面上撕下金属，转移到另一个表面上去。在周期载荷的作用下，使叶根发生了失效。

接触疲劳失效从调节级至末级叶根均会有产生接触疲劳的可能性。由于相对于前面几级叶根，末级、次末级叶根的离心力、弯曲应力和扭转应力较大，因此出现接触疲劳失效的可能性大。

从结构上考虑可知，对于 T 形叶根，90°拐角处的应力较大，在弯应力的作用下，易出现接触疲劳失效。对于叉形叶根，定位销与销钉孔的微量相对位移也容易产生接触疲劳失效。对于枞树形叶根，在塔底部第一齿的位置容易产生接触疲劳失效。这些位置都是应力较大的位置，是叶根的薄弱环节，在静应力和激振应力的作用下会首先起裂。

从装配角度考虑，如果装配尺寸偏差超标，造成间隙过大，在应力作用下，增加了微量位移的倾向，也容易出现接触疲劳失效。

从应力角度分析，轮缘叶根槽受力部位在拉应力的作用下出现变形，使间隙增大，加剧了接触疲劳失效的可能性。

6. 叶片质量不良引起的断裂失效

虽然叶片在投入使用前进行了大量的检验工作，但叶片质量不良造成的断裂事故也很多见。例如，叶片振动特性不合格，在运行中叶片发生了共振，而使叶片损坏；叶片结构不合理，使局部产生了过大的应力集中，也会使叶片发生断裂；叶片材质不良，如机械性能较低，微观组织存有缺陷等同样会造成叶片的断裂失效；加工质量不良是较常见的失效原因之一，如叶片表面粗糙、加工刀痕明显、围带铆钉孔或拉筋孔处无倒角等，都会使叶片出现应力集中而发生断裂失效。

六、高温螺栓失效

高温螺栓的作用是连接紧固汽缸和各类汽门的法兰结合面，保证在两次大修期间结合面不漏汽。在使用中高温螺栓的受力特点如下：在高温运行条件下，螺栓具有明显的应力松弛现象，为了保证不漏汽，螺栓的预紧应力须大于汽密应力与松弛应力之和。汽轮机启停时，法兰和螺栓之间的温差，会造成附加紧应力。螺栓中应力最大的部位在螺纹第一、二齿根部（即螺母和法兰面相切处的螺纹根部），适当选用较大的预紧力，对连接的可靠性和螺栓的疲劳强度都是有利的。此外，每次检修时的螺栓拆装均伴其受到较大的冲击，其失效形式主要有以下几种。

1. 脆性断裂

（1）特征：一般发生于启停或拆装螺栓时，断裂迅速；断口处没有宏观变形，断口为脆性断口；断口上可能有月牙形的老裂纹，有的没有老裂纹；螺栓的材料性能劣化，冲击值低，硬度高；金相组织呈现晶粒粗大和黑色原奥氏体晶界；裂纹走向是沿晶的，或是穿晶的。

（2）原因：螺栓材料具有脆性；受载速度快；存在缺口应力集中；螺栓在长期运行中的热脆性能老化（如磷向原奥氏体晶界偏聚等）。

（3）预防措施：降低受载速度，如启停时控制法兰和螺栓之间的温差；采用加热的方法装拆螺栓；提高材料的韧性，如降低奥氏体化温度，提高回火温度，细化晶粒和控制螺栓硬度；改进螺栓结构，采用细腰结构和增大螺栓根部的圆角半径；对脆化螺栓进行恢复性热处理。

2. 蠕变断裂

（1）特征：断裂产生于第一齿根部；断口为沿晶蠕变断裂，晶界面上有孔洞；螺栓强度过低容易产生蠕变裂纹；螺栓的预紧力过大容易产生蠕变裂纹；蠕变损伤集中于第一齿根，蠕变量极小。

（2）原因：由于螺栓材料的高温强度低，而预紧力大，造成蠕变脆性断裂（相当于缺口持久断裂）。

（3）预防措施：提高螺栓材料的高温强度；适当降低预紧力；降低齿根的应力集中；进行无损探伤，更换有裂纹的螺栓。

3. 疲劳断裂

（1）特征：主要发生于调速汽门螺栓；裂纹发生于第一丝扣；断口具有一般疲劳断口

的特征，其性质为高温疲劳；高温氧化和蠕变损坏会促进疲劳裂纹的产生和扩展。

（2）原因：调速汽门的工况波动及振动，使螺栓承受动应力，在应力集中处产生疲劳断裂。

（3）预防措施：一组螺栓的紧力要均匀；适当提高预紧力，有利于提高螺栓的抗疲劳能力；提高螺栓的高温疲劳强度；采用柔性结构螺栓，降低齿部的应力集中。

4. 松弛失效

（1）特征：结合面在稳定运行工况中发生漏汽；螺栓的紧力低于最低的汽密紧力；螺栓未断裂；螺栓的抗松弛能力大大下降；预紧力过小。

（2）原因：在运行过程中由于应力松弛，螺栓的实际紧力低于汽密紧力，发生漏汽。

（3）预防措施：更换错用钢材；对新螺栓，应提高螺栓的强度；对旧螺栓，进行恢复热处理；采用高一级的螺栓材料；提高预紧力。

5. 装拆过热损坏

（1）特征：装拆螺栓，用气焊火把加热中心孔时，发生过热现象；中心孔表层局部过热或过烧，裂纹从中心孔向外扩展；组织重新发生相变，严重的会出现粗大的组织；裂纹是沿晶的氧化裂纹。

（2）原因：由于加热不当，局部区域过热或过烧，产生裂纹，在运行中这些裂纹继续扩展。

（3）预防措施：采用电加热方法加热螺栓，并按规程进行操作。

第五章　电站承压部件的寿命评估

第一节　寿命评估的重要性和必要性

一、部件寿命相关术语

（1）机组寿命——火电机组寿命按一般经验确定为30年。

（2）设计寿命——目前国内外火电机组部件为常规强度设计而非有限寿命设计，故不能给出部件或机组的设计寿命。本书中，鉴于设计蠕变温度范围内的高温部件时均以10^5h的持久强度极限或蠕变极限除以安全系数为依据，故将此10^5h称作设计寿命。当采用材料的2×10^5h的持久强度极限作为依据时，设计寿命即为2×10^5h。

（3）极限寿命——部件在实际运行工况下的失效寿命。

（4）安全运行寿命——部件在正常（设计）运行条件下的安全运行时间或循环周次。通常它比设计寿命长，但比极限寿命短。但在运行环境较设计参数恶劣时，或原始材料性能欠缺时，安全运行寿命会低于设计寿命。

安全运行寿命不等于设计寿命，因为：

1）设计时采用的持久强度极限由试验外推获得，外推结果存在误差；

2）不同批号的钢材，持久强度极限一般有±20%的分散带，设计所用持久强度极限为平均值；

3）安全系数的选取不同；

4）材料老化程度的差异。

（5）剩余寿命——安全运行寿命减去部件的实际运行时间之差值。

（6）寿命预测——根据部件的实际运行工况（运行方式、运行参数、运行环境、运行历程）、部件的材料特性、预期的运行方式，采用合适的科学技术方法对部件的剩余寿命作出预测。

二、寿命评估的必要性和意义

DL/T 654—2009《火电机组寿命评估技术导则》中，按经验将火电机组的使用期定为 30 年。

随着机组运行时间的延长，事故强迫停机率也增加。以蠕变性能（如钢的 10^5h 或 2×10^5h 持久强度极限）作为设计指标的电厂关键高温部件，在长期运行中材质发生老化和损伤的积累，寿命不断损耗。对关键高温部件安全运行寿命的评估是机组安全运行的保障，通过在安全运行寿命期的更换，既避免了失效事故的发生，又延长了机组的整体寿命。

由于设计时存在安全系数的考虑，设计寿命不等同于部件的极限寿命。另外运行参数、材料特性等均使得部件存在延寿的可能性。

在我国目前超过 30 年运行历程的火电机组容量约为 15000MW，这部分机组大多数仍在继续运行；另一方面，随着电网峰差的增大，越来越多的大机组也要参与调峰运行。运行环境较设计参数更恶劣，所以对这些老机组和参与调峰运行的机组进行安全性评价和寿命评估十分必要。

归纳起来，寿命评估的重要意义包括：

（1）保障设备的安全性和可靠性；

（2）提高机组运行的经济性；

（3）为电厂设备管理、维修检验提供技术支持；

（4）为电厂设备延寿、寿命管理等提供技术基础。

第二节　火力发电厂主要部件的失效机理

对部件失效方式的认定，是寿命管理的前提。由于火力发电厂主要承压部件的工作条件不同，导致部件损伤失效机理也不同，表 5-1 列出了各主要部件的损伤失效机理。

表 5-1　火电机组主要部件失效机理

部件名称		损伤机理							
		蠕变	疲劳	蠕变-疲劳	侵蚀	腐蚀	应力腐蚀	磨损	其他
关键性部件	汽包		√			√	√		
	高温过热器集箱	√	√	√		√			
	高温再热器集箱	√	√	√		√			
	集汽集箱	√	√	√		√			
	水冷壁集箱		√			√			
	省煤器入口集箱		√			√			
	下降管		√			√			
	主蒸汽管道	√	√	√					
	高温再热蒸汽管道	√	√	√				√	
	大口径三通	√	√	√					√
	汽轮机转子	√	√	√					
	汽室	√	√	√	√				√
	阀门		√					√	√
	发电机转子		√					√	
	护环		√			√	√		

续表

部件名称		损伤机理							
		蠕变	疲劳	蠕变-疲劳	侵蚀	腐蚀	应力腐蚀	磨损	其他
一般性部件	高温过热器管、再热器管	√	√	√	√	√		√	高温氧化
	低温过热器管、再热器管	√	√	√	√	√		√	高温氧化
	水冷壁管		√		√	√	√	√	
	省煤器管					√		√	
	汽轮机叶片		√		√	√		√	
	汽轮机隔板	√	√		√			√	
	汽轮机外缸、内缸	√	√						√
	汽轮机喷嘴组	√	√		√				
	凝汽器				√	√	√	√	
	给水加热器				√	√			

第三节　寿命评估的步骤

一、寿命评估框图

1. 无超标缺陷部件寿命评估框图

无超标缺陷部件寿命评估框图见图 5-1。

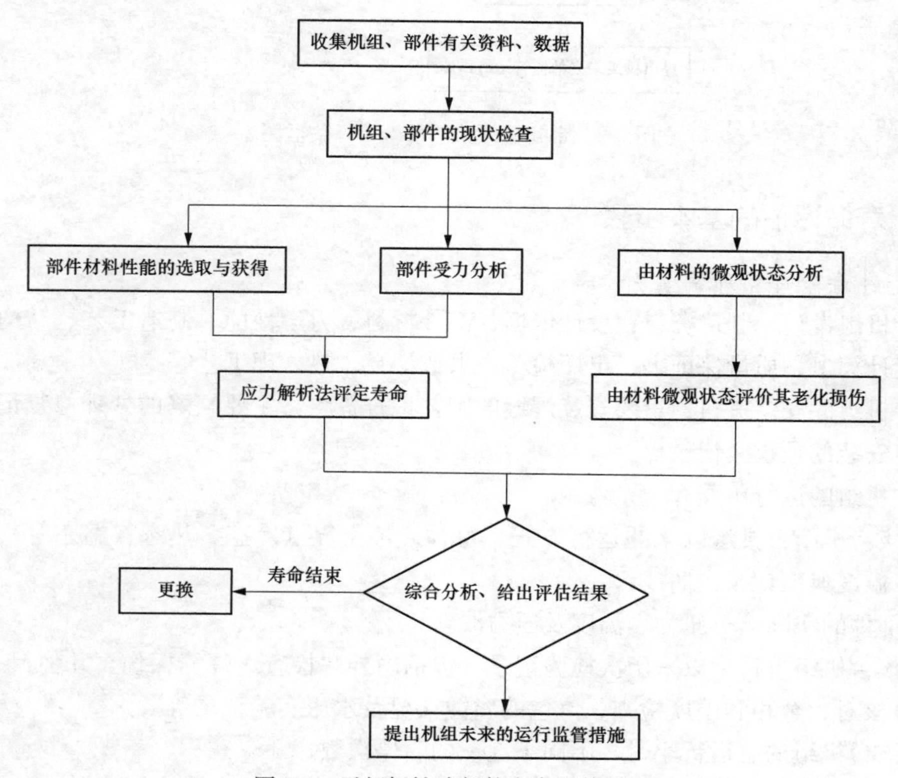

图 5-1　无超标缺陷部件寿命评估框图

2. 带超标缺陷部件寿命评估框图

带超标缺陷部件寿命评估框图见图 5-2。

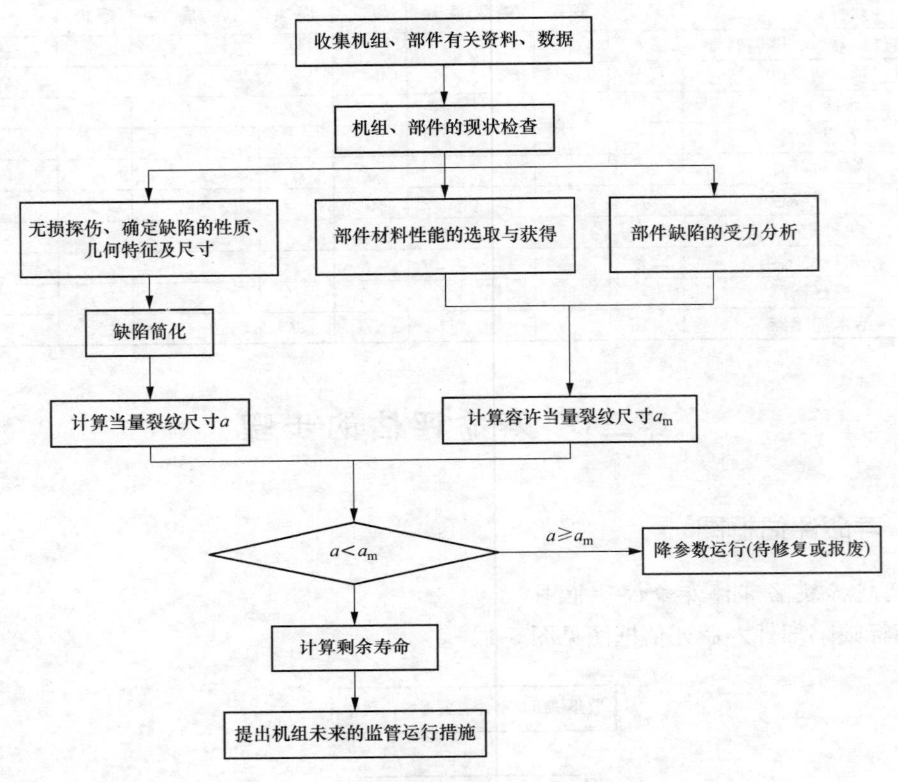

图 5-2　带超标缺陷部件寿命评估框图

二、寿命评估的基本步骤

1. 部件寿命评估所需资料

（1）机组设计、制造资料：设计依据、部件材料、力学性能、制造工艺、结构几何尺寸、强度计算书、质量保证书、出厂检验证书或记录、热处理工艺等。

（2）机组的安装资料：重要安装焊缝的工艺检查资料，主要缺陷的处理修复记录，主蒸汽管道安装的预拉紧记录等。

（3）机组的运行历程和记录：

1）该台机组自投运以来的运行方式，每种启停工况（冷态、热态、温态等）下部件的压力、温度典型记录或曲线；

2）部件的实际运行压力、温度及压力波动；

3）该台机组自投运以来历次检验记录（包括内外观检查、焊缝探伤、几何尺寸测定、材料成分核对、金相和硬度检查、汽包的腐蚀状况及水压实验记录等）；

4）该台机组的总运行小时、不同工况下的启停次数；

5）机组的事故工况及记录；

6）机组部件的修复及部件更换记录；

7）机组未来的运行计划。

2. 机组部件的现状检查

内外观检查、焊缝错边、无损探伤、几何尺寸测量、复型金相和硬度。

3. 部件的受力分析

（1）理论计算；

（2）经验公式；

（3）有限元分析；

（4）试验分析。

4. 部件材料的力学性能与微观组织

（1）试验测定；

（2）借鉴同牌号材料、相近运行条件下已有部件材料的性能数据；

（3）参考国内外相同或相近的材料性能数据。

5. 进行部件的寿命评估

在上述步骤的基础上对部件的寿命进行评估，

三、寿命评估的基本内容

寿命评估的基本内容如下：

（1）分析部件的过去运行历史，估算寿命耗损量；

（2）部件的宏观检验，包括目测检查，尺寸检验，无损探伤及内氧化层测量、复型金相、硬度等；

（3）割管检验：部件的老化、损伤状态全面评估；

（4）根据材料的应力—应变时间关系、裂纹扩展速率等参数，结合部件的结构力学计算分析，对预期的未来运行条件进行剩余寿命估算。

具体部件寿命评估方法是以上基本内容的某种组合，根据寿命评估的深度和精度，从低至高把部件寿命评估分为三个层次：

Ⅰ阶段：基本内容（1）结合部件的设计参数和材料的许用应力进行寿命评估。

Ⅱ阶段：根据基本内容（1）和（2）或（1）+(2)+部分（3），进行寿命评估。

Ⅲ阶段：根据基本内容（1）～(4)，进行寿命评估。

第四节　常用寿命评估方法简介

寿命评估是在部件的特定损伤模式前提下进行的。对于高温蠕变失效部件，通常采用的寿命评估方法有等温线外推法、L-M参数、θ函数法及其他性能综合评定方法等。对于以疲劳方式失效的部件，则以疲劳寿命曲线进行评定。另外，还有疲劳—蠕变交互作用下的寿命评估及带缺陷部件的安全性评定与寿命估算等。

一、等温线外推法

利用恒温、恒载荷拉伸持久（至少 5 个应力水平）试验结果，根据式（5-1）进行拟合，获得图 5-3 所示的持久强度曲线。继而由式（5-2）外推在一定安全系数时工作应力下的断裂时间，但外推的规定时间应小于最长试验点时间的 10 倍。

$$\sigma = k(t_r)^m \tag{5-1}$$

式中 k、m——由试验确定的材料常数；

σ——材料的应力水平，MPa；

t_r——断裂时间，h。

$$\lg t = \frac{\lg \dfrac{\sigma_{10^5}^t}{n\sigma_{max}}}{\lg \dfrac{\sigma_{10^4}^t}{\sigma_{10^5}^t}} \tag{5-2}$$

式中 n——安全系数，当选取图 5-3 中的中值线时，n 取 1.5；当选取图 5-3 中的下限线时，n 取 1.2。

$\sigma_{10^5}^t$、$\sigma_{10^4}^t$——试验温度下 10^5h 和 10^4h 的外推持久强度；

σ_{max}——部件在工作条件下引起蠕变损伤的最大应力。

优点：目前国际通用的 10^5h 持久强度外推方法（欧洲允许外推 3 倍）简单，工程中应用方便。

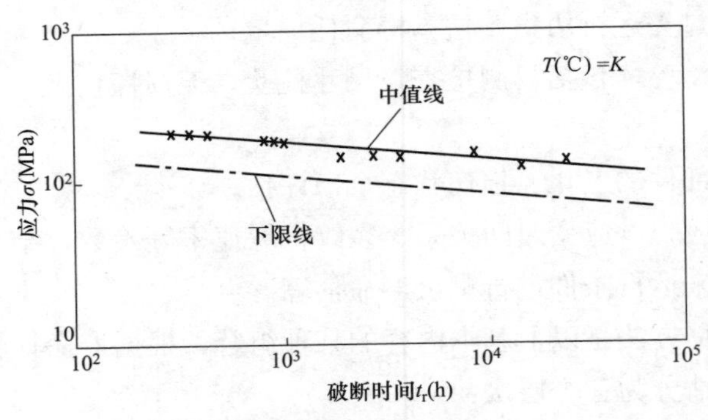

图 5-3 材料典型的应力—断裂时间（σ-t）关系曲线

缺点：外推的原材料持久强度与使用过材料持久强度的矛盾（见图 5-4），剩余寿命评估中，对运行材料的高温蠕变断裂试验非常重要。

更长的时间范围，应力与时间不呈线性（见图 5-5），因此试验时间越长，外推结果的准确性越高。

外推寿命对应力过于敏感。

二、Larson-Miller（L-M） 参数法

L-M 参数是时间温度参数的一种表达式，以 $P(\sigma)$ 表示，即

$$P(\sigma) = T(\lg t_r + C) \tag{5-3}$$

式中　T——试验温度，K；

t_r——断裂时间，h；

C——材料常数。

通过试验确定材料的 L-M 参数方法：选取 3 个温度，每个温度下至少进行 4 个应力水平的拉伸持久试验。按式（5-4）式进行多元线性回归处理求解 C 值，即

$$\lg t_r = C + (C_1 \lg\sigma + C_2 \lg^2\sigma + C_3 \lg^3\sigma + C_4 \lg^4\sigma + C_0)/T \tag{5-4}$$

式中　C_0、C_1、C_2、C_3、C_4——拟合系数。

依据拟合出的公式，绘制 $P(\sigma)$-σ 单对数曲线，继而确定最大工作应力下的断裂时间。

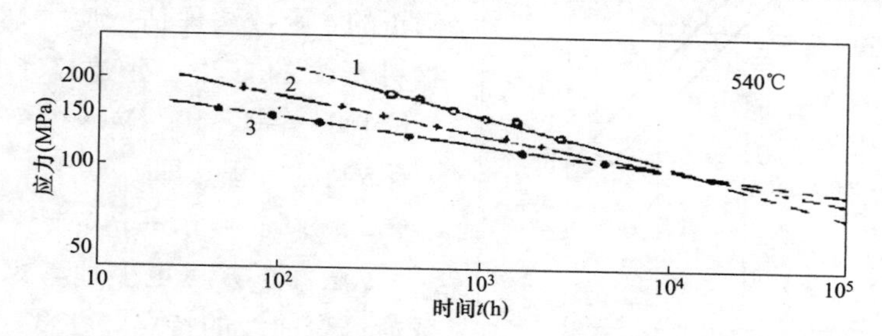

图 5-4　10CrMo910 钢管不同运行时间后的持久强度曲线

1—原始状态；2—运行 29800h；3—运行 50000h

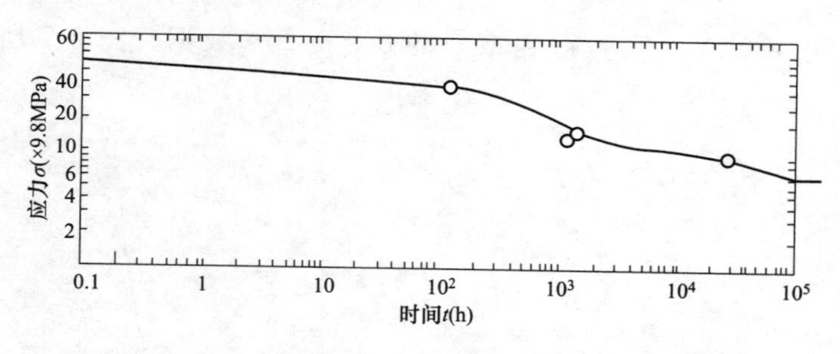

图 5-5　10CrMo910 钢 550℃下的持久强度曲线

工程上更多的是利用此参数估算升温对相应材料蠕变寿命带来的影响。依据国内外大量试验数据的统计结果，10CrMo910 材料的 L-M 参数曲线见图 5-6，其 C 值为 20；12Cr1MoV 钢的 C 值为 22；T/P91 钢的 C 值为 30。

优点：该公式在一定程度上考虑了蠕变和组织性质变化过程。

缺点：外推结果强烈受 C 值的影响。

三、修正 θ 法

以往的寿命评估仅以蠕变断裂点数据以及第二阶段最小速率曲线数据为基础，没有以蠕变曲线的全过程数据为基础，从而使外推的蠕变寿命幅度与精度受到了限制。采用 Wilshire 和 Evans 的 θ 法则可更精确地描述材料的蠕变过程，从而可更精确地外推蠕变寿命。

θ 方程实际是将典型的蠕变断裂曲线分成加速和减速两部分，蠕变变形速率与变形时

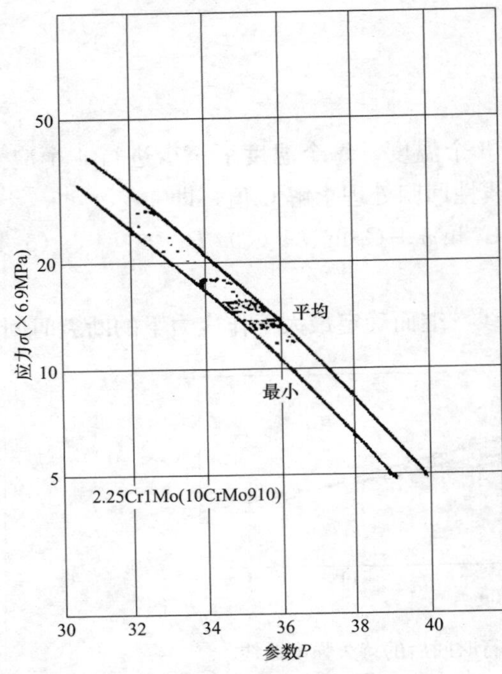

图 5-6　材料典型的 L-M 参数曲线

间的方程表示如下

$$\varepsilon = \theta_1(1 - e^{-\theta_2 t}) + \theta_3(\theta_4 e^{\theta_4 t} - 1) \quad (5\text{-}5)$$

采用精确的恒应力蠕变实验确定 4 个 θ 参数值后，材料任何应力下的蠕变变形曲线均可由式（5-5）描述，可成功地用较短时间的蠕变实验外推到 10^5 万 h 的蠕变性能。

我国在 20 世纪 80 年代后期进行了 θ 函数法评估高温部件材料寿命的研究，提出了修正的 θ 函数法评估低应力蠕变条件下部件材料寿命的方法，并建立了国内常用材料 12Cr1MoV 钢、10CrMo910 等材料的修正的 θ 函数特征方程，即

$$\varepsilon = \theta_1 t + \theta_2(e^{-\theta_3 t} - 1) \quad (5\text{-}6)$$

θ 法修正方程更多地考虑了低合金钢恒载荷蠕变曲线的特点，在低应力作用下蠕变第一阶段很不明显，因而可用式（5-6）描述蠕变曲线。根据 θ_1、θ_2、θ_3 三参数与应力和温度的关系，可用高应力实验得到精确的 θ_1、θ_2、θ_3 数据。图 5-7 所示为 θ 法运用实例。

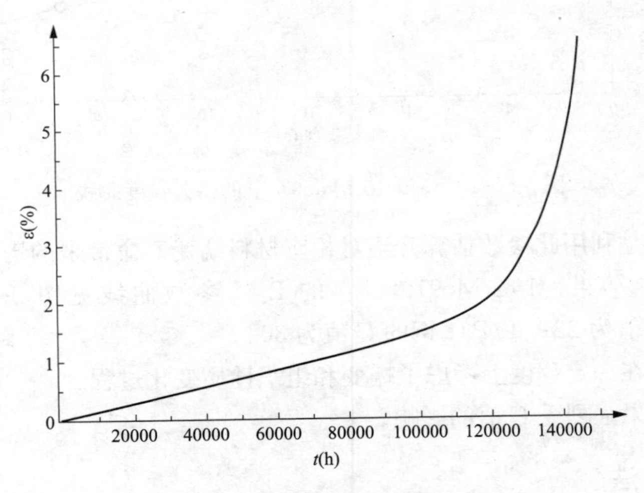

图 5-7　θ 法运用实例示意图

此曲线的作用：可描述最大工作应力下的蠕变断裂全过程曲线，当变形进入稳态蠕变变形的末期时，为安全寿命。另外，结合现场管道实际蠕变变形速率，可对剩余寿命进行修正，如：实测蠕变变形速率位于曲线下方，说明预测是偏安全的；反之，则说明实际蠕变变形大于预测变形，管道变形有加速趋势，剩余寿命减小。

同样地，试验时间对外推趋势线也有较大的影响，尤其是加速期拐点，因此引入逐渐外推法，此方法更适用于主蒸汽管道的在线监测寿命管理。

在工程上应用θ法进行寿命评估时，由于θ法的试验基础仍为高温蠕变断裂试验，因此预测时间仍应小于试验点的10倍。

四、材料微观组织老化及蠕变空洞的评定

根据承压部件材料的力学性能和管道的运行参数，利用适当的评估方法对承压部件寿命作出定量计算后，还需结合材料的微观组织老化程度、碳化物成分和结构及蠕变孔洞的评定，对管道的蠕变寿命作出综合评估。

1. 微观组织的变化

（1）20G、15Mo钢石墨化；

（2）12CrMo、15CrMo钢的珠光体中碳化物的分散球化；

（3）12Cr1MoV、10CrMo910钢的珠光体中碳化物的分散球化、蠕变孔洞的产生；

（4）碳化物结构和成分变化；

（5）9%～12%Cr钢主要表现为亚结构（在每一个晶粒内存在位向差很小的小晶块，称亚结构或嵌镶块）的改变，马氏体亚结构的粗化，位错密度下降，沉淀相粗化，Laves相的析出。

2. 组织变化对性能的影响

（1）钢的石墨化和珠光体中碳化物的分散球化，晶界碳化物的聚集、长大引起晶界的弱化，使钢的冲击韧性明显下降；

（2）合金元素从固溶体中析出，引起固溶体强化效应下降，其他力学性能指标也明显下降；

（3）屈强比上升（即形变强化能力下降）——材料脆性增加；

（4）固溶体强化效应下降和晶界的弱化，导致材料高温长期强度（蠕变强度和持久强度）下降；

（5）硬度下降。

3. 蠕变孔洞的检查

（1）1983年德国学者Neubauer和Wedel研究低合金耐热钢的蠕变孔洞，认为在蠕变曲线第二阶段末、第三阶段初出现蠕变孔洞，且将蠕变孔洞划分为A、B、C、D四个级别。

（2）加拿大M. A. Clark等人1993年发表的研究论文，认为低合金耐热钢在蠕变曲线第一阶段末、第二阶段初即出现蠕变孔洞（见图5-8），也将蠕变孔洞划分为A、B、C、D四个级别，在A级中又划分为三个小的级别，即个别独立孔洞、独立孔洞和密集孔洞。

蠕变孔洞评级标准及相应的检查周期见表5-2。由于金相制样上蠕变孔洞同碳化物脱落易于混淆，对蠕变孔洞的检验需结合光学显微镜与扫描电子显微镜进行。

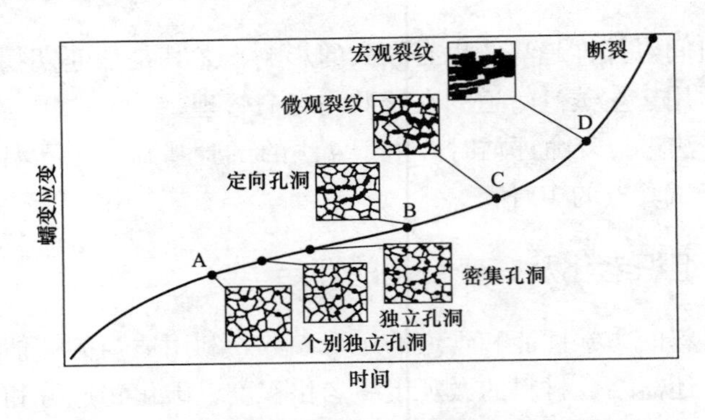

图 5-8 蠕变各阶段空洞级别划分（1993 年）

表 5-2 蠕变孔洞评级及检查周期

级别	组织特征	检查周期
Ⅰ	晶体结构不断变化，珠光体分解，碳化物开始在晶界和晶内析出，但无微孔	5～6 年
Ⅱ	碳化物在晶界析出呈链状，且具方向性；个别单个微孔，无规则分布	3～4 年
Ⅲ	晶界孔洞数量增加，且呈串链状分布和方向性排列，晶界分离①	1～2 年
Ⅳ	出现微裂纹②	停止使用，更换

① 一个晶粒的长度。
② 几个晶粒的长度。

五、带超标缺陷部件的寿命评估

火电机组中的一些大型部件（如汽轮机转子及汽轮发电机转子、汽包、汽缸等）往往制造、加工周期长，并且更换安装困难，若存在超标缺陷或运行中出现裂纹，可应用断裂力学方法对其安全性作出评定并估算出剩余寿命。常见方法有以下几种。

1. *应力强度因子法（主要应用于汽轮机、发电机转子）*

按照 GB 4161—2007《金属材料　平面应变断裂韧度 K_{IC} 试验方法》测定材料的断裂韧性。当试件尺寸难以满足 K_{IC} 测试条件时，可按照 GB/T 2038—1991《金属材料　延性断裂韧度 J_{IC} 试验方法》测定，然后通过换算得到 K_{IC}，即

$$K_{IC}=\sqrt{\frac{E}{1-\nu^2}J_{IC}} \tag{5-7}$$

式中　E——材料弹性模量，MPa；

ν——材料的泊松系数。

对于具体的部件可根据其形状、裂纹形状及位向、外加载荷方法等来确定部件缺陷部位的应力强度因子 K_I 的表达式，即

$$K_I=f(\sigma,a,Y) \tag{5-8}$$

式中　σ——部件缺陷部位无缺陷时的应力；

a——裂纹尺寸；

Y——几何形状因子。

对部件的应力 σ 应考虑外载引起的应力，部件自重产生的应力、焊接残余应力、热应力、部件几何形状引起的应力集中，由试验确定或计算分析获得 σ，然后代入式（5-8）从

而得到 K_I 值。

对于压力容器中三种类型裂纹（表面裂纹、穿透裂纹、埋藏裂纹）的应力强度因子 K_I 的具体形式，按照 GB/T 19624—2004《在用含缺陷压力容器安全评定》中列出的公式确定。

部件安全性判定

当 $K_I \geqslant 0.6K_{IC}$ 时，为不可接受的缺陷。

2. 裂纹张开位移（COD）法（主要应用于汽包及各类压力容器）

利用应力强度因子法可解决高强度钢质部件及大截面尺寸部件的安全性评定，但对中低强钢制部件或截面尺寸较小的部件，在裂纹尖端附近会出现大范围屈服或全屈服，这时，线弹性断裂力学的理论不再适用，需要用弹塑性断裂力学来分析和评定部件的安全性。

按照 GB/T 21143—2014《金属材料　准静态断裂韧度的统一试验方法》测定材料的临界裂纹张开位移 δ_{cr}。

对部件缺陷进行规则化处理，确定缺陷的当量裂纹尺寸 $\bar{a}$，对压力容器的缺陷评定按照 GB/T 19624—2004 执行。

对部件缺陷部位的应力进行分析计算，要考虑外载引起的应力、部件自重产生的应力、焊接残余应力、热应力、部件几何形状引起的应力集中等。

确定部件缺陷部位的应变 e 和材料的屈服应变 $e_y\left(e=\dfrac{\sigma}{E},\ e_y=\dfrac{\sigma_y}{E}\right)$，对于高温下工作的部件其 E，σ_y 应取高温下的性能数据。

确定部件缺陷部位的允许裂纹尺寸 $\bar{a}_m$

$$\bar{a}_m=\delta_{cr}/\left[2\pi e_y\left(\frac{e}{e_y}\right)^2\right],\quad e/e_y\leqslant 1 \tag{5-9}$$

$$\bar{a}_m=\delta_{cr}/[\pi(e+e_y)],\quad e/e_y>1 \tag{5-10}$$

安全性判定：当 $\bar{a}<\bar{a}_m$ 时，缺陷可以接受。

3. 对含超标缺陷部件的剩余寿命估算

对带缺陷部件进行安全性评定是指部件能否发生一次性破断，但工程中大多数部件是在循环加载条件下工作，即使存在着超标缺陷，也不一定会立即断裂，而是在循环应力作用下，裂纹逐渐扩展达到临界值时才发生突然断裂。

按照 GB/T 6398《金属材料　疲劳试验裂纹扩展速率试验方法》测定材料的疲劳裂纹扩展速率 $\dfrac{da}{dN}$

$$\frac{da}{dN}=D(\Delta K)^n \tag{5-11}$$

式中　ΔK——应力强度因子变化范围；

D、n——实验确定的材料常数。

按照 GB/T 19624—2004 分析计算缺陷部位的循环应力范围 $\Delta\sigma$，此时不考虑静态应力，如焊接残余应力。

确定部件缺陷部位的应力强度范围 ΔK［参考式（5-11）］中 K_{I} 的确定方法

$$\Delta K_{\mathrm{I}} = f(\Delta\sigma, a, Y) \tag{5-12}$$

判定裂纹是否会扩展。当 $\Delta K < \Delta K_{th}$ 裂纹不扩展。

当 $\Delta K \geqslant \Delta K_{th}$ 时，用下式计算疲劳裂纹扩展剩余寿命 N_{rem}（周次）：

$$N_{rem} = \frac{a_0(a_N - a_0)D(\Delta K)^n}{a_N} \tag{5-13}$$

式中 a_0——初始裂纹尺寸，mm；

a_N——临界裂纹尺寸，mm。

对于计算的 N_{rem} 尚需要考虑试样厚度与部件截面厚度、试验频率与部件工作频率的效应，故对于 N_{rem} 取 20 倍安全系数，即为带缺陷部件的剩余寿命。

第六章　超（超）临界机组发展现状与用材分析

第一节　概　　况

自然资源储备和国情决定了今后我国的电源结构仍将以燃煤发电机组为主力。截至2016年底，我国发电总装机容量达到16.5亿kW，其中火电达到10.56亿kW，约占总容量的64%。虽然我国大力发展水电和核电等清洁型能源，但到2020年，火电装机仍将维持在60%左右，2030年在50%左右，2050年在38%左右。按照国家发展改革委的基本方针，对电力工业的发展有下面几点指导思想：一是提高能源效率，降低发电成本，采用高效节能机组，建设单机容量大的机组；二是保护生态环境，优化发展煤电和能源结构，节约用水，提高机组经济性；三是鼓励建设大容量机组，力争建设600MW以上、具有50%调峰能力的超（超）临界机组。

一般从水的物理性质可知，当压力达到22.12MPa、温度达到374.15℃时，饱和水会立刻全部汽化，不存在沸腾阶段。此点称为水的临界点，此压力称为临界压力，此温度称为临界温度。通常，超临界机组的蒸汽压力为24MPa左右，蒸汽温度为540～560℃；超超临界机组的蒸汽压力为25～35MPa或更高，蒸汽温度在580～600℃及以上。一般认为，满足下列条件之一即可称为超超临界机组：①主蒸汽压力大于28MPa；②蒸汽温度高于580℃。总体来看，目前的发展趋势是：压力参数由16.66MPa向35MPa扩展；温度参数由亚临界的540℃向超临界的566℃和超超临界的600℃和高效超超临界620、630℃发展。

应该指出，发电设备的发展是以材料工业的发展为基础的，随着机组容量的增大、温度和压力的提高，必将要求强度更高、耐热性能更好、抗氧化性能更高的材料作为设计制造超（超）临界机组的保证。超（超）临界机组就是通过提高火电机组锅炉蒸汽温度、压力参数提高机组效率，特别是温度参数对效率的影响更为显著，而提高蒸汽参数遇到的主要关键技术是金属材料的耐高温、高压及焊接问题，因此材料是保证实现超（超）临界机组的关键。它要求材料具有足够的高温强度、优异的抗氧化性能和耐热性能及良好的制造加工性能。

第二节　超超临界机组的发展状况

超超临界火电机组是世界上成熟先进的发电技术，目前主蒸汽/再热蒸汽温度为600℃

的超超临界机组效率可达44%～45%，已得到广泛应用并取得了显著的节能和减少污染的效果。

日本从1981年开始实施超超临界发电计划，第一阶段把蒸汽温度从566℃提高到593℃，第二阶段提高到650℃。在材料的研发上，主要是利用9%～12%Cr系钢代替部分奥氏体钢和奥氏体系列钢的研发成果，进一步开发高强度9%～12%Cr系钢代替部分奥氏体钢，开发比原来奥氏体高温强度更高、耐蚀性更好的新奥氏体钢，以及兼顾高温强度和耐蚀性的渗铬管、喷焊管和双层管。到1995年，日本已成功研制蒸汽温度为600～620℃的超超临界机组材料。1997年开始研制参数为35MPa、650℃的超超临界机组材料，现已基本取得成功。

1983～1997年期间，欧洲实施COST 501计划，分三个阶段开发了600℃/620℃的超超临界机组材料；1998～2003年，实施的COST 522计划，目标是650℃级超超临界机组；同时，欧共体从1998年开始实施为期17年的Thermie计划，目标是37.5 MPa、700℃超超临界机组。Thermie计划在材料方面重点开发奥氏体钢和镍基合金。

美国是世界上最早开发超超临界机组的国家。早在20世纪50年代末和60年代初，美国就投运了参数为31 MPa、621℃/566℃/566℃的Phil06号和参数为34.5 MPa、621/566/566℃的Eddystone1号机组。由于超越了当时的材料制造水平，投运后多次出现爆管事故和严重的高温腐蚀等问题，后不得不降参数运行。经历了20世纪70年代的石油危机后，美国于1978年首先提出发展更经济的燃煤电站，并得到日本、欧洲的积极响应。美国在1986年提出发展超净高效燃煤电厂的CCT计划，1992年提出Combuton 2000计划（后并入Vision21计划）和ATS计划，1999年提出Vision21计划，在Vision21计划中增加了开发38.5 MPa、760℃/760℃/760℃超超临界机组项目。这一项目的材料正在开发中，主要是镍基超合金。

20世纪80年代初，我国引进美国CE和WH公司的300、600MW亚临界机组制造技术，同时引进了一批发电设备材料。随后，重型机器厂和冶金厂进行技术改造，引进国外先进设备与技术，使大型铸锻件和引进的大部分材料实现国产化，但锅炉用不锈钢管、大口径管、厚板基本靠进口。对超临界、超超临界机组材料，目前除沁北超临界机组的高中压内缸（材料为MJC12）和10705MBU螺栓钢国产外，新增的用于高温部件的材料和大锻件靠进口。从2003年起，我国发电设备制造企业与国外制造商合作，引进大型超超临界火电机组技术，上海、哈尔滨和东方三大动力集团分别从西门子、三菱以及日立公司引进了超超临界技术，华能玉环电厂1000MW超超临界1、2号机组分别于2006年11月28日和12月30日投入运行，华电邹县电厂1000MW超超临界1号机组于2006年12月4日投入运行。这标志着我国电站设备设计、制造、安装和火电机组容量、蒸汽参数、环保技术等均达到了世界先进水平，是我国电力工业发展的里程碑。目前，火电建设继续向着大机组、大容量、超（超）临界机组（USC）、节水环保型方向发展。截至2016年底，国内1000MW及以上高效超超临界机组设计、建造、投运的共140余台，相应的660MW、620℃高效超超临界机组也达50多台。我国已经成为世界上拥有超超临界机组最多的国家。从我国的政策考虑，今后会大力发展超（超）临界机组，超临界机组的热效率较亚临界机组提高2%，超超临界机组的热效率比超临界机组提高4%。

第三节 A-USC 研究计划

提高蒸汽温度和压力是改善火力发电机组热效率的一种最有效的途径，超超临界火力发电机组是基于常规超临界发电的技术提升，与其他发电技术相比其技术继承性和可行性更高，自 20 世纪 80 年代末以来得到了快速的发展。目前，600℃等级的超超临界发电技术在国内外已经大量投运，技术上基本成熟。为进一步提高机组效率，人们在机组参数提升方面仍在不断地进行探索。700℃先进超超临界机组（A-USC）的供电效率预计可达到 48%以上，供电煤耗约 256g/kWh，比 600℃超超临界机组可再降低约 37g/kWh 左右，因此近些年成为国内外的研究热点。

一、欧盟

早在 1994 年，初始蒸汽温度为 580～600℃等级的超超临界发电技术尚在研制的同时，丹麦 Elsam 电力公司就提出了一项研究动议，即能否通过适度的材料开发将机组的蒸汽温度进一步提高到 700℃、压力提高到 35～37.5MPa，从而使机组净效率提高到 50%。1998 年欧洲启动 AD700（“先进超超临界发电计划”）项目。该项目于 2010 年结束，先后开展了 700℃等级发电技术的可行性研究和材料基本性能、材料验证和初步设计、部件验证等工作。除 AD700 之外，随着研究工作的开展，在欧盟内部又启动了大量的 700℃发电技术支撑项目，包括 MARCKO、COORETEC-TD1、COMTES700、COMTES700 Turbine Valve、GKM HWT 725 Ⅰ、NRWPP700、725 HWT GKM Ⅱ、NextGenPower、MACPLUS 等，这些项目分别由欧盟、欧洲行业联盟、国家地方政府、企业等资助。但由于经济方面的原因，以及 COMTES700 项目在运行中出现的一些材料技术问题，德国 E.ON 公司取消了之前的示范工程建设计划，位于意大利的 ENCIO 验证试验台项目也被取消。

二、美国

在欧洲的 700℃计划取得显著的技术突破之时，美国之前提出的 Vision21 及 FutureGen 计划却进展缓慢，且在较长的一段时间内难以取得预期的目标，为了避免在燃煤发电技术领域失去竞争优势，美国能源部调整目标，于 2001、2004 年先后启动了蒸汽参数为 38.5MPa/760℃的超超临界锅炉材料和汽轮机材料研究计划，开展该领域的关键技术研究。目前这些项目均已结束，美国政府尚未推出进一步的研究项目。

三、日本

日本早在 2000 年就开始了“700℃级别超超临界发电技术”的可行性研究，但基于当时的技术和市场得出的结论并不支持开发 700℃发电技术。随着欧洲、美国的研究进展，2006 年日本能源综合工程研究所又做了一个以 700℃级别 A-USC 技术来改造旧机组的案例研究。2008 年 8 月日本正式启动“先进的超超临界压力发电（A-USC）实用化关键技术开发”项目，预计在 2016 年结束，包括基础技术研究、关键技术研究、试验机验证、商业化示范机组研制等阶段，其中关键技术开发包括系统设计和设计技术开发、锅炉关键技术开发、汽轮机关键技术开发、高温阀门关键技术开发、实炉、旋转试验（包括高温阀）等。在日本，尽管国家层面的 A-USC 计划启动较晚，但日本的企业早已开始关键技术特别是新材料的开发，因此有较好的基础。目前日本已经完成部件试制，准备进行部件验证试验。

四、中国

约从 2005 年起，国内开始关注国际上的 700℃等级发电技术研发。其中，国内有关单位从 2008 开始开展 700℃机组关键材料预研项目，对欧洲和美国 700℃计划中所确定的关键镍基合金进行了基础试验研究，对国内高温合金研究开发和生产能力进行了充分调研，对国内组织开展 700℃火电机组重大项目的必要性和可行性进行了论证分析。国内三大电站主机设备制造企业（上海电气集团、东方电气集团、哈尔滨电气集团）也通过各种渠道对国外，特别是欧盟的 700℃等级先进超超临界技术开发计划进行了跟踪。钢铁研究总院、中国科学院金属研究所与特钢厂开始合作进行部分材料的研制。

2010 年 6 月，国家能源局组织成立了“国家 700℃超超临界燃煤发电技术创新联盟”，以整合国内科研和生产力量对 700℃超超临界燃煤发电技术进行研究开发，2011 年国家能源重大应用技术研究及工程示范项目“700℃超超临界燃煤发电技术关键设备研发及应用示范”启动，中国华能集团公司以及国内主要锅炉和汽机厂均参与其中。2012 年，由钢铁研究总院、中科院金属研究所承担的“镍基合金锅炉管与大口径管道研制”，西安热工研究院承担的“超 700℃超超临界机组用材料筛选”，上海电气集团承担的“超 700℃超超临界机组用材料筛选”“超 700℃锅炉部分关键热部件加工技术开发和实验验证”等国家“863”课题相继启动。国家能源局在 700℃技术联盟的框架下也正在进行镍基合金铸锻件、管道的研究开发项目。预计 2018 年开工建设示范电站。中国火电机组参数发展历史和预测情况见图 6-1。

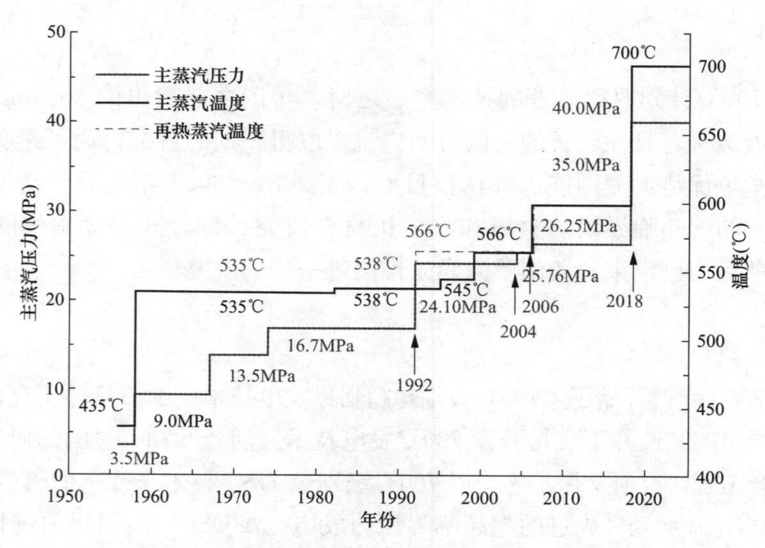

图 6-1　中国火电机组参数发展历史和预测情况

第四节 超（超）临界机组用材

一、锅炉用钢

发展高效率超临界、超超临界火电机组的关键技术之一就是解决锅炉受热面管、集箱、汽水分离器及蒸汽管道用耐热钢问题。超超临界火电机组锅炉钢管长期在高温高压腐蚀环境下工作，要求锅炉钢具有高热强性、抗高温流动超临界蒸汽腐蚀性、抗高温烟气氧化腐蚀性、良好的焊接性和冷热加工性。锅炉钢的一般设计原则为：

（1）满足部件工作温度的需要；

（2）工作温度下具有高的持久强度、蠕变强度或抗松弛性能；

（3）组织稳定，无常温脆性和长期时效性；

（4）抗蒸汽氧化、烟气腐蚀及应力腐蚀；

（5）易于冷、热加工；

（6）异种钢焊接工艺能保证其应有的性能及焊接现场工艺适用性；

（7）相对低的材料价格和制造成本。

超超临界火电机组锅炉耐热材料可分为三大类：奥氏体型钢、铁素体型钢（包括珠光体、贝氏体和马氏体及双相钢）和耐热合金。一般而言，奥氏体型钢比铁素体型钢具有更高的热强性，但奥氏体型钢的线膨胀系数大、导热性能差、抗应力腐蚀能力低、工艺性能差，热疲劳和低周疲劳（特别是厚壁件）性能也比不上铁素体型钢，且材料成本高。在蒸汽温度为700℃的超超临界火电机组中，锅炉的过热器、再热器和集箱等部件一般选用耐热合金。

国外电站锅炉用钢早已形成系列。如高压锅炉钢管，早期用钢系列为碳钢、碳锰钢（20G、St45.8/Ⅲ、SA-210A1/或106B/C）→低合金铬（钼）钢（SA-209T1a、15Mo3、SA-213MT2、T/P12/13CrMo44、T/P22/德国10 CrMo910/俄罗斯的12Cr1MoV等）→中合金铬钼钢（9%～12% Cr型，如T/P9、TP91等）→奥氏体钢（TP304H、TP347H），形成了完整的用钢系列，基本满足了从低参数到高参数机组不同档次锅炉钢管的使用要求。

由于参数的提高，为了适应超（超）临界机组的发展需求，国外（特别是日本和德国）经过近20年的研究、开发、实验、应用，新型的锅炉用钢系列发生了一些变化，增添了一些新成员，变成了碳钢（20G、St45.8/Ⅲ、SA-210A1/或106B/C）→低合金铬（钼）钢（SA-209T1a、15Mo3、SA-213MT2、T/P12/13CrMo44、T/P22/德国10 CrMo910/俄罗斯的12Cr1MoV、T/P3、T/P24等）→中合金铬钼钢（9%～12% Cr型，如T/P9、TP91、T/P92、T122等）→奥氏体钢（TP304H、TP347H、TP347HFG、SUPER304H、HR3C、NF09等）。这些新钢种的特点是：基本上都是在T91、TP304H、TP347H以及25-20奥氏体不锈钢的基础上添加Nb、W、V、Ti、N、Cu、B等强化元素，其综合性能较以前的钢种性能更为优越，能够适应常规参数和更高参数（如超临界和超超临界）压力和温度的机组，且能降低用钢成本。

为适应高参数机组的要求，提高材料的高温蠕变强度及高温耐腐蚀性，满足电站生产加工要求，电站用钢材也相应发生变化。由碳素结构钢发展到低合金耐热钢，再发展到高合金的不锈钢。从固溶强化到弥散强化再到复合强化甚至采用控制轧制技术，多方面提高材料的强韧性。

超（超）临界用材料的发展大体分为两条线，即马氏体（铁素体）耐热钢的研制开发和奥氏体耐热钢的研制开发。

马氏体（铁素体）耐热钢的研究始于20世纪30年代欧洲开发的含铬量约为9%、含钼量为1%的钢，目的是减少石化管道的腐蚀，60年代后期被英国用在核电项目中。80年代，美国经过深入研究后，加入钒、铌等改良开发了91钢。在此基础上日本首先加入钨元素，降低钼含量，开发出了92钢（NF616），普遍用在超（超）临界机组的主蒸汽等管道上。在92钢的基础上进一步去钼元素，增加钴元素，使得蠕变强度进一步提升，形成了12-Cr-WCoVNb钢。

奥氏体耐热钢在20世纪30年代后期发展较快，在含铬约18%、含镍8%的基础上增加不同的元素，开发出多种奥氏体不锈钢，如TP304H、TP321H、TP316H、TP347H等，都属于18-8系列不锈钢。在70年代后期和80年代初期，日本在欧洲研制成果的基础上，对TP347H采用不同的热处理方法开发了TP347HFG，在18-8不锈钢的基础上加入铜并进行晶粒细化得到SUPER304H，增加铬、镍含量开发出了HR3C、NF709。高温蠕变强度得到了进一步的提升。

传统铁素体耐热钢对常温韧性没有明确要求，在这种观念下研究和开发电站用铁素体耐热钢的工作大多都是沿着固溶强化、析出强化、位错强化的思路进行的，研制出的铁素体耐热钢都随着高温强度的提高，而其常温塑性和韧度却明显降低。为了保证高温下构件运行的安全稳定，除了要求材料具有足够的高温强度，还应该具备足够的常温韧度。常温下的塑性和韧度不仅可以提供较优良的加工性、焊接性，还容易保证构件在加工制作、安装运输、启停检修过程中的完整性。

T91/P91钢以及相继开发出的铁素体耐热钢有T23、T24、P92、E911和P122等，这些统称为新型铁素体耐热钢。新型铁素体耐热钢的成分具有共同的特点：

（1）低的含碳量，以前所有的耐热钢都主要是通过弥散分布的合金碳化物获得高温强度的，因此总是要把碳保持在0.1%以上的较高水平。新型的铁素体耐热钢冲破了这一界限把碳降到了0.1%以下。说明这一类钢的常温强度和高温强度都不是完全依赖于弥散分布的合金碳化物而获得的。

（2）低的P、S含量，通过查阅这一类钢的标准，可以发现对这些钢中的杂质元素含量的限定比以前所有的铁素体耐热钢都严格得多。例如，美国国家橡树岭实验室推荐的成分中，P、S的控制目标值都为小于0.010%；其商用材料控制的允许范围分别为不大于0.020%和不大于0.010%；除P、S以外，还对Cu、Sb、Sn、As等元素的允许范围也分别作出了规定。

（3）具有微量的Nb、Al、N、B和较低的V含量。这些元素是作为对钢进行微合金化处理的目的而加入的。这些成分上的共同特点成为它们和传统铁素体耐热钢之间在冶金上的一个原则性区别。新型铁素体耐热钢在常温力学性能方面的共同特点是具有较高的$\sigma_{0.2}$和明显优越的冲击韧度。在具有较高的常温$\sigma_{0.2}$的同时，具有明显高于传统铁素体耐热钢的高温蠕变断裂强度。

可见，这类钢的成分特点是含碳量低、纯净度高及经过了微合金化处理，在力学性能方面具有明显高的常温和高温强度，并同时具有高的韧度和塑性。这是只有强韧化才能达到的效果，因此可以认为这一系列新开发的铁素体耐热钢是属于强韧型的钢。

以P91为代表的新型耐热钢的强韧化。确保必需的碳含量，调整和添加Cr、M o、Nb、V、W、Ti等元素是提高钢材高温强度和蠕变抗力的常规有效途径。其中，固溶在基体中的Cr、Mo通过形成Cr-C或Cr-C-Cr类型的间隙原子群，阻止位错移动而提高强度。Nb、V、W、Ti等强碳化物形成元素，一方面形成稳定弥散的碳化物，起着沉淀强化的作用；另一方面则尽力保护Cr、Mo，让它们继续留在固溶体内来强化基体。用这些手段优化合金元素的组合而研制成的钢材（如钢102、EM12等），其强度和蠕变抗力是提高了，但其韧度仍是不足的。1975年前后，虽然结构钢的细晶强韧化技术已日趋完善，但人们仍传统地认为：对于耐热钢而言，晶粒越细，蠕变抗力越低。

可以把T91/P91钢强韧化的措施理解为：

（1）通过纯净化钢质，严格限制了危害钢材塑性和韧度的有害杂质元素，不仅有助于提高钢材的韧度，也极有利于提高高温蠕变强度。多晶体晶界的结构基本上是无序的，在那里原子排列得比较稀疏，杂质元素和合金元素会优先地集中分布到晶界层内。一旦条件成熟，晶界上就会以较快的扩散速度集聚更多的晶格空位和形成许多大颗粒的第二相，它们都会加速蠕变孔洞的形成。因此，净化钢质也净化了晶界，使晶界得到强化，尤其使晶界在高温下得到了强化，从而有效地提高钢材的高温蠕变断裂强度。从这里也可以预测，由于钢质的纯净化，使晶粒度对蠕变抗力的影响明显减小。

（2）通过微合金化和合理的控轧，使形变的奥氏体基体上析出弥散分布的极其微细的Nb和V的碳氮化物（MX），它们成为形变奥氏体再结晶的晶核。在合理的温度范围和冷却条件下，使形变奥氏体再结晶成为晶粒均匀细小的再结晶组织。它为钢材的强化和韧化打下了又一个重要的基础。

（3）晶粒均匀细小的再结晶奥氏体，经过加速冷却淬火和回火，形成细密的回火马氏体。每一个细小的奥氏体晶粒转变成多个位相不同、相互间以大角度相交的低碳马氏体板条束集（Packet）。每个马氏体板条束集是由许多细密的位相相差不大的以小角度相交的马氏体板条束（Block）组成；每一束马氏体板条束又是由众多细密的位相相近的马氏体板条组成；在每一片马氏体板条上，存在微细的MX、高密度的位错和亚晶界。原始奥氏体晶粒的大小、马氏体板条束集的直径、马氏体板条束的尺寸、马氏体板条上析出物的形态、位错密度和亚晶界的数量、合金马氏体的成分，它们一起对钢材的强韧化起着决定性的作用。总之，在严格限制了损害塑性和韧性的杂质元素的同时，还通过Nb、V等元素的微合金化和TMCP工艺，获得极为细密的回火马氏体。在这种回火马氏体的基体上，还有在高温下已经析出了的微细的Nb、V的碳氮化物以及高密度位错和众多的亚晶界，使钢材成为强韧型的铁素体耐热钢。

日本川崎制铁所通过研究，建议采用将钢坯加热到1200℃及以上问题，令Nb、V等元素充分固溶，随后在900～1000℃温度范围进行多道次热轧的TMCP工艺来制作这种钢材。需要强调的是，这里添加Nb、V、Ti等合金元素的理念和EM12、钢102等同。后者是因其能形成稳定的碳化物，为求得多元强化效果而加入的；前者不仅因为它们能形成稳定的碳氮化合物，还因为它们能提高再结晶起始温度，使TMCP工艺成为可能，有助于获得细晶粒。

从新中国成立到20世纪五六十年代，我国的锅炉用钢管系列从低温到高温分别是20G→12CrMoG→12Cr1MoVG；20世纪六七十年代，国内研制开发了钢102等钢，成功地应用于200～300MW锅炉中，形成了20G→12CrMoG→12Cr1MoVG→G102的用钢系列（在此期间也引进了一些德国牌号，如St45.8/Ⅲ、10Cr1Mo910、HT7、F11等）。

20世纪80年代，引进了美国CE公司的300/600MW亚临界设计和制造技术，并引进了相应的钢材，基本上采用了ASME/ASTM用钢系列，锅炉用管的系列从低温到高温为210A1/C、106B/C→0.5Mo→1Cr0.5Mo→2.25Cr1Mo→102-T/P91→TP304H、TP347H。

20世纪90年代后期及近几年，东方锅炉厂又从英国合作引进了600MW的亚临界锅炉制造技术，从日本BHK公司引进了600MW超临界和900～1000MW超（超）临界设计制造技术，基本上采用的是ASME/ASTM＋GB 5310标准的用钢系列。锅炉用管的系列由低温到高温主要与炉型及参数有关，且规格与壁厚也极为特殊。

碳钢20G、SA-210C/106C→低合金钢0.5 Cr0.5Mo(T2)→低合金钢1Cr0.5Mo(15 Cr MoG、T12/P12)→低合金钢12 Cr1 MoVG、T/P22或T/P23→中合金钢9 Cr%(T/P91、T/P92）或T/P122→不锈钢18Cr Ni8(TP304H、TP347H、SUPER304H)→不锈钢25 Cr 20Ni(HR3C)。由于是引进技术合作开发，因而用钢系列与国外基本一致。

从系列用钢中可以看出，由于机组的大型化和参数的提高，锅炉过热器及再热器大量采用了低合金钢T/P23、中合金钢（T/P91、T/P92或T/P122)、不锈钢（TP304H、TP347H、SUPER304H、HR3C）等钢种。

锅炉的水冷壁、省煤器、过热器、再热器、主蒸汽管及集箱管道等，因长期处于高温、高压以及氧化腐蚀介质环境，要求钢材具有较好的冶金质量和组织稳定性。

国内外对锅炉机组的集箱、过热器和再热器用钢（特别是镍-铬奥氏体的代用钢、具有良好高温耐蚀性性能以及能防止晶间腐蚀的钢）的研究开发、生产、制造以及最后的实际应用均极为重视，开发研制出不少新型钢种，如2.25Cr系、9 Cr系、12 Cr系、18 Cr系、25 Cr系，以及高Cr高Ni钢的不同钢种群，并在锅炉中应用，以便能提高强度，减少材料用量，减小管子壁厚，改善锅炉传热条件。其中有相当一部分已经获得成功，得到ASME的批准和确认，并在各国得到广泛的应用。例如，日本的一些钢种在ASME中分别是日本住友金属的HCM2S，命名为T/P23；HCM12A，称为T/P122；细晶的TP347HTB，称为TP347HFG；SUPER304H（由ASME Code Case 2328确认)、火SUS310JITB（由Code Case 2115-1确认)；此外，还有日本新日铁开发的NF616，称为T/P92等。这是符合锅炉材料系列化方向的。因为当参数提高，锅炉集箱或过热器、再热器等若仍使用原有钢种，从热应力角度，设计厚壁元件增厚会明显增加额外的载荷和疲劳；特别是集箱壁厚增加，易造成管壁内外应力差增大，进而易引发低周疲劳损伤，同时也给制造带来极大困难。如目前生产的300MW锅炉，使用12Cr1MoV钢作为集箱材料，有的壁厚已达125mm，给制造和运行都带来一系列问题。若改用P91/P23钢代之，可以大大减小壁厚。更主要的是可提高制造工效，降低低周疲劳应力水平，从而延长集箱的使用寿命。

表6-1给出了部分超超临界机组锅炉用钢的化学成分。表6-2给出了各种材料钢管的金相组织，其力学性能见表6-3。表6-4、表6-5给出了各种钢管的许用应力和使用温度。

表 6-1 各钢管的化学成分

钢号	WB36	T23	T24	T91	T92	TP304H	TP347H	T122	SUP304H	TP347HFG	HR3C	NF709
C	≤0.17	0.04～0.10	0.08～0.12	0.07～0.13	0.04～0.10	0.04～0.10	0.07～0.14	0.07～0.14	0.07～0.13	0.04～0.10	0.04～0.10	0.04～0.12
Si	0.25～0.50	≤0.50	0.15～0.45	0.20～0.50	≤0.50	≤0.75	≤1.00	≤0.50	≤0.30	≤1.00	≤0.75	≤1.00
Mn	0.80～1.20	0.10～0.60	0.30～0.70	0.30～0.60	0.30～0.60	≤2.00	≤2.00	≤0.70	≤1.00	≤2.00	≤2.00	≤1.50
S (≤)	0.020	0.01	0.01	0.01	0.01	0.03	0.03	0.01	0.01	0.03	0.03	0.01
P (≤)	0.025	0.03	0.02	0.02	0.02	0.04	0.04	0.02	0.04	0.04	0.03	0.03
Cr	≤0.30	1.90～2.60	2.2～2.6	8.00～9.50	8.50～9.50	18.0～20.0	17.0～20.0	10.0～12.5	17.0～19.0	17.0～20.0	24.0～26.0	18.0～22.0
Mo	0.25～0.50	0.05～0.30	0.90～1.10	0.85～1.05	0.30～0.60			0.25～0.60				1.00～2.00
W		1.45～1.75			1.50～2.00			1.50～2.50				
V		0.20～0.30	0.20～0.30	0.18～0.25	0.15～0.25			0.15～0.30				
Nb	0.015～0.045	0.08～0.20		0.06～0.10	0.04～0.09		见表注	0.04～0.10	0.30～0.60	见表注	0.20～0.60	0.10～0.40
Ni	1.0～1.30			≤0.40	≤0.40	8.00～11.0	9.00～13.0	≤0.50	7.50～10.50	9.00～13.0	17.0～23.0	22.0～28.0
Cu	0.50～0.80		Ti0.05～0.10					0.30～1.70	2.5～3.5		2.5～3.5	
N		≤0.030	≤0.012	0.03～0.07	0.03～0.07			0.04～0.10	0.05～0.12		0.15～0.35	0.05～0.20
Al	≤0.05	≤0.030	≤0.02	≤0.04	≤0.04			≤0.04				Ti0.02～0.20
B		0.0005～0.006	0.0015～0.007		0.001～0.006			0.0005～0.005				0.002～0.010

注 Nb 和 Ta 含量之和不应少于含碳量的 8 倍，且不大于 1.0%。

表 6-2 各钢管的金相组织

钢号	WB36	T24	T91	T92	TP304H	TP347H	TP347HFG	T23	T122	SUP304H	HR3C	NF709
组织	B+F(少)	B(回)	M(回)	M(回)	A	A	A	B(回)	M(回)	A	A	A

表 6-3 各钢管的常温力学性能

MPa

钢号	WB36	T24	T91	T92	TP304H	TP347H	TP347HFG	T23	T122	SUP304H	HR3C	NF709
σ_s	440	450	415	440	205	205	205	400	400	205	295	313
σ_b	610	580	585	620	515	515	550	510	620	550	655	637
δ (%)	19	20	20	20	35	35	35	20	20	35	30	30

注 以上数据均为标准规定的最小值。

表 6-4　　各钢管的许用应力　　MPa

钢号	WB36	T24	T91	T92	TP304H	TP347H	TP347HFG	T23	T122	SUP304H	HR3C	NF709
510	500℃时的许用应力为 46	115.1	107	132.2	99		91.3	122.6	133.6	85.1	116.1	
538		111.0	99	126.1	97	99	90.2	98.5	127.5	84	114.4	127.9
566		77.2	89	118.5	82	96	89.6	77.1	115.7	82.7	112.6	121.1
593		46.2	71	93.7	68	93	88.2	57.9	88.9	81.3	110.9	116.1
621		38.6	48	70.3	55	73.5	86.8	37.9	64.1	80.6	93.7	111.6
649			30	47.5	42	54	66.8	9.6	42.7	78.5	69.6	91.8
677							50.3			59.9	52.4	71.9
704					26	30	37.2			44.8	39.3	56.9
732							27.5			32.4	29.6	43.2

表 6-5　　新型钢种的使用温度和推荐应用的部件

钢种	使用温度上限（℃）	推荐应用的部件
T24	580	过热器、再热器、水冷壁
P24	550	集箱、蒸汽管道
T23	600	过热器、再热器、水冷壁
P23	575	集箱、蒸汽管道
T91	625	过热器、再热器
P91	600	集箱、蒸汽管道
T92	650	过热器、再热器
P92	625	集箱、蒸汽管道
T122	650	过热器、再热器
P122	625	集箱、蒸汽管道
SUPER304H	700	过热器
HR3C	700	过热器（尤其是要求抗氧化、抗腐蚀性能好的部件）

目前，T91、T/P23、T/P92、TP347HFG、SUPER304H、HR3C、NF709 已经广泛地应用在我国的超临界机组中。

超临界机组锅炉用钢与亚临界机组锅炉用钢的比较见表 6-6。

表 6-6　　材料使用温度范围对比　　℃

序号	钢种	900MW 超临界机组		600MW 超临界机组		300MW 亚临界机组	
		最低设计温度	最高设计温度	最低设计温度	最高设计温度	最低设计温度	最高设计温度
1	SA210C	290	371	350	433	367	433
2	SA209T1	425	510			457	510
3	SA213T11	490	533			480	539
4	SA213T12			450	540		
5	SA213T22	496	560	500	550	515	599
6	SA213T23			510	580		
7	SA213T91	536	608	530	625	536	615
8	SA213TP347H			550	650		

续表

序号	钢种	900MW 超临界机组		600MW 超临界机组		300MW 亚临界机组	
		最低设计温度	最高设计温度	最低设计温度	最高设计温度	最低设计温度	最高设计温度
9	SA106C	290	380	340	380	343	416
10	SA335P11	425	525			431	525
11	SA335P12			450	495		
12	SA335P22	525	540				557
13	SA335P91	475	588	520	588		
14	SA302C			446	446		

目前，超（超）临界用材各个设计制造公司不完全一样，一般按部件运行过程中的温度压力条件、腐蚀、疲劳等环境条件及服役时间并考虑经济性选用。

锅炉水冷壁选材主要考虑提高到临界温度后的蠕变强度、耐腐蚀能力以及焊接加工能力。根据蒸汽参数要求采用铬含量大于1%～2%的Cr-Mo钢或多组元的CrMoVTiB钢，一般采用CrMoV、1.25Cr1MoV、2.25Cr1MoWVNbB（A213-T23）、7CrMoVTiB10-10（A213-T24）等。

过热器和高温再热器选材主要考虑蠕变强度、热疲劳强度、良好焊接性能、向火侧耐腐蚀和蒸汽侧耐氧化能力。对于锅炉过热器和再热器高温部件，在超临界和超超临界蒸汽参数下，其工作温度范围为560～650℃。在低温段通常采用9%～12%Cr钢，从高温耐蚀性角度考虑，最好选用12%Cr钢；在600℃以上的高温段，则必须采用奥氏体铬镍高合金耐热钢。一般采用X20CrMoV121、HCM12、T91、T92、T122、X3CrNiMoN1713、TempaloyA-1、TP347HFG、SUPER304H、22Cr-15NiNbN（TempaloyA-3）、20Cr-25NiMoNbTi（NF709）、23Cr-18NiCuWNbN(SAVE25)、25Cr-20NiNbN(HR3C) 等。

高温过热器和高温再热器集箱及导汽管选材主要考虑蠕变强度、热疲劳强度、异种钢的焊接等，一般采用X20CrMoV121、P91、E911、P92、HCM12A（P122）、NF12、SAVE12等。在蒸汽参数700℃的超超临界火电机组中，锅炉的过热器、再热器和集箱等部件选用耐热合金。

二、汽轮机用钢

汽轮机高压外缸与中压缸一般采用1.25Cr1MoV钢，高压内缸温度低于600℃时采用1.25Cr1MoV、温度高于600℃时采用12CrMoVNbN钢，中压内缸则采用1.25Cr1MoV钢或12CrMoVNbN钢，喷嘴室根据温度选用1.25Cr1MoV、12CrMoVNbN、9Cr1MoNbV、3Co12CrMoWVNbB、Type316H等钢，高中压叶片则采用10.7CrMoVNbN、11CrWVNbNReCo、11CrWVNbNReCo、12CrMoWV(Type422)、12CrMoWVNb(10705MBU)、3Co12CrMoWVNbB(MTB10A)、W545等钢，转子采用CrMoV、1.25Cr1MoV、12CrMoVNbN、3Co12CrMoWVNbB、ModifiedA28G等，调节阀采用1.25Cr1MoV、9Cr1MoNbV、9Cr1MoNbV、10Cr1MoWNbVBCo、2.25CrMo、SUPER9Cr(91钢)、3Co12CrMoWVNbB(MTV10A)、Type316H钢等。

低压转子使用低合金（超净）高强度钢；高中压转子、汽缸、主汽阀等在亚临界机组上主要使用低合金耐热钢，在超临界机组上使用低合金耐热钢或12Cr耐热钢，在超超临界机组上使用改进型12Cr耐热钢，在蒸汽参数高于600℃及更高温度机组上使用新型12Cr(包括含Co的）耐热钢、奥氏体钢及Fe、Ni基高温合金；而高温叶片和高压缸紧固件螺栓则使用12Cr耐热钢及Fe、Ni基高温合金等。表6-7所列为世界上迄今为止已开发使用的大型汽轮机主要部件应用的材料以及所要求的主要性能。

表6-7　大型汽轮机零部件应用材料及性能要求

部件名称	典型钢种	相应材料	机组运行温度（℃）
低压转子	低合金钢	3～3.5NiCrMoV钢（ASTM A470 C1.7）	538、566
	低合金钢	超净3.5NiCrMoV钢	566、593、649
高温转子	低合金钢	1CrMoV钢（ASTM A470 C1.8）	538、566
	12Cr钢	12CrMoVNbN钢（GE）、12CrMoVTaN钢	566
	改进型12Cr钢	X12CrMoWVNbN1011钢、TR1100、TR1150	593、621
	新型12Cr钢	HR1200、SFR1200	600、630
	Fe基高温合金	A286	621、649
高温叶片	12Cr钢	AITI403、苏苏03	538
	12Cr钢	12CrMoVW钢（AISI422、SUS616）， 12CrMoVNbN钢（H46）， 12CrMoWVNbB钢（TAF）	538、566
	改进型12Cr钢	X12CrMoWNiVNbN钢	593
	新型12Cr钢	TAF650	630
	Fe基高温合金	A286	621、649
	Ni基高温合金	R-26	621、649
汽缸、汽阀	1Cr-1Mo-V钢	ASTM A356Gr8.9、SCPH23	538
	1Cr-0.5～1Mo钢	ASTM A356Gr6、SCPH21/22	538
	9Cr钢	火SFVAF28	566
	12Cr铸钢	12CrMoVNbN钢	566、593
	改进型9Cr钢	X12CrMoWNiVNbN铸钢	593、621
	奥氏体钢	SUS316	621、649
蒸汽管道	9Cr钢	9Cr2Mo钢、火STPA27	566
	改进型9Cr钢	9CrMoVNbN（T91）	593、630
	奥氏体钢	SUS316	621、649
紧固件	12Cr钢	12CrMoVNbN钢（H46）	566、593
	12Cr钢	12CrMoVW钢（AISI422、SUS616）	566、593
	Ni基高温合金	R-26、Nimonic80A、Inconel718	593、621、649

1. 转子

转子是构成发电设备的核心部件，在苛刻的环境及重载荷的条件下使用。可以说，要满足机组大型化和蒸汽参数苛刻化条件的要求，有赖于汽轮机转子材料及其制造技术的进步。制造属于大型坯料，特别是在其中心部位要确保质量和材料性能的完整性，所以制造生产反映着最新的冶炼和锻造技术。技术上要解决一系列的难题，如偏析、锻造、热处理等。

（1）偏析：要得到纯净、均匀、偏析少的钢锭，应控制好冶炼、钢锭模设计、浇注温度和钢锭模预热等环节。

（2）锻造：锻造是保证热处理后得到良好组织和细晶的重要加工过程。与 CrMoV 转子相比，9%～12%Cr 转子钢锻造时的抗力更大，提高锻造温度又会导致细晶粗化，因此锻造过程较复杂。

（3）热处理：和 CrMoV 转子钢一样，9%～12%Cr 转子钢在性能热处理前也需要进行预备热处理。预备热处理通常是 700℃左右等温足够长时间，其目的在于通过珠光体转变获得铁素体加碳化物致密组织。9%～12%Cr 转子钢的性能热处理通常由淬火加两次回火组成。第一次回火使淬火时转变成马氏体的回火，并使残余奥氏体在回火冷却过程中转变为马氏体；第二次回火则是对第一次回火时形成的马氏体回火。

高温火电机组的高中压转子历来主要采用 CrMoV 钢制造。但是，伴随着汽轮机的大型化和蒸汽参数的提高，CrMoV 钢高温强度受到限制，因此有必要开发新型的高温强度优良的材料。20 世纪 60 年代，美国 GE 公司首先开发出了 12CrMoVTaN 转子钢。这些 12Cr 钢使得再热蒸汽温度为 566℃的超临界成为可能。美国、日本和欧洲从 80 年代开始实施全球性的超临界开发项目，在 12Cr 钢的基础上添加强化元素 W，并作了如下成分调整：将含碳量由 0.18 降至 0.14，同时又把 Mo 当量含量（Mo＋0.5W）由原来的 1 增加到 1.5。经过改进的 12Cr 钢在 593℃温度条件下 10 万 h 的持久强度是 98MPa，这相当于 CrMoV 钢在 566℃温度条件下 10 万 h 的持久强度水平。

由于在开始研究超临界材料时，认为 600℃是铁素体钢的上限，对于远远超过 600℃的蒸汽参数，首先进行的是奥氏体钢的开发。但是，奥氏体钢虽然在高温下具有优良的持久强度，但由于其造价昂贵且热膨胀率大，并且热传导率小，使其在启停时因蒸汽温度变化产生的热应力变大，对运行性能不利，从而应用受到限制。由于火力发电设备的运行正朝着频繁启停的趋势发展，为防止产生过大的热应力，寄希望于线膨胀系数小、导热率大的材料。现在各国正在向铁素体-马氏体钢的极限挑战，进行了蠕变强度更加优良的新型 12Cr 系列耐热钢的开发。以上述改进型 12Cr 钢为基础，减少 Mo 同时增加 W，充分利用 W 的固溶强化和金属间化合物的析出强化，并且又新添加了 Co 和 B，以使蠕变强度大幅度地提高。图 6-2 所示为近年来开发的 12Cr 系列耐热钢的蠕变断裂强度的实例。表 6-8 则给出了世界各国开发的 12Cr 系列耐热钢的化学成分和断裂强度。

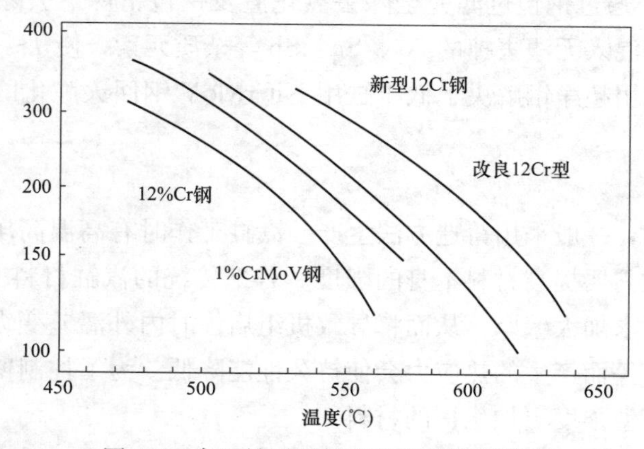

图 6-2 高温转子耐热钢的蠕变断裂强度

表 6-8　世界各国开发的 12%Cr 系列耐热钢的蠕变断裂强度

钢种或规格	温度（℃）										
	560		580		593	600		620		650	
	时间（h）										
	10^4	10^5	10^4	10^5	10^5	10^4	10^5	10^4	10^5	10^4	10^5
GE 钢		150			85		80				
TMK-1					122	100					
TR1100						170	(100)				
TR1150					157	185	(120)				83
X12CrMoWVNbN1011						165	(107)				
ЭИ756	170	150	160	140		150	120				
HR1200		300					210		170		100

在汽轮机高中压部分后面的低压部分，其蒸汽温度和压力均较低，故在大型机组中低压转子的尺寸较大（超临界机组中最大轮缘外径为 1800mm）。由于汽轮机低压级采用长叶片，在额定转速下，会给转子附加较大的离心力，这就要求整根转子应具有高强度和良好的断裂韧性。作为低压转子的材质，需具备打破强度和韧性平衡的特性，因而采用了在大直径的情况下中心部仍具有良好的组织和韧性的 Ni-Cr-Mo-V 钢。但是，此钢种对回火脆化的敏感性高，且当蒸汽温度超过 400℃左右时韧性会随时间增长而恶化。因此，直至近年其使用温度仍限制在 343℃左右。

究其原因是，受钢的精炼技术的限制，不可避免地含有 P、As、Sn、Sb 等杂质元素，它们容易在晶界偏析，导致晶界脆弱化。反映钢的回火脆性的参数之一是根据脆化促进元素量（质量百分数，%）计算的系数 J，$J=(P+Sn)(Si+Mn)\times10^4$。此式表明：为降低脆性敏感性，主要是降低 P 、Sn 等杂质元素含量。同时也表明：以前在钢的精炼时添加的脱氧元素 Si 和脱硫元素 Mn 的相互作用，也加速了杂质的偏析，因而助长了脆化敏感性，降低这些元素将有助于抑制脆化。随着冶金技术的进步，尤其是真空加碳脱氧（VCD）技术的开发使上述设想成为可能。其特征是通过电炉的强化氧化精炼，降低 Si、Mn、P 等元素含量，通过钢包过滤完全除去氧化渣及钢包精炼炉去除 S 和气体成分。同时，为了避免精炼中混入无法去掉的 As、Sn、Sb 等杂质元素，使 $J\leqslant10$。

研究结果表明：用超净钢解决了低压缸用 NiCrMoV 钢回火脆化的问题，将其使用温度提高到了 500℃。

2. 汽缸

汽缸因形状复杂，一般采用铸造方法生产。汽缸工作时有高温高压化趋势，汽缸所要求的强度提高，这就需要提高材料本身的强度。若把传统的汽缸材料 CrMoV 铸钢沿用于超临界机组上，就要求加大壁厚，从而将导致机组启停时内外温差变大，会产生过大的内应力。随着频繁的启停而产生的热应力会使持久性能降低。为了控制壁厚保持与亚临界机组同样程度，需要高温强度更加优良的材料。

因流入汽缸的是高温、高压气流，为了抑制常年使用过程中产生变形和裂纹，新的材料需要良好的蠕变断裂强度和热疲劳强度及抗氧化性。另外，为了尽量抑制产生铸造缺陷，需要良好的可铸性（铁水的流动性）。更需要重视的是，铸造缺陷的补焊和进出汽管的结构焊接，要求其可焊性要好。

表 6-9 所列为现今处于主流位置的高压汽缸材料与传统 CrMoV 铸钢化学成分的比较。图 6-3 为用拉森-米勒参数整理铸钢汽缸的蠕变断裂强度得到的曲线图。与低合金钢相比，12Cr 钢蠕变断裂强度高，特别是在高温区域。为使细微的碳氮化物在马氏体中析出，提高蠕变断裂强度，在 12Cr 钢中添加 V、Nb 等合金元素。但为了进一步强化，还生产出添加了固溶强化元素 W 的钢种。同时，12Cr 铸钢的蠕变断裂延展性与 CrMoV 铸钢等低合金钢处于同等水平而毫无问题。

表 6-9　超临界高压汽缸材料与传统 CrMoV 铸钢化学成分的比较

钢种或规格	C	Si	Mn	P	S	Ni	Cr	Mo	V	W	Nb	N
12CrMoVNbN 铸钢	0.09～0.13	≤0.70	≤0.80	≤0.030	≤0.010	0.40～0.70	9.10～10.0	0.65～1.0	0.13～0.20	—	0.03～0.07	0.03～0.07
JB/T7024 ZG15Cr1Mo1V	0.12～0.20	0.20～0.60	0.40～0.70	≤0.030	≤0.030	—	1.20～1.70	0.90～1.20	0.25～0.40	—	—	—
GX12CrMoWNiVNbN1011	0.11～0.14	0.20～0.40	0.80～1.2	≤0.020	≤0.010	0.50～0.75	9.10～10.0	0.90～1.05	0.18～0.25	0.95～1.05	0.04～0.08	0.04～0.07

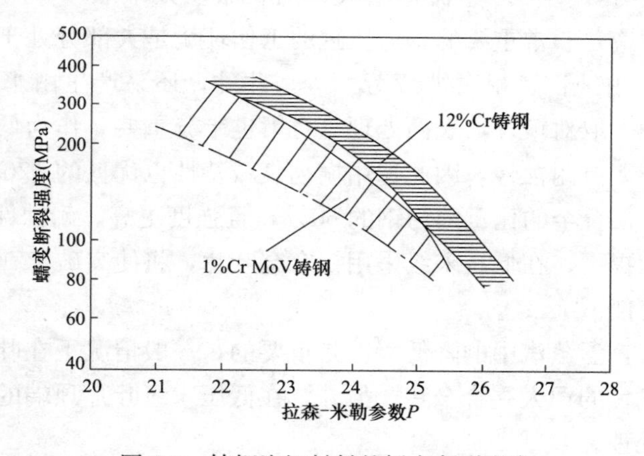

图 6-3　铸钢汽缸材料的蠕变断裂强度

3. 叶片

叶片是汽轮机中工作条件最为苛刻的零件，因而其对材料质量有着严格的要求。叶片材料的开发也是提高机组效率、增大容量的重点之一。叶片是通过锻造和轧制毛坯经过机加工或直接通过模锻的方法制成的。各种原材料均通过电炉一次性熔炼、精炼后，再通过真空电弧炉重熔（VAR）和电渣重熔（ESR）等二次精炼，以消除偏析，提高纯净度，使内部均质化。

对于承受来自锅炉的高温高压蒸汽的高中压叶片材料，要求有优良的蠕变断裂强度、高温下组织的长期稳定性、疲劳强度、耐腐蚀性和振动衰减特性等。以往 566℃机组的高中压缸动叶一直使用12CrMoVNbN和SUH616级别的12CrMoVW钢。近年来，为了制造出高中压缸进口蒸汽温度达593℃级的机组，利用在转子材料改良研究中得到的启示，开发了几种通过添加W使蠕变断裂强度提高的改良型动叶片用12CrMoVWNbN耐热钢。

预测将来超超临界压机组的新汽和再热蒸汽温度均将超过600℃，甚至650℃，因而需要蠕变断裂强度更高的材料。以往，在蒸汽温度600℃以上的对应部件使用了奥氏体耐热材料，但存在对日启停运行工况的适应性及部件工艺性等难点，所以正在开发铁素体材料，并对这种材料的叶片进行试制评价。新开发的材料与以往的12Cr钢相比，调整了如下合金元素成分：增加Mo当量，使Mo/W平衡向W偏移，添加Co和B，降低N和Mo含量，以便进一步提高蠕变断裂强度和组织稳定性。表6-10所列为已开发，且已被确认具有良好蠕变断裂强度的叶片材料。

表6-10　面向蒸汽温度600℃以上的超超临界机组的叶片材料

钢种	典型成分
TAF650	11Cr、0.15Mo、0.2V、0.5Ni、2.6W、3Co、Nb、B
TOS203	10.5Cr、0.1Mo、0.2V、2.7W、1Co、Nb、B、0.2Rp

为了实现蒸汽发电机组的大容量化、结构紧凑化（减少排汽口数量），提高低压缸叶片的性能，特别是增加低压末级叶片的长度是有效的对策。而随着叶片长度的增大，除了所承受的离心力增大外，还会产生流速增大、固有振动频率下降等问题。为确保其可靠性，材料与设计相适应是非常重要的。低压缸的工作环境是大部分处于湿蒸汽作用下，故在材料方面，要求有耐蚀性、耐腐蚀疲劳性等。此外，还易产生由水滴引起的浸蚀，为此，除了在结构方面采取对策外，表面处理等对策也十分重要。作为低压叶片，在具有高强度高韧性的同时还要有耐蚀性，因此选用振动衰减特性也优良的12Cr钢、17-4PH钢和Ti-6A1-4V钛合金。钛合金的比重约为钢的60%，且强度更高、耐蚀性更好，故在不改变原转子材料规格的前提下，在低压末级采用钛合金叶片，将使突破1000mm的低压末级叶片的极限长度成为可能。

对低压叶片来说，湿蒸汽中的降低浸蚀是重要的。一般情况下在叶片前缘上通过银焊或焊接镶上耐蚀性优良的司太立合金片。另外，在低压末级叶片顶端的进汽侧进行局部火焰淬火等表面硬化处理。

华能玉环电站1000MW机组汽轮机的用钢代表着目前我国最高的材料使用等级。华能玉环电站规划容量为4台1000MW超超临界汽轮发电机组，机组参数为25MPa/600℃/600℃。上海汽轮机厂采用德国西门子技术联合生产。

转子和叶片等转动部件在高温下承受持续的离心力，汽缸等静止部件作为高温高压蒸汽的容器也承受持续的高内应力。因此，材料既要满足高温强度，还要求在高温下具有很高的蠕变断裂强度。另外，由于汽轮机部件在启停时由于蒸汽温度变化而产生热应力，为防止发生过大的热应力，要求材料线膨胀系数小、热导性良好。为适应热应力，要求材料在高温下具有高屈服点和高低周疲劳强度。此外，在保证强度的同时，还要获得足够的延展性和韧性。表6-11给出了玉环电厂1000MW超超临界汽轮机主要零部件用材。

表 6-11 玉环电厂 1000MW 超超临界汽轮机主要部件用材

部件名称	材料牌号	ASTM 相近材料	强度等级（MPa）
高中压缸			
高中压转子	X12CrMoWVNbN10-1-1	10％Cr	≥700
动、静叶片	NiCr20TiAl	Nimonic Alloy80A	≥600
	X12CrMoWVNbN10-1-1	10％Cr	≥750
	X22CrMoV12-1	12％Cr	≥600
	X19 CrMoNbVN11-1	11％Cr	≥780
汽缸、阀体	X12CrMoWVNbN10-1-1	A356Gr12 或更好	≥520
	G17CrMo5-10	A356Gr9	≥440
	GX12 CrMoNbVN9-1	A356Gr12 或更好	≥500
	GJS-400-18U-RT	铸铁或铸钢	≥220
紧固件	X19 CrMoNbVN11-1	11％Cr	≥750
	21CrMoV5-7	1.25％Cr	≥550
	X18CrMoNbVN11-1	11％Cr	≥780
低压缸			
转子	26NiCrMoV14-5	3.5％Ni	≥750
汽缸	S235JRG2＋N	A516Gr60	≥225
	P265GH	A516Gr70	≥205
动、静叶片	X5CrNiCuNb16-4	A705Gr630	≥930
	X10CrNiMoV12-2-2	12％Cr	≥785
	X20Cr13	A276Type420	≥600
	L-2：X5CrNiCuNb16-4	A705Gr630	≥930
	L-0：X2CrNi12	12％Cr	≥250
	L-1：G-X4CrNi134	A743GrCA6NM	≥550
	X20Cr13	A276Type420	≥600
蒸汽管道			
主蒸汽管道	P91	9％Cr	≥550

从表 6-12 不难看出，高温部件都用到了改型的 12Cr 钢，这是因为改型的 9％～10％ Cr 钢，通过适当减少 Cr，加入微量强化元素 Mo、W、V、Nb、N 元素，可得到更好的综合高温性能。

三、700℃机组用材的研究现状

目前，700℃等级先进超超临界发电机组许多高温部件的服役温度已经远远超过耐热钢的承受能力，必须采用耐热性能更好的镍基或铁镍基高温合金。尽管高温合金在航空航天、石化、工业燃机等行业已经有丰富的应用经验，但火力发电厂部件与之迥异的服役条件、长达数十年的设计寿命要求以及比航空发动机大得多的尺寸，使得镍基合金的应用完全进入了一个全新的领域，原有的经验并不能直接移植，如何为机组高温部件选择合适的材料成为最关键的技术。在国外700℃等级先进超超临界发电技术的研发计划中，均把材料的开发、性能试验、工艺试验等材料研究作为最主要的内容。

在700℃机组的材料研究中，主要围绕三项内容进行：材料的开发和改型、材料的性能试验和工艺试验、材料和部件的现场验证。

1. 材料的开发和改型

在各国的700℃研发计划中，材料的来源主要有三种：

（1）已经成熟的材料。这类材料已经在其他行业有足够的使用经验，如Alloy 617、625、718、263、Haynes 230、Nimonic 105、Waspaloy、Udimet 720Li等镍基合金。但由于没有在火力发电厂应用的经验，需要针对性地开展材料性能和制造加工工艺研究。

（2）改型的材料。原有的成熟材料性能不理想，重新对成分进行了调整。如在Alloy 617的基础上，为了进一步提高高温强度，进行成分调整后的CCA 617、Alloy 617B（617 mod.）、TOS1X以及617BOCC等。

（3）新开发的材料。针对700℃机组不同部件的要求开发的材料，如Inconel 740H、Sanicro 25、HR6W、LTES700 USC141、FENIX-700等。哈氏合金的Haynes 282并非针对700℃机组的需求开发，但其性能优异，已成为一种重要的候选材料。我国中科院金属研究所开发了成本相对低廉的铁镍基高温合金GH2984G。

此外，钢铁研究总院、宝钢集团有限公司、太原钢铁（集团）有限公司等单位还在进行镍基合金锅炉管的国产化研究，目前已经生产出多种镍基合金小口径管子和大口径管。

除了合金材料的开发，在美国，由于考虑到锅炉可能燃用本国丰富的高硫煤种，其锅炉材料开发中把较大的精力放在涂层材料的开发，以防止锅炉管的高温硫腐蚀上。

2. 材料的性能试验和试验

欧洲、美国、日本的研究计划中，按照部件的不同要求对不同材料的高温蠕变或高温持久强度、高温烟气腐蚀性能、高温蒸汽氧化性能、疲劳性能等进行大量的试验。其中，欧洲和美国已经完成候选材料的3万h以上蠕变试验以外推10万h的持久强度，欧洲对部分材料的持久强度试验将达到6.5万h，日本计划对其材料进行3万～7万h的长期高温试验。欧洲和美国完成了材料的氧化腐蚀性能评估，其中蒸汽氧化试验超过2000h，部分氧化试验达到4000h。通过试验积累了材料的数据，例如，欧洲的AD700项目以及美国的760℃超超临界锅炉材料研究项目中均对INCONEL 740合金进行了系统的高温蠕变和持久强度测试。根据欧洲已有的数据，750℃下10万h的持久强度为111MPa，但美国的数据却高出许多；日本对其开发的HR6W给出的700℃下10万h外推持久强度为88MPa，但美国EPRI公布的数据仅有66MPa；在美国研究计划中，目标主蒸汽温度曾经一度由最初提出的760℃调整到732℃，但随着材料试验数据的丰富，又恢复到原来的目标。丰富、准确的数据对机组材料筛选以及机组的设计是至关重要的。在国内，西安热工研究院等正在对Inconel 740H、Sanicro 25、617 mod、263、Haynes 282等进行系统试验，近期已在开展镍基合金应变时效开裂敏感性、高温高压水环境下的应力腐蚀敏感性评定，这些选材影响因素在国外也没得到系统研究。钢铁研究总院、沈阳金属所、太原钢铁（集团）有限公司等单位也在对各自开发的材料进行性能测试。

镍基合金用于火力发电机组将经历制造和加工工艺的巨大变化，大口径厚壁无缝钢管、汽轮机大型铸锻件的制造以及大量部件的工厂和现场焊接及焊后热处理都是在其他行业没有的经验，因此需要对镍基合金的制造和加工工艺进行产品试制验证。目前钢管的生产已经没有太大的困难，Alloy617、263、740H、HR6W 等合金的大口径无缝管均已成功试制。对于大型铸锻件，在欧洲，GoodwinSteel Casting 试制了 3.5t 重的 617 合金阀体、Voest-Alpine 试制了重为 6t 的 625 合金阀体；Saarschmiede、Boehler、SdF Terni 、Fortech 试制了直径为 700mm 的 617 合金和 625 合金全尺寸高压转子锻件和直径 1500mm 的中压转子锻件，试制了直径为 980mm 的 625 合金锻件，SdF Terni 试制了直径为 700mm 的 718 合金高压转子锻件，Fortech 试制了直径 600mm 的 263 合金中压转子锻件。在日本，东芝已经试制出 3.5t IN625 合金阀体并解剖试验，2006 年开发了 TOS1X 合金（改良 617）并试制成 7t 锻件，三菱重工开发了低膨胀镍基合金 LTES700R 并试制了 2t 锻件。日立试制了直径 850mm 的 FENIX700 转子锻件。在美国没有大型铸锻件的试制，特别是选择的 Haneys 282 和 Inconel 740 两种大型铸件候选材料无法以空气熔炼、浇铸工艺生产大型铸件。

在镍基合金的焊接技术研究上，尽管已经开展了大量的工作，但大型厚壁部件的焊接过程中缺陷的控制和检测技术仍然是需要进一步加强的。

3. *材料和部件的现场验证*

实际运行条件下对高温材料与部件及其制造加工工艺的验证是其走向成熟应用的关键环节，可以极大地降低未来机组的运行安全风险。国外火力发电技术研发中历来重视部件验证试验平台的建设。欧洲的 700℃发电技术研发过程中，已经先后建立了包括建在丹麦 Esbjerg 电厂的过热器试验台、德国 Scholven 电厂 F 机组的 COMTES700，以及德国 GKM 的 725℃试验台 GKM HWT 725 Ⅰ、GKM HWT Ⅱ。这些试验台在材料选择、功能设计、规模等方面各有其特点，其中在运行 22400h（680℃以上运行时间 12850h）的 COMTES700 试验台上，发现 617B 合金蒸汽管道焊接接头出现多处开裂，开裂原因的分析对于将来 617B 焊接和热处理工艺的改进将产生积极作用。但是，原计划 2013 年在意大利投运的 ENCIO 高温部件试验台建设项目由于技术和经济方面的原因，已被取消。

美国主要对一些锅炉管材料进行了验证。其中，在燃用高腐蚀性煤种的 Niles 电厂的一台锅炉中安装了两个蒸汽试验回路，试验材料包括 Haynes 230、IN740、CCA617、HR6W、SUPER304H、RA333、和 Inconel 622、72、52 的堆焊层。而在 Gibson 电厂和 Pawnee Station 电厂安装了空气冷却探头，两个电厂分别燃用高硫煤和低硫煤。

日本在开发 600℃等级超超临界技术时，在若松电厂、高砂电厂、松岛、东海电厂、户畑发电厂和歌山发电厂等建立了不同规模的高温部件和材料验证试验平台。

中国华能集团公司正在华能南京电厂一台俄制 300MW 超临界锅炉上建造一个锅炉部件验证试验台，运行参数将达到 26.1MPa/720℃。截至 2017 年 10 月，该试验平台已运行 1 万 h。

世界各国开发的 12%Cr 系列耐热钢和化学成分对比见表 6-12。

EPRI 3.5NiCrMoV 超净钢和传统转子钢化学成分的比较见表 6-13。

表 6-12 世界各国开发的 12%Cr 系列耐热钢和化学成分对比

国别	钢种	C	Cr	Mo	Ni	W	V	Nb	Co	Si	Mn	N	B
美国	GE	0.18	10.5	1.00	0.70		0.20	0.085				0.050	
日本	TMK1	0.13～0.15	8.8～10.2	1.45～1.55	<0.6	—	0.13～0.19	0.03～0.06		≤0.07	0.3～0.5		
日本	TR1100	0.14		1.5	0.60		0.17	0.055				0.040	
日本	TR1150	0.13	10.3	0.30	0.50	2.00	0.17	0.050				0.050	
欧洲	X12CrMoWoVNbN1011	0.12	10.3	1.00	0.80	0.80	0.18	0.050				0.055	
俄罗斯	ЗИ-756	0.1～0.15	10.0～12.0	0.6～0.9	<0.60	1.7～2.2	0.15～0.3			<0.5	0.5～1.8		
日本	HR1200	0.09～0.14	10.5～11.5	0.15～0.25	0.4～0.6	2.4～2.8	0.15～0.25	0.04～0.08	2.2～2.8	<0.06	0.35～0.65		0.005～0.02

表 6-13 EPRI 3.5NiCrMoV 超净钢和传统转子钢化学成分的比较

钢种	C	Si	Mn	P	S	Ni	Cr	Mo	V	Al	As	Sn	Sb	H	O	N
	%													$\times 10^{-6}$		
超净钢 EPRI 标准	0.25～0.30	0.02～0.05	0.02～0.05	0.02～0.05	0.001～0.002	3.50～3.75	1.65～2.00	0.45～0.50	0.10～0.15	0.002～0.005	0.002～0.005	0.002～0.005	0.001～0.002	≤1.5	≤35	≤80
传统钢 ASTMA470Cl.7	0.28	0.10	≤0.20	≤0.015	≤0.018	≤3.25	≤1.25	0.25～1.00	0.05～2.00	≤0.60	≤0.15					
JB/T702730CrNi4MoV	≤0.35	0.17～0.37	0.20～0.40	≤0.012	≤0.012	3.25～3.75	1.50～2.00	0.30～0.60	0.07～0.15	≤0.010	≤0.020	≤0.015	≤0.0015	≤1.5	≤35	≤70

参　考　文　献

[1] 钟群鹏，赵子华. 断口学. 北京：高等教育出版社，2006.

[2] 钟群鹏，赵子华，张峥. 断口学的发展及微观断裂机理研究［J］. 机械强度，2005，27（3）：358-370.

[3] 王学，潘乾刚，陶永顺，等. P92钢焊接接头Ⅳ型蠕变断裂特性［J］. 金属学报，2012，48（4）：427-434.